Jürgen Christner, Stephanie Schrank

Abiturwissen

Biologie

Zelle und Genetik

Klett Lerntraining

Dr. Jürgen Christner ist Autor von Schul- und Fachbüchern. Er ist Gymnasiallehrer für Biologie, Chemie, Geologie und Geografie. Als Fachleiter für Biologie am Seminar für Didaktik und Lehrerbildung in Tübingen war er in der Lehrerausbildung und Lehrerfortbildung tätig.

Dr. Stephanie Schrank ist Gymnasiallehrerin für Biologie, Chemie und NWT (Naturwissenschaft und Technik) in Ulm. Sie ist Lehrbeauftragte für Biologie an der Universität Ulm und am Seminar für Didaktik und Lehrerbildung in Esslingen.

Bildquellennachweis:
Umschlag: Corbis (DLILLC), Düsseldorf; Seite 6, 12: Pascal Goetgheluck / Agentur Focus (xx pool GmbH); Seite 7, 10: Okapia (NAS/Bill Longcore), Frankfurt; Seite 7, 10: Okapia (Science Source), Frankfurt; Seite 7, 9: FOCUS (Thomas Deerinck/SPL), Hamburg; Seite 10: FOCUS, Hamburg; Seite 11: FOCUS (SPL), Hamburg; Seite 13: Okapia (NAS/Biophoto Associates), Frankfurt; Seite 18: Klett-Archiv (Aribert Jung), Stuttgart; Seite 18: Okapia (Dr. Frieder Sauer), Frankfurt; Seite 20: iStockphoto (Avid Creative, Inc.), Calgary, Alberta; Seite 21: FOCUS (SPL/Susumu Nishinaga), Hamburg; Seite 24, 26: FOCUS (Fawcett/SPL), Hamburg;

Nicht in allen Fällen war es uns möglich, den Rechteinhaber ausfindig zu machen. Berechtigte Ansprüche werden selbstverständlich im Rahmen der üblichen Vereinbarungen abgegolten.

Bibliografische Information der Deutschen Nationalbibliothek
Die Deutsche Nationalbibliothek verzeichnet diese Publikation in der Deutschen Nationalbibliografie; detaillierte bibliografische Daten sind im Internet über http://dnb.d-nb.de abrufbar.

Auflage 4. 3. 2. 1. | 2012 2011 2010 2009
Die letzten Zahlen bezeichnen jeweils die Auflage und das Jahr des Druckes.
Dieses Werk folgt der neuesten Rechtschreibung und Zeichensetzung. Ausnahmen bilden Texte, bei denen künstlerische, philologische oder lizenzrechtliche oder andere Gründe einer Änderung entgegenstehen.

www.klett.de/lernhilfen
Redaktion: Dr. Robert Strobel, Bad Liebenzell
Grafiken: Dr. Martin Lay, Breisach; Jörg Mair, München
Umschlaggestaltung: Know idea GmbH, Freiburg, mit Franziska Döhler
Satz: Klaus Bauer, Bondorf
Reproduktion: Meyle + Müller, Medien-Management, Pforzheim
Druck: Mediahaus Biering GmbH, München
Printed in Germany
ISBN 978-3-12-929717-9

9 783129 297179

Inhalt

Zellbiologie

Stoffwechsel

Genetik

Vorwort

Liebe Abiturientin, lieber Abiturient,

Sie wollen sich gründlich und intensiv mit einem Thema beschäftigen, um eine gute Note zu erzielen. „Abiturwissen Biologie Zelle und Genetik“ bietet Ihnen dazu besonders übersichtlich den kompletten und ausführlichen Abiturstoff.

Was macht dieses Buch besonders übersichtlich für Sie?

1. Kapitelauftaktseiten stimmen Sie in das Thema ein.

2. Jedes Kapitel beginnt mit einer Kurz-Zusammenfassung. Sie führt in das Thema ein und nennt das Allerwichtigste.

   Eine ausführlichere Zusammenfassung finden Sie am Kapitelende.

3. Querverweise im Text ➤ vernetzen den Stoff und bieten einen vertiefenden Einblick. Alle Querverweise werden zur besseren Übersichtlichkeit am Kapitelende noch einmal separat aufgeführt.

4. Die wichtigsten Informationen auf den Punkt gebracht, finden Sie in der Randspalte als Schnell-Lese-Straße.

5. Sie suchen ein Thema, einen Begriff? Das Stichwortverzeichnis ab S. 189 hilft Ihnen weiter.

Warum können Sie mit diesem Buch so gründlich arbeiten?

1. Der sehr ausführliche Text bietet Ihnen den kompletten Abiturstoff. Besonders wichtige Begriffe sind farblich hervorgehoben.

2. Als besonderes Extra bietet dieser Biologie-Band die wichtigsten Standardverfahren und -versuche, mit denen Sie in Prüfungen beweisen können, dass Sie eine gute Note verdient haben.

Viel Erfolg im Abitur wünscht Ihnen

Ihr Klett Lerntraining-Team

Alle Lebewesen bestehen aus Zellen: Bakterien und Archaeen aus einer Procyte, Pflanzen, Tiere und Pilze aus einer oder mehreren Eucyten.

Die Endosymbiontentheorie erklärt die Entstehung der Eucyte aus Procyten. → **S. 17**

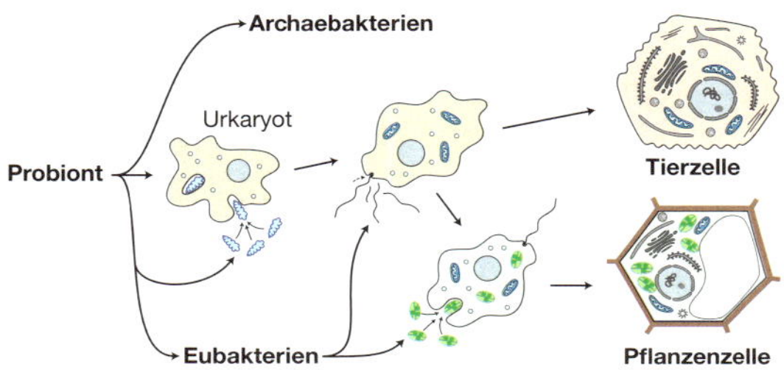

Geißel: dient der Fortbewegung der Zelle. → **S. 12**

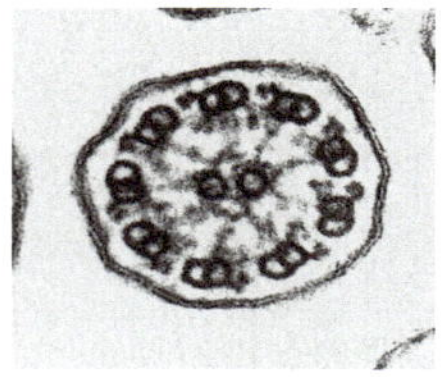

Cytoskelett: Gerüst für die Form und die Organisation der Zelle. → **S. 11**

Procyte

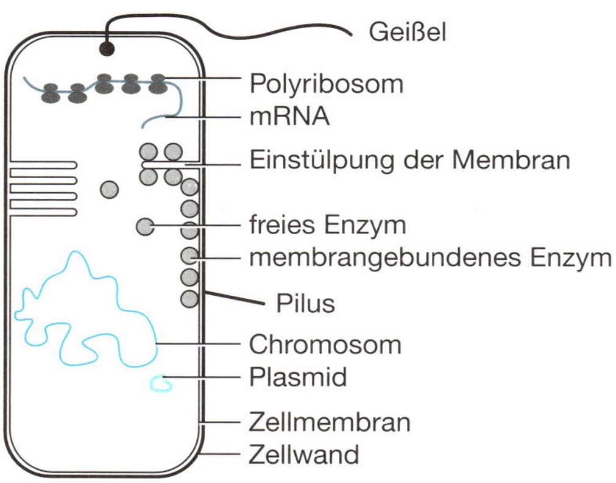

→ **S. 15 ff.**

Peroxisomen dienen dem Abbau aggressiver Verbindungen. → **S. 11**

Die **Zellmembran** umgibt das Protoplasma und kontrolliert den Stoffaustausch. → **S. 9 u. S. 24 ff.**

STRUKTUREN UND ORGANELLEN DER ZELLE

Der erste Schritt der Zellteilung ist die **Mitose**. ➛ **S. 14**

Zellkern: Träger der Erbinformation. ➛ **S. 9**

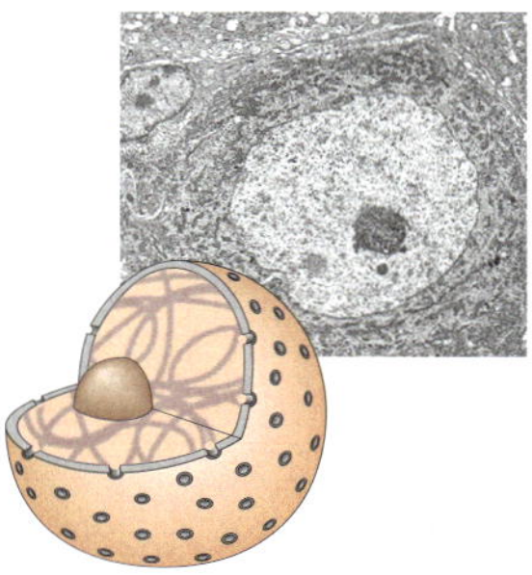

Ribosomen sind Orte der Proteinbiosynthese. ➛ **S. 10**

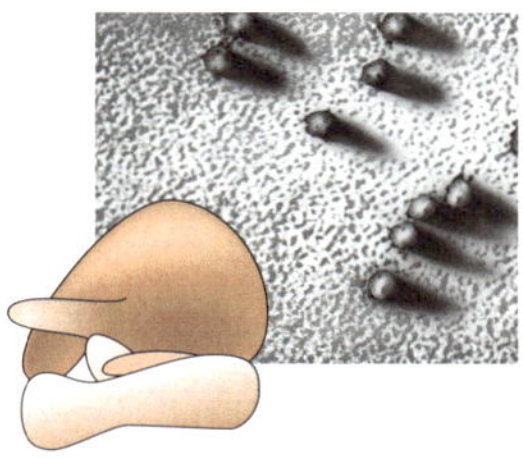

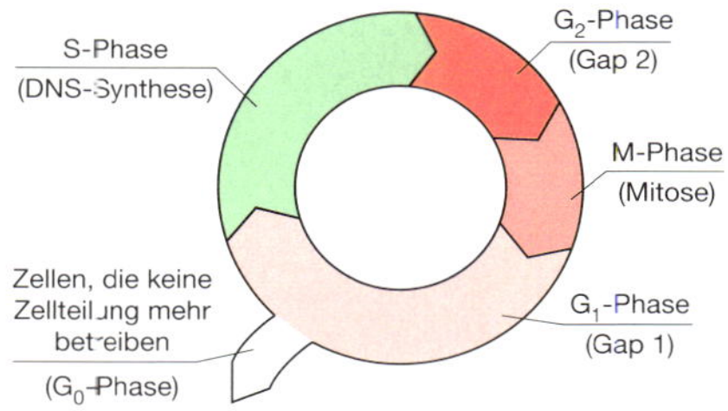

Der Zellzyklus beschreibt den Lebenslauf einer Zelle. ➛ **S. 13 f.**

Vakuolen dienen der Zellstabilisierung und Speicherung. ➛ **S. 12**

Tierzelle

Pflanzenzelle

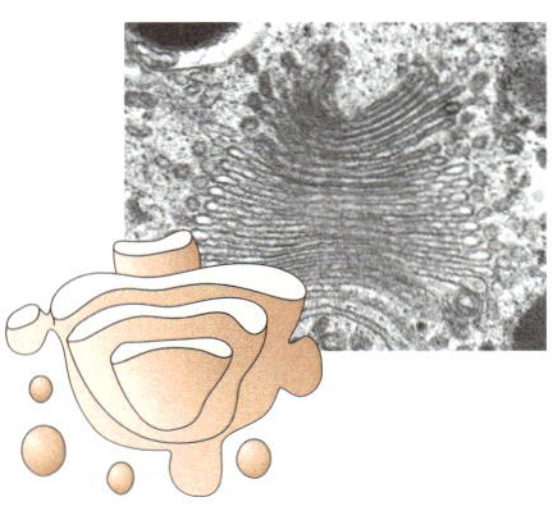

Golgi-Apparat: dient der Sekretion bzw. Modifikation und dem Transport von Proteinen. ➛ **S. 11**

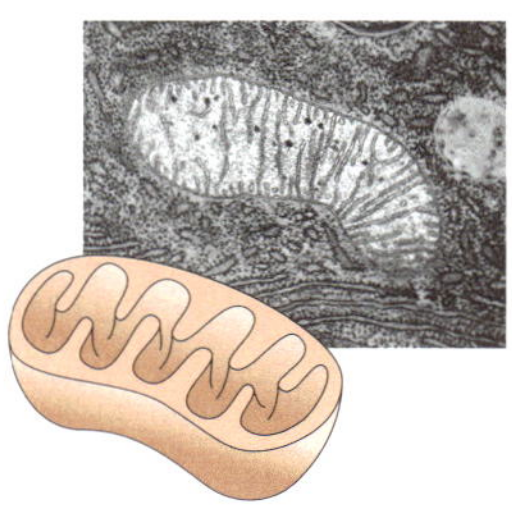

Mitochondrien sind Orte der Zellatmung. ➛ **S. 10**

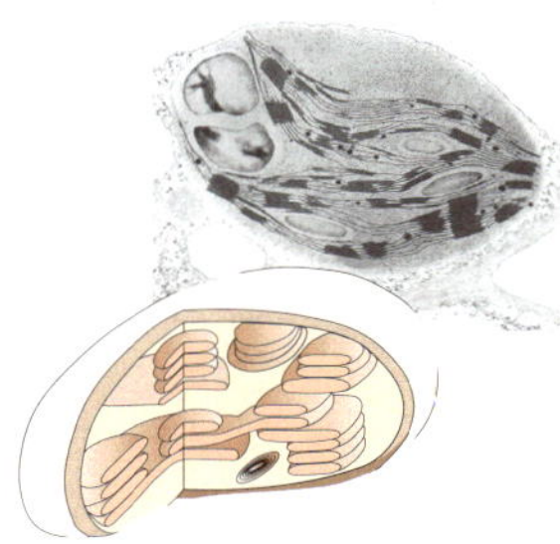

Chloroplasten sind Orte der Fotosynthese. ➛ **S. 13**

Die **Zellwand** verleiht der Zelle ihre feste Form, ermöglicht den Turgor und schützt sie vor mechanischer Beschädigung. ➛ **S. 13**

Strukturen und Organellen der Zelle

In diesem Kapitel erfahren Sie:

- Alle Organismen bestehen aus einer oder mehreren Zellen.
- Die Zelle stellt ein abgegrenztes, eigenständiges, selbsterhaltendes System dar.
- Der Grundbauplan aller Zellen ist gleich.
- Zellorganellen sind abgegrenzte Bereiche einer Zelle mit besonderen Funktionen.
- Eukaryontische Zellen haben folgende Organellen: Zellkern, Mitochondrien, endoplasmatisches Retikulum (ER), Golgi-Apparat und Lysosomen.
- Pflanzenzellen haben zusätzlich Chloroplasten, eine Zentralvakuole und eine Zellwand.
- Prokaryonten sind von einer Zellwand umgebene Einzeller mit wenigen Organellen.
- Der Zellzyklus ist der Wechsel zwischen Arbeitsphase und Zellteilung.
- Bei der Mitose werden die Chromosomen exakt auf die Tochterzellen aufgeteilt.
- Die Geschichte der Zellbiologie ist eng verknüpft mit der Entwicklung der Mikroskopie.

Eigenschaften der Zelle

Die Zelle stellt die funktionell und strukturell kleinste lebens- und vermehrungsfähige Einheit dar: Zellen können nur durch Teilung oder Verschmelzung aus ihresgleichen entstehen.

Alle Organismen bestehen aus Zellen, die sich in ihrem Aufbau und ihren Grundfunktionen ähneln.

Einige Organismen, wie die Bakterien, bestehen aus einer Einzelzelle. Andere Organismen sind mehrzellig. Hier sind gleichartige Zellen zu Zellverbänden, den **Geweben**, zusammengeschlossen, die bestimmte Funktionen erfüllen. Dabei haben die Zellen ihre Selbständigkeit durch **Arbeitsteilung** (Spezialisierung) aufgegeben und sind einzeln überwiegend nicht lebensfähig. Gewebe schließen sich zu Systemen höherer Ordnung zusammen, den **Organen**. Diese bilden wiederum mit anderen Organen Organsysteme aus, die dann zusammen den Organismus ausmachen.

Jede Zelle ist von einer **Plasmamembran** umschlossen, die den kontrollierten und regulierten Austausch von Substanzen mit der Umgebung ermöglicht. Alle Zellen sind in der Lage, mit Hilfe von Enzymen (→ S. 36) Stoffe auf- und abzubauen und Energie für ihre Lebensvorgänge umzuformen. Bei der Reproduktion wird die Erbinformation der Zellen an die Nachkommen weitergegeben.

Im Inneren der Zelle, dem Cytoplasma, befinden sich meist membranumgrenzte Strukturen, die in Anlehnung an die Organe im vielzelligen Organismus als Zellorganellen bezeichnet werden. Dadurch entstehen zahlreiche abgeschlossene Reaktionsräume, die als Zellkompartimente definiert werden. Die Komparimentierung macht es möglich, dass verschiedene Stoffwechselwege in einer Zelle unabhängig und ortsnah ablaufen können.

Die Größen von Zellen variieren stark. Die größte Zelle des Menschen ist die Eizelle mit einem Durchmesser von etwa 0,2 mm. Dagegen weisen die roten Blutzellen einen Durchmesser von nur etwa 0,01 mm auf. Die Ausläufer einer Nervenzelle können bis zu 1 m lang werden. Die kleinsten Zellen bilden die Bakterien mit etwa 0,5 bis 20 µm (1 µm = 0,001 mm).

Organellen der Eukaryontenzelle

Die Zellmembran umgibt das Cytoplasma und kontrolliert den Stoffaustausch zwischen der Zelle und ihrer Umgebung. Ihr Aufbau wird in einem gesonderten Kapitel (➛ S. 24 ff.) beschrieben.

Der Zellkern als Steuerzentrale

Der Zellkern ist gewöhnlich das größte Zellorganell mit einem durchschnittlichem Durchmesser von 10 – 20 µm. Er ist von einer Doppelmembran umschlossen, die als Kernmembran bezeichnet wird. Diese steht in direkter Verbindung mit dem endoplasmatischem Retikulum (ER). Die Kernmembran enthält Kernporen, die einen Stoffaustausch zwischen Kern und Cytoplasma ermöglichen.

Das Kernplasma enthält ein oder mehrere Kernkörperchen (*Nukleolus*, Plural *Nukleoli*), die die ribosomale RNA und Proteine synthetisieren, aus denen die Ribosomen aufgebaut werden. Ebenso im Kernplasma befindet sich das Chromatingerüst, das die Erbinformation in Form von DNA (Desoxyribonukleinsäure ➛ S. 102) enthält. Die DNA reguliert die Struktur und die Funktion jeder Zelle. Kurz vor der Zellteilung wickelt sich das Chromatin zu den Chromosomen (➛ S. 106) auf.

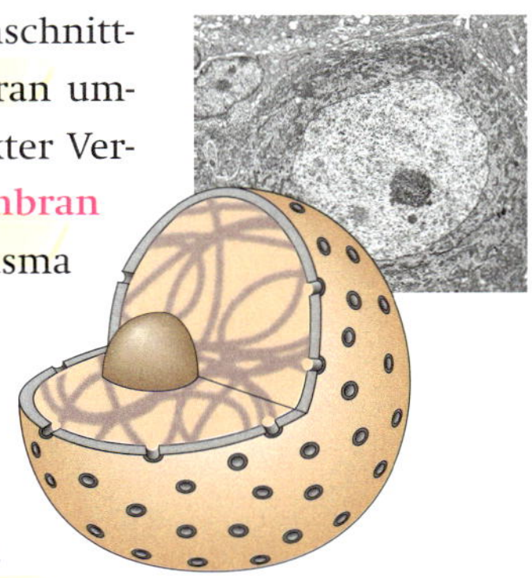

Abb. 1 Der Zellkern ist meist das größte Organell der Zelle, hier befindet sich die DNA, der Träger der Erbinformation.

Mitochondrien

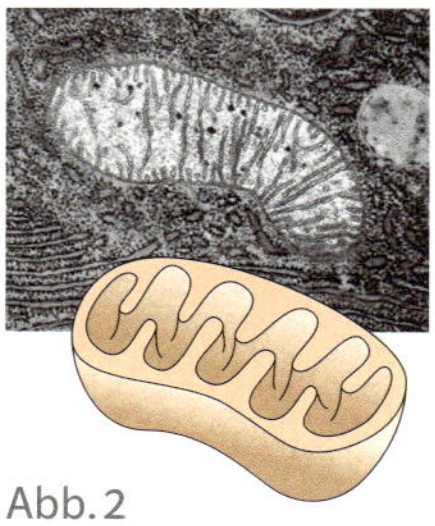

Abb. 2 Mitochondrien sind die Orte der Zellatmung.

Die **Mitochondrien** erscheinen als kleine Stäbchen im Cytoplasma. In der Länge variieren sie von etwa 1,5 bis 10 µm, während ihr Durchmesser meist bei 1µm liegt. Ein Mitochondrium ist von einer Doppelmembran umgeben. Die innere Membran ist vielfach eingestülpt, was zu einer Vergrößerung der inneren Oberfläche führt. Die Einstülpungen werden als **Cristae** bezeichnet. Der Innenraum ist mit einer Grundsubstanz, der Matrix, ausgefüllt. In dieser Matrix liegen die Ribosomen und die Mitochondrien-DNA (➛ S. 84). Diese codiert einen Teil der Mitochondrienproteine.

Innerhalb der Mitochondrien läuft die Energiegewinnung, die **Zellatmung** (➛ S. 57) ab. Deshalb werden Mitochondrien als „Kraftwerke der Zelle" bezeichnet. An der inneren Mitochondrienmembran findet im Verlauf der Zellatmung die Bildung von ATP (Adenosintriphosphat ➛ S. 45) statt, die Speicherform für Energie in der Zelle.

Mitochondrien sind die Kraftwerke der Zelle; in ihnen wird ATP gebildet.

Zahl und Lage der Mitochondrien hängen vom Zelltyp ab. So finden sich in den stoffwechselaktiven Zellen der Leber bis zu 6000 Mitochondrien.

Endoplasmatisches Retikulum und Ribosomen

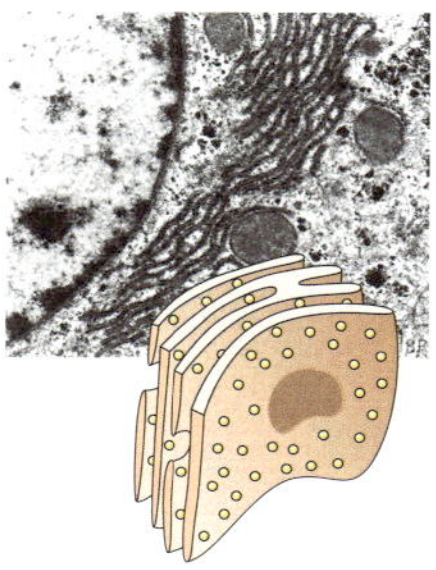

Abb. 3 In den Membranen des ER finden viele Stoffwechselvorgänge statt.

Das endoplasmatische Retikulum (ER) ist ein komplexes dreidimensionales Membransystem von flächigen Hohlräumen, Röhren und Bläschen. Die umschlossenen Arbeitsräume werden **Zisternen** genannt. Das ER steht mit der Kernhülle in Verbindung. Es kommt in zwei Zuständen vor: Die Grundsubstanz ist das glatte endoplasmatische Retikulum (**SER** = *smooth endoplasmic reticulum*), das maßgeblich am Auf- und Abbau von Lipiden beteiligt ist. Durch Anlagerung von Ribosomen entsteht das raue ER (**RER** = *rough endoplasmic reticulum*). Dieses transportiert die an den Ribosomen synthetisierten Proteine durch sein Kanalsystem. Auch an Stoffumwandlungsprozessen ist das rauhe ER beteiligt.

Hauptfunktion des ERs ist die Synthese von sekretorischen, lysosomalen und Membran-Proteinen. Vom Ort der Synthese werden sie in Form von Vesikeln zum Golgi-Apparat transportiert.

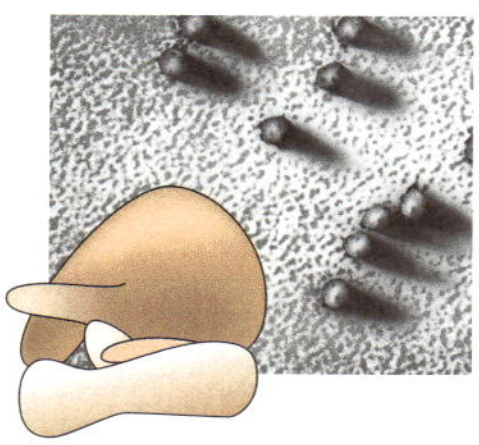

Abb. 4 Ribosomen sind Orte der Proteinbiosynthese. Sie liegen frei im Cytoplasma oder am ER anliegend vor.

Ribosomen sind winzige Organelle mit einem Durchmesser von 20 bis 5 nm, die entweder am ER oder frei im Cytoplasma vorliegen (freie Ribosomen). Ribosomen bestehen aus unterschiedlich großen Untereinheiten. Bei den Bakterien sind diese kleiner und leichter als bei den tierischen und pflanzlichen Zellen (50 S und 30 S bei Bakterien und Mitochondrien, 60 S und 40 S bei den übrigen Zellen. S bezeichnet den **Sedimentationskoeffizienten**, der durch die Sedimentationsgeschwindigkeit in einer Zentrifuge bestimmt wird. Die Dimension des Koeffizienten ist Zeit, seine Maßeinheit ist Svedberg, abgekürzt S).

Die Ribosomen sind Orte der **Proteinbiosynthese** (➛ S. 109).

Der Golgi-Apparat

Die Diktyosomen, in ihrer Gesamtheit nach ihrem Entdecker als Golgi-Apparat bezeichnet, bestehen aus einem Stapel flacher membranumschlossener Zisternen. An den Rändern sind diese Zisternen durchbrochen und schnüren Bläschen, die Golgi-Vesikel, ab.

Der Golgi-Apparat ist Kohlenhydratfabrik und Verschiebebahnhof.

In der Zelle hergestellte Produkte (Hormone, Enzyme) werden in den Diktyosomen für den Transport zu anderen Organellen oder aus der Zelle heraus in Vesikeln verpackt. Die Vesikel wandern zur Plasmamembran und scheiden die Produkte aus der Zelle aus.

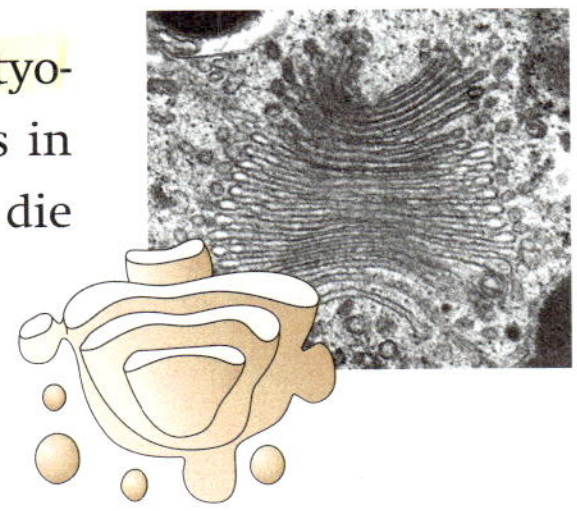

Abb. 5 Der Golgi-Apparat dient der Sekretion, der Modifikation und dem Transport von Proteinen.

Peroxisomen und Lysosomen

Peroxisomen sind kugelförmige Organelle, die in allen Zellen, v. a. aber in Leber und Niere, vorhanden sind. Sie sind von einer einfachen Membran umgeben und enthalten eine feingranulierte Matrix. Die Peroxisomen werden vom glatten ER hergestellt und enthalten Oxidasen und Katalasen zur Zerstörung aggressiver Verbindungen wie Alkohol und Fettsäuren. Dabei entsteht Wasserstoffperoxid (H_2O_2), das für Oxidationsreaktionen verwendet oder zu Sauerstoff und Wasser abgebaut wird. Peroxisomen haben also eine wichtige Funktion in der Abwehr von Umweltgiften, was sich auch daran zeigt, dass zahlreiche Stoffe eine starke Vermehrung dieser Organelle auslösen.

Die Peroxisomen sind Entgiftungsorganelle.

Lysosomen sind membranumhüllte Vesikel, die verschiedene saure Hydrolasen enthalten und für den zellulären Stoffabbau zuständig sind. Sie entstehen, wenn mit lysosomalen Enzymen gefüllte Vesikel aus dem Golgi-Apparat zu Lysosomen verschmelzen.

Lysosomen enthalten Enzyme für den Abbau vieler Substanzen.

Cytoskelett und Centriolen

Das Cytoskelett bildet ein intrazelluläres Gerüst und ist damit essentiell für die Form und Organisation der Zelle. Es ist ein System aus Proteinen, hat keine feste Struktur, sondern wird laufend verändert. Seine wichtigsten Bestandteile sind drei Arten von Proteinfasern: Mikrotubuli, Aktinfilamente und Intermediärfilamente. Die Mikrotubuli sind für Transportvorgänge und Bewegungen bzw. Befestigung der Organellen im Cytosol, der wässrigen Grundsubstanz des Cytoplasmas, in der die Zellorganellen eingebettet sind, zuständig. Sie bilden die Mitosespindel aus, mit deren Hilfe Chromosomen während der Zellteilung an die Kernpole gezogen werden. Die Aktinfilamente (→ S. 63) liegen unter der Plasmamembran und in Membranausbuchtungen und geben der Zelle ihre Form. Wie die Mikrotubuli werden sie immer wieder auf- und abgebaut. Die Intermediärfilamente dienen hauptsächlich der mechanischen Stabilisierung der Zellen. Bekannt ist das Keratin, die Hauptsubstanz menschlicher Haare.

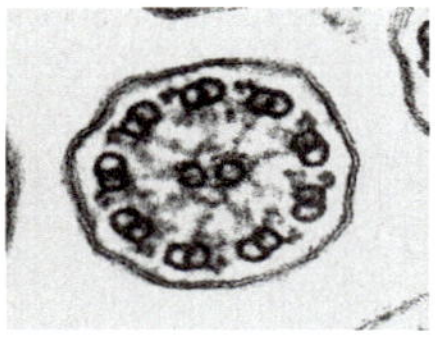

Abb. 6 Querschnitt durch Geißeln von Chlamydomonas; deutlich sind die in einem Ring angeordneten Mikrotubuli zu erkennen.

Centriolen sind kurze Röhrchen aus Miktrotubuli-Einheiten, die paarig in der Zelle vorkommen. Sie spielen eine wichtige Rolle bei der Zellteilung und bilden die Basis für den Aufbau von Geißeln.

Viele Zellen besitzen auf ihrer Oberfläche **Cilien** (Wimpern) oder **Geißeln** (Flagellen), in deren Inneren ein Bündel aus Mikrotubuli regelmäßige Biegebewegungen ausführt. So schwimmen Spermazellen mit Hilfe von Geißeln. Auch die Epithelzellen, die im Wirbeltierorganismus den Darm und andere Hohlräume auskleiden, sind auf ihrer Oberfläche mit Cilien ausgestattet, die Flüssigkeiten und Feststoffteilchen in einer bestimmten Richtung vorantreiben.

Besonderheiten der Pflanzenzellen

Pflanzenzellen enthalten im Gegensatz zu den tierischen Zellen zusätzlich eine Zellwand, Plastiden und eine Zentralvakuole.

Die Vakuole

Vakuolen sind flüssigkeitsgefüllte Räume, die durch eine besondere Membran, die Vakuolenmembran (Tonoplast), gegen das Cytoplasma abgegrenzt sind. In Pflanzenzellen dienen sie der Stabilisierung und der Lyse oder Speicherung von Reservestoffen, die vorübergehend aus dem Stoffwechsel der Zelle herausgenommen und bei Bedarf wieder zurückgeführt werden. In Früchten kommen besonders Glucose und Fruktose vor. Ebenso werden Stoffwechselendprodukte, die nicht benötigt werden, in der Vakuole gespeichert. Eine Zelle kann Vakuolen mit verschiedenen Funktionen enthalten. Auch tierische Zellen enthalten Vakuolen, die aber wesentlich kleiner sind als die Zentralvakuolen pflanzlicher Zellen.

Die Vakuolen sind flüssigkeitsgefüllte Räume, die der Speicherung und Lyse verschiedener Substanzen dienen.

Plastiden

Plastiden sind länglich-ovale Organellen, die von einer Doppelmembran umschlossen sind. Man unterscheidet Chloroplasten, Chromoplasten und Leukoplasten. Alle enthalten eine eigene DNA (→ S. 84) und sind von einer Doppelmembran umgeben.

Chloroplasten sind fotosynthetisch aktive Plastiden. Die innere Membran umschließt einen Matrixraum, das Stroma, in dem flächige, lamellenförmige Membransysteme, die Thylakoide, vorliegen. Diese sind zum Teil wie Geldrollen sehr dicht gestapelt. Die Thylakoidmembran enthält das Chlorophyll, (➛ S. 67) das für die Fotosynthese wichtige grüne Pigment.

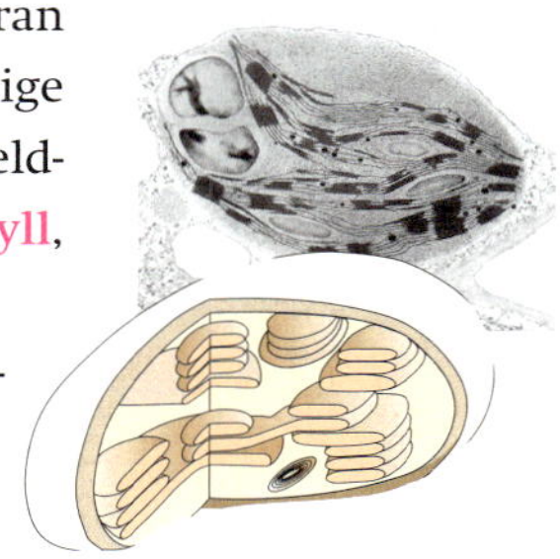

Abb. 7 Chloroplasten sind Orte der Fotosynthese

Die Chromoplasten enthalten Carotinoide und sind somit für viele Blütenfarben sowie die Farbe mancher Früchte und Wurzeln verantwortlich.

Die Leukoplasten sind farblose Plastiden und kommen in Zellen von Speicherorganen (Samen, Knollen, Wurzelstöcken) vor. Dort können sie auch der Speicherung von Stärke dienen. Einige Leukoplasten können sich durch Lichtreize in Chloroplasten und Chromoplasten umwandeln.

Die Zellwand

Die Zellwand verleiht der Zelle ihre feste Form, ermöglicht den Turgor und schützt sie vor mechanischer Beschädigung.

Die meisten Pflanzen- und Pilzzellen sowie einige Bakterien sind von einer widerstandsfähigen Zellwand umgeben, die Polysaccharidfasern enthält. Bei höheren Pflanzen bestehen diese Fasern vorwiegend aus Cellulose, bei den meisten Pilzen aus Chitin, bei Bakterien aus Murein. Die Zellwand liegt außen an der Plasmamembran an; sie verleiht der Zelle ihre feste Form, ermöglicht den Turgor und schützt sie vor mechanischer Beschädigung, schränkt aber ihre Beweglichkeit und teilweise auch den Stoffaustausch ein. Der Turgordruck ist der Druck, den der Zellinhalt auf die Zellwand ausübt, wenn eine Pflanzenzelle Wasser aufnimmt; der Turgordruck entspricht folglich dem Gegendruck der Wand.

Der Zellzyklus

Phasen des Zellzyklus

Der Wechsel zwischen Arbeitsphase und Zellteilung heißt Zellzyklus.

Zellen können nur aus Zellen hervorgehen. Dies gilt für alle Organismen, vom einzelligen Bakterium bis zum vielzelligen Menschen. Lebewesen entstehen, indem sich Zellen immer wieder teilen und dann wachsen, also durch sich wiederholende Zellteilungs- und Zellwachstumsrunden. Bei der Teilung einer Zelle entstehen zwei Tochterzellen. Beide besitzen die identische genetische Information wie die Mutterzelle sowie die gleiche Ausstattung an Organellen und Cytoplasmabestandteilen.

Der Zellzyklus ist der sich wiederholende Ablauf von Ereignissen (in einer eukaryotischen Zelle) von einer Zellteilung zur nächsten. Obwohl die absolute Länge des einzelnen Zellzyklus von Art zu Art unterschiedlich sein kann, ist der Ablauf der einzelnen Phasen im Prinzip immer gleich. Der Zellzyklus ist in zwei

Phasen gegliedert. Nach der Mitose (Kernteilung) kommt die Zelle in die Interphase (Zwischenphase). Diese wird in die G_1-, S- und G_2-Phasen aufgeteilt. In dem ersten Abschnitt, der G_1-Phase (G für engl. *gap* – Lücke), wächst die Zelle. Hierbei werden die Zellorganellen und die anderen Bestandteile des Cytoplasmas vermehrt. Die S-Phase (S für Synthese) umfasst die Verdopplung der DNA (→ S. 107). Nach dem letzten Abschnitt der Interphase, der G_2-Phase, werden die Chromosomen im Mikroskop als lange Fäden sichtbar. Diese verkürzen sich mehr und mehr und werden dicker. Ihre Verteilung auf die Tochterzellen erfolgt in der Mitose.

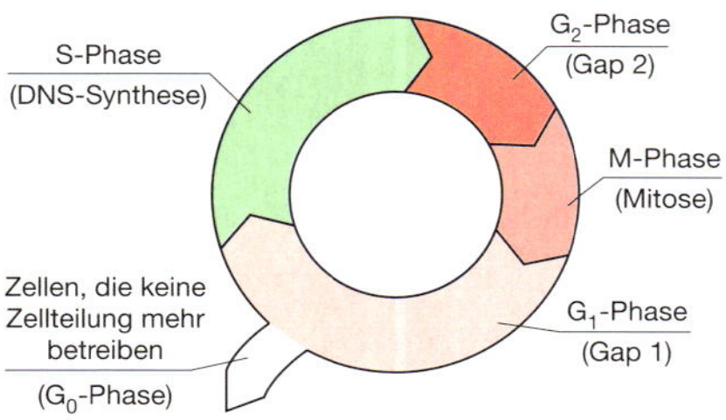

Abb. 8 Zellzyklus einer eukaryotischen Zelle

Die Mitose

Der erste Schritt einer Zellteilung ist die Teilung des Zellkerns. Die Zeit für den Ablauf dieser Mitose schwankt zwischen einigen Minuten und mehreren Stunden. Der Übersichtlichkeit wegen wird der kontinuierliche Verlauf der Mitose in Phasen eingeteilt: die Prophase, die Metaphase, die Anaphase und die Telophase.

Interphase

Während der **Interphase** ist der Zellkern durch die Kernmembran umhüllt. Im fädigen Chromatin ist etwas undeutlich ein Nukleolus (Kernkörperchen) zu erkennen.

Prophase

In der **Prophase** spiralisiert sich das Chromatin zu sichtbaren Chromosomen auf. Jedes Chromosom besteht aus einem Paar von Chromatiden, das vom Centromer zusammengehalten wird. Kernmembran und Nukleolus lösen sich auf. Nun entsteht der Spindelapparat, dessen Proteinfäden (Mikrotubuli) von spezialisierten Organellen, den Centrosomen, ausgehen und sich mit den Centromeren der Chromosomen verbinden. Centriolen sind Organellen, die paarweise im Cytoplasma vorkommen. Sie bestehen aus zwei zylinderartigen Strukturen, die im rechten Winkel zueinander liegen. Schon vor Beginn der Mitose haben sie sich verdoppelt und sind zu den Zellpolen gewandert. Sie organisieren den Aufbau des Spindelapparates aus dünnen Proteinfäden, den Mikrotubuli.

Metaphase

In der **Metaphase** sind die Chromosomen maximal spiralisiert und liegen als Zweichromatid-Chromosomen in der Transportform vor. In dieser Phase können Chromosomen verschiedener Lebewesen gezählt und verglichen werden (Karyogramm). Die Chromosomen werden durch die Spindelfasern in die Äquatorialebene bewegt.

Anaphase

Zu Beginn der **Anaphase** verdoppelt sich das Centromer. Aus einem Metaphasechromosom werden zwei unabhängige Tochterchromosomen. Diese werden mit Hilfe des Spindelapparates auseinandergezogen und auf die Zellpole zu bewegt, dabei geht immer das Centromer voran.

In der **Telophase** entspiralisieren sich die (Einchromatid-)Chromosomen wieder. Kernmembran und Nukleoli erscheinen.

Telophase

Zu Beginn der **Interphase** schnürt sich die Zelle am Äquator durch, das Cytoplasma wird auf die Tochterzellen verteilt (Cytokinese). Kernmembran und Nukleoli erscheinen wieder.

Interphase

Durch Mitosehemmer kann der Teilungsprozess gestört werden. Colchizin, das Gift der Herbstzeitlosen, blockiert den Spindelapparat. Die Tochterchromosomen weichen nicht auseinander. Diese Endomitose führt zu einer Verdopplung der Chromsomenzahl in der Zelle. Aus diploiden werden tetraploide und durch mehrfache Endomitose entstehen polyploide Zellen.

Organisationsstufen und Evolution

Die Prokaryontenzelle

Elektronenmikroskopische Untersuchungen belegen, dass es zwei Grundtypen von Zellen gibt: eukaryontische und prokaryontische Zellen. Prokaryonten (von griechisch *pro* = bevor und *karyon* = Nuss, Kern) haben in ihrer Zelle, der Procyte, keinen von einer Membran umgebenen Zellkern (*Karyon*). Die Prokaryonten sind kleine einzellige Organismen und werden in zwei Gruppen eingeteilt: Bakterien (*Eubacteria*, dazu gehören auch die **Cyanobakterien** oder „Blaualgen") und die bakterienähnlichen Archaea. Das Bakterienchromosom ist zirkulär und ist nicht mit Proteinen wie den Histonen verknüpft (nacktes Chromosom). Da es verfestigt im Nukleoplasma vorliegt, kann sich das Bakterienchromosom nicht frei im Cytoplasma bewegen. Zusätzlich zum Bakterienchromosom haben viele Prokaryonten Plasmide, kleine ringförmige Minichromosome.

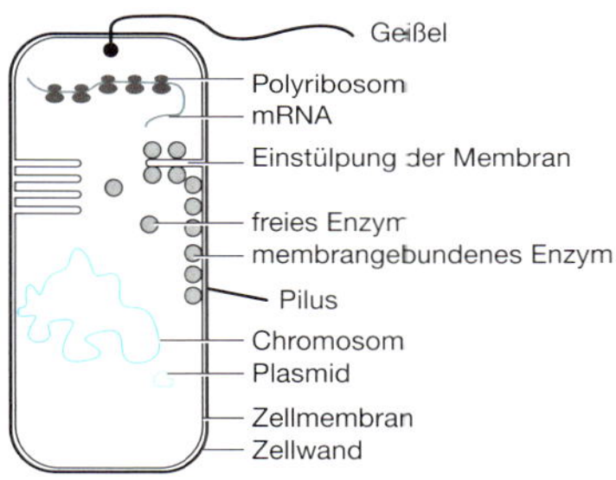

Abb. 9 Die Bakterienzelle ist eine Procyte; sie ist nicht in Kompartimente unterteilt.

Wie bei der eukaryontischen Zelle, der Eucyte, ist das Cytoplasma der Procyte (auch als **Protocyte** bezeichnet) außen von einer semipermeablen Membran begrenzt. Zusätzlich stabiliert und schützt eine Zellwand den Protoplasten nach außen. Im Gegensatz zur pflanzlichen Zellwand, die aus Cellulose besteht, ist die Zellwand bei Prokaryonten aus Murein aufgebaut.

Die Protocyte ist nicht kompartimentiert. Es fehlen Plastiden, Diktyosomen und ER. Ihre Ribosomen sind kleiner als die der Eucyte (70 S-Ribosmen, bei der Eucyte 80 S-Ribosomen).

Manche Bakterien besitzen Geißeln, die sich von denen der Eucyte wesentlich unterscheiden. Sie bestehen aus einfachen Proteinfibrillen, die durch einen membranständigen Rotationsmotor angetrieben werden. Die Tabelle 1 fasst die Unterschiede zwischen Prokaryonten und Eukaryonten zusammen.

Struktur	Prokaryont	Eukaryont
Plasmamembran	+	+
Kernmembran	-	+
Mitochondrien	-	+
Endoplasmatisches Retikulum	-	+
Golgi-Apparat	-	+
Ribosomen	70 S	80 S
Zellwand	+ aus Aminozuckern, Muraminsäure, Aminosäuren u.a.	+ bei Pflanzen → v.a. Cellulose + bei Pilzen → Chitin, - in Tierzellen
Kapsel	-/+ aus Mucopolysacchariden	-
Vakuolen	-	+ (besonders in Pflanzenzellen)
Lysosomen	-	+
Chromosomen	ein Ring aus DNS; Plasmide	mehrere Chromosomen, aus DNS und Proteinen
Fotosynthese-Apparat	auf Membranen Cyanobakterien: Chlorophyll-a und Phycocyanin Bakterien: Bakteriochlorophyll	in Chloroplasten mit Chlorophyll-a und -b
Geißeln	-/+ Fibrillen, keine 9+2-Struktur	-/+ 9+2-Struktur der Fibrillen
Teilung	einfache Querteilung	Mitose
Größe	~ 0,5 – 5 µm	~ 10 – 100 µm (-10 cm)

Tab. 1 Zelluläre Merkmale von Prokaryonten und Eukaryonten

Evolution der Mitochondrien und Plastiden

Mitochondrien und Plastiden enthalten eigene ringförmige DNA und sind beide von einer Doppelmembran umgeben. Die Deutung dieser beiden Eigenschaften führte zur Endosymbiontentheorie (➤ Steuerung und Evolution, S. 125). Danach entstand die Eukaryontenzelle durch Zusammenschluss mehrerer Prokaryontenzellen. Mitochondrien und Chloroplasten sind Nachfahren ursprünglich freilebender Mikroorganismen. Die Mitochondrien leiten sich von aeroben Bakterien, die Chloroplasten von Cyanobakterien ab. Diese lebten zunächst als Symbionten innerhalb der größeren Zelle (= Endosymbionten), verloren aber ihre Selbständigkeit und wurden zu Organellen.

Durch die Endoymbiose mit den aeroben Bakterien (die zu Mitochondrien wurden) haben die Ur-Eukaryonten die Fähigkeit zum oxidativen Abbau von Kohlenhydraten, Fetten und Proteinen erworben, durch die Symbicse mit den Cyanobakterien die Befähigung zur Fotosynthese.

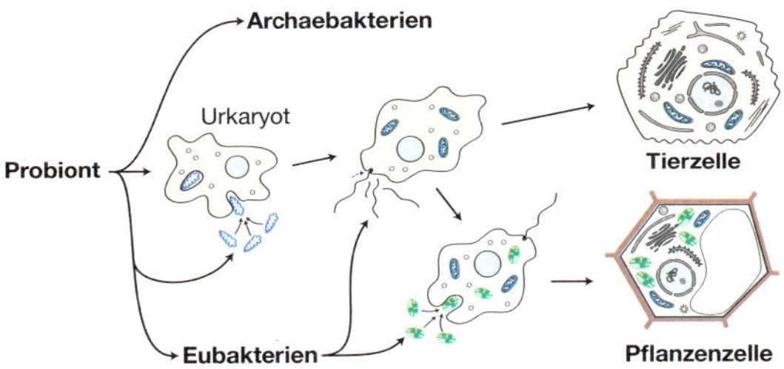

Abb. 10 Entsteh.ung der Mitochondrien und Chloroplasten nach der Endosymbiontentheorie

Die Endosymbiontentheorie wird durch eine große Zahl von Befunden gestützt:

Auch die Bakterien weisen ringförmige DNA auf. Sowohl die Mitochondrien als auch die Plastiden entstehen nur durch Teilung aus ihresgleichen. Sie können in einer Zelle nicht neu entstehen. Dies legt nahe, dass sie auch ursprünglich nicht als Gebilde der Wirtszelle entstanden sind. Mitochondrien und Chloroplasten besitzen einen eigenen Proteinsyntheseapparat, ihre Ribosomen sind gebaut wie die der Prokaryonten (70-S- statt 80-S-Ribosomen). Beide sind von zwei Membranen umgeben, von denen die innere einer Prokaryontenmembran, die äußere der Zellmembran ähnelt. Nach der Endosymbiontentheorie ist die äußere Mitochondrienmembran von der Wirtszelle beigesteuert worden, als sie die Bakterien aufnahm.

Vom Einzeller zum Vielzeller

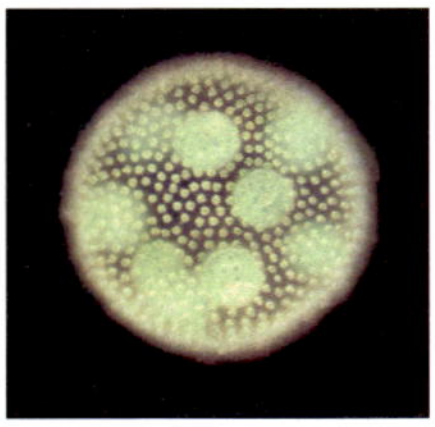

Abb. 11
Kugelalge *Volvox*

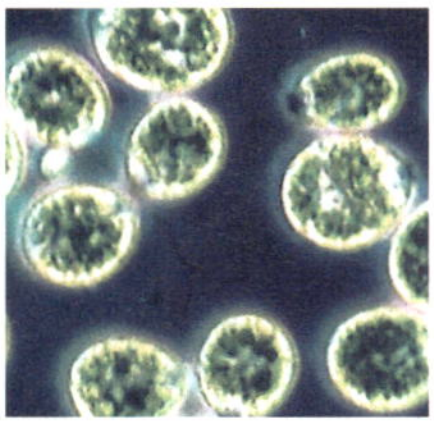

Abb. 12
Chlamydomonas

Die Kugelalge *Volvox* (Abb. 11) besteht aus bis zu mehreren Tausend Einzelzellen. Jede einzelne Zelle zeigt Merkmale einer *Chlamydomonas*-Grünalge (Abb. 12): einen Augenfleck, zwei Geißeln, einen Chloroplasten und zwei pulsierende Vakuolen. Dabei sind die einzelnen Zellen in ihren Funktionen spezialisiert oder differenziert: Die Körperzellen sind für die Fotosynthese und Fortbewegung verantwortlich; aus den Fortpflanzungszellen entstehen durch Zellteilung Tochterzellen, die sich im Inneren der Mutterkugel weiterentwickeln, bis diese aufreißt und abstirbt. Dabei werden die Tocherzellen frei und leben selbständig weiter. Somit ist die Kugelalge ein einfacher vielzelliger Organismus.

Spezialisierte Zellen nehmen bestimmte Aufgaben innerhalb eines Lebewesens wahr. Je komplexer ein Lebewesen gebaut ist, desto ausgeprägter ist die Spezialisierung dieser Zellen. Die (Zell-) Differenzierung bezeichnet die Entstehung von Unterschieden zwischen ursprünglich gleichartigen Zellen. Die Unterschiede beziehen sich auf die Erscheinung und die Funktion der Zellen. So entstehen aus unspezialisierten Zellen des Embryos Nervenzellen, Muskelzellen, Knorpelzellen, Sinneszellen und andere Zellen.

Spezialisierte Zellen sind zu Geweben zusammengefasst. Gewebe sind Verbände aus Zellen gleichen Bauplans und gleicher Funktion. Gewebe ergänzen sich zur Erfüllung bestimmter Aufgaben und bilden Organe, z. B. das Herz.

Unterschiedliche Organe bilden wiederum Organsysteme und arbeiten zusammen, wie z. B. das Herz und die Lunge.

Ein Organismus, wie etwa der Mensch, kann nur durch das Zusammenspiel aller seiner Organisationsebenen (Moleküle, Zellorganell, Zelle, Gewebe, Organ) überleben.

Die Entwicklung der Zellbiologie

Entdeckung der Zelle

Die Erkenntnisse der Zellbiologie stehen in einem direkten Bezug zur Entwicklung des Mikroskops.

Robert Hooke begründete mit Hilfe eines einfachen Mikroskops den Zellbegriff.

Um 1600 entwickelten in den Niederlanden die Brüder Johann und Zacharias Jansen die ersten Lichtmikroskope. 1665 untersuchte der englische Physiker Rober Hooke dünne Schichten von Flaschenkork und entdeckte die einen Hohlraum umschließenden Zellwände, denen er die Namen Cellula (Kämmerchen) gab.

Etwa zur gleichen Zeit untersuchte der holländische Tuchhändler Anton von Leeuwenhoek mit einem einfachen Mikroskop Kleinstlebewesen aus Tümpeln, studierte die Entwicklung von Fischen und Fröschen aus Eiern, von Krebsen und Insekten. Seine Erkenntnisse standen im Widersprich zur damals allgemein anerkannten Urzeugungstherorie, dass Lebewesen spontan und zu jeder Zeit von neuem aus unbelebter Materie entstehen.

Die optischen Eigenschaften der bisher verwendeten Lichtmikroskope waren allerdings noch sehr schlecht. 1827 gelang es dem italienischen Physiker Giovanni Babtista Amici, durch farbfehlerfreie (achromatische) Linsensysteme die wichtigsten Abbildungsfehler zu korrigieren. So konnte Robert Brown 1831 feststellen, dass der kleine runde Zellkern Bestandteil aller Pflanzenteile ist. Mathias Schleiden und Theodor Schwann entwickelten im Jahr 1839 zusammen die Zelltheorie, welche die Zellen als die grundlegenden Partikel der Pflanzen und der Tiere kennzeichnet. Schwann und Schleiden erkannten, dass einige Organismen einzellig sind, während andere mehrzellig sind. Sie erkannten auch, dass Membranen und Zellkerne zu den allgemeinen Zellmerkmalen gehören und beschrieben sie durch Vergleich der verschiedenen Tier- und Pflanzengewebe.

Schleiden und Schwann entwickelten 1839 die heute noch gültige Zelltheorie, die aussagt, dass alle Organismen aus Zellen bestehen.

Im Jahre 1845 veröffentlichte Karl Theodor Ernst von Siebold eine Schrift, in welche er Protozoen als einzellige Lebewesen darstellte. Er zeigte damit, dass Zellen auch einzeln, unabhängig voneinander existieren können.

Diese Erkenntnisse wurde von Rudolf Virchow (1855) erweitert, der anhand von Zellteilungsbeobachtungen die Schlussfolgerung zog, dass alle lebenden Zellen aus schon vorhandenen Zellen entstanden sind.

Im Lichtmikroskop konnten lediglich große Organellen, wie Zellkern, Vakuole, Plastiden und große Strukturen, wie die Zellwand sichtbar gemacht werden. Ursache für die limitierte Leistungsfähigkeit ist die Wellenlänge des sichtbaren Lichts und damit die Auflösung des Mikroskops.

Im Jahr 1920 erkannte man, dass Elektronen ähnliche Eigenschaften wie Lichtwellen kurzer Wellenlänge aufweisen.

Ernst Ruska entwickelte das erste Transmissions-Elektronenmikroskop, mit dessen Hilfe auch Feinstrukturen der Zelle erkennbar waren.

Auf diesen Grundlagen konstruierte Ernst August Ruska das erste Elektronenmikroskop. Nach der Entwicklung geeigneter Fixierungs- und Schneidetechniken für biologische Objekte findet die Elektronenmikroskopie nach 1950 breite Anwendung und führt zu wesentlichen Erkenntnissen über die Feinstruktur der Zelle. Weiterer Meilenstein der Zellbiologie war die Entschlüsslung der DNA-Struktur (Watson und Crick 1953, ➤ S. 104).

Das Elektronenmikroskop

Im Elektronenmikroskop wird zur Abbildung ein Elektronenstrahl benutzt. Aufgrund der wesentlich kürzeren Wellenlänge der Elektronen verglichen mit der von Licht kann das Auflösungsvermögen im Vergleich zum Lichtmikroskop etwa um den Faktor 100 verbessert werden. Es können noch Strukturen von 0,2 bis 0,3 nm aufgelöst und 2 000 000fache Vergrößerungen erreicht werden.

Als Elektronenquelle dient beim Elektronenmikroskop (EM) ein auf etwa 2500 °C erhitzter Wolframdraht. An dieser Glühkathode wird eine Hochspannung von etwa 100 000 Volt angelegt. Die austretenden Elektronen werden in dem zwischen Kathode und Anode aufgebauten elektrischen Feld bis auf zwei Drittel der Lichtgeschwindigkeit beschleunigt. Da Elektronen von Luftteilchen abgelenkt und absorbiert werden, muss die gesamte Säule in Vakuum gehalten werden. Durch elektromagnetischen Felder von Magneten, deren Wirkung den Linsen im Lichtmikroskop entsprechen, werden die Elektronenstrahlen abgelenkt und vom Kondensor gebündelt. Das Präparat, das in die Mikroskopröhre eingebracht wurde, wird nun durchdrungen. Dieser Typ des EM wird daher als Transmissionselektronenmikroskop (TEM) bezeichnet. Das Objektiv erzeugt eine vergrößerte Abbildung und das entstandene Bild kann dann auf einem Leuchtschirm betrachtet werden.

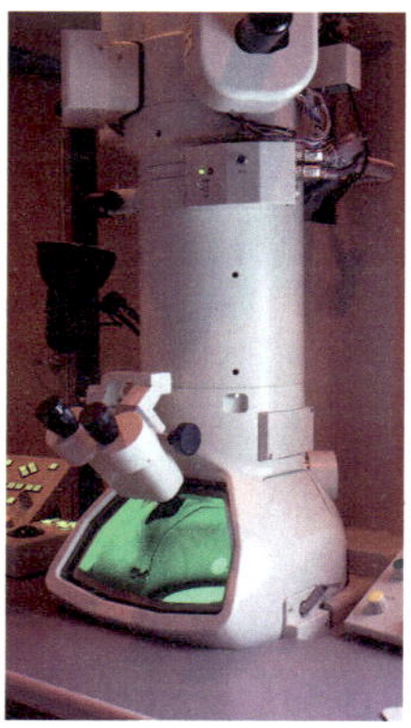
Abb. 13 Elektronenmikroskop

Das Rasterelektronenmikroskop (REM) ermöglicht im Gegensatz zum TEM dreidimensionale Abbildungen der Oberfläche von biologischen Objekten. Dabei dringen die zur Bildentstehung verwendeten Elektronen nicht durch die Probe hindurch, sondern ein eng gebündelter Elektronenstrahl trifft lediglich auf die zu untersuchende Oberfläche auf. Die reflektierten oder aus der Oberfläche herausgeschleuderten Elektronen werden gemessen und von einem Rechner in Helligkeitswerte umgesetzt. Rastert dieser Elektronenstrahl das Objekt zeilenweise ab, so erhält man ein räumliches Bild.

Herstellung elektronenmikroskopischer Präparate

Unabhängig von der Art des Elektronenmikroskops ist die Probenherstellung für die Untersuchung im EM im Vergleich zu lichtmikroskopischen Präparaten sehr aufwändig. Da im Vakuum gearbeitet werden muss, muss die Probe frei von Wasser sein. Vor der Untersuchung im Elektronenmikroskop werden die Proben zunächst chemisch fixiert. Dabei sterben lebende Zellen ab, die natürlichen Zellstrukturen bleiben jedoch erhalten. Anschließend werden die Proben entwässert und in Kunstharz eingebettet und zur Herstellung von Ultradünnschnitten von bis zu 50 nm Dicke mit einem Ultramikrotom geschnitten. Nun werden die Ultradünnschnitte auf Kunststofffolien aufgebracht, die als Objektträger dienen und die auf kleine Kupfernetze oder Kupferringe als Träger aufgebracht sind. Beobachtbar sind die nicht von den Stegen des Kupfernetzes verdeckten Bereiche des Präparats.

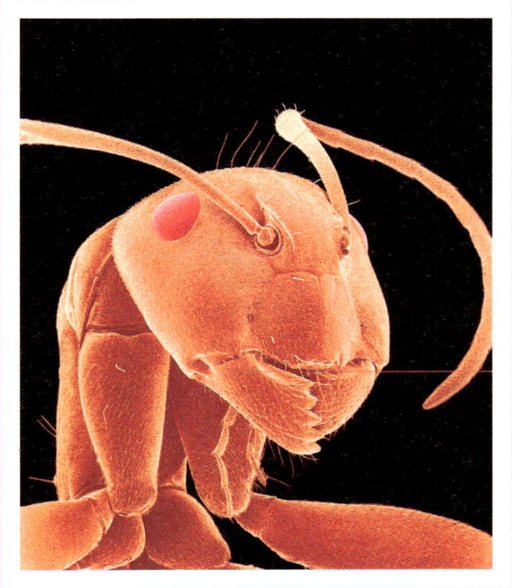

Abb.14 REM-Aufnahme

Zelluläre Strukturen sind nahezu vollständig durchlässig für Elektronenstrahlen, sie sind nahezu konstrastlos. Deshalb muss das Präparat kontrastiert werden, was mit Hilfe von Schwermetallionen erreicht wird. Diese können dann von den verschiedenen zellulären Strukturen unterschieden werden.

Eine andere Methode, Präparate für das EM herzustellen, ist die Gefrierätztechnik. Bei diesem Verfahren fixiert man die Zellen physikalisch, indem sie auf -150 °C abgekühlt und dadurch eingefroren werden. Bei dieser Kryofixierung bleiben die Zellstrukturen weitgehend erhalten. Werden die tiefgefrorenen Zellen im Vakuum geschnitten, so entstehen keine glatten Schnittflächen, sondern es kommt zu Bruchflächen. Lässt man nun die dünne Eisschicht abdampfen, so erhält man eine reliefartige Oberfläche. Durch Schrägbedampfung wird dieses Relief mit einer Kohle-Platin-Schicht überzogen, wodurch man, der Oberflächenstruktur entsprechend, eine unterschiedliche Beschattung erreicht. Diese aufgedampfte Schicht löst sich nach dem Auftauen ab, sie wird gereinigt und kann als Abdruck im EM betrachtet werden.

Alle Querverweise im Überblick:

Aktinfilament: S. 11 ➤ S. 63
ATP (Adenosintriphosphat): S. 10 ➤ S. 45
Chlorophyll: S. 13 ➤ S. 67
Chromosomen: S. 9 ➤ S. 106
Desoxyribonukleinsäure (DNA): S. 9 ➤ S. 102
DNA-Struktur (Watson und Crick): S. 20 ➤ S. 104
DNA-Verdopplung: S. 14 ➤ S. 107
Endosymbiontentheorie: S. 17 ➤ Steuerung und Evolution, S. 125
Enzyme: S. 8 ➤ S. 36
Mitochondrien-DNA: S. 10 ➤ S. 84
Plastiden-DNA: S. 12 ➤ S. 84
Proteinbiosynthese: S. 10 ➤ S. 109
Zellatmung: S. 10 ➤ S. 57
Zellmembran: S. 9 ➤ S. 24 ff.

Zusammenfassung:

Strukturen und Organellen der Zelle

Eine Zelle ist ein membranumhülltes System mit Informationsträgern (Nukleinsäuren) und Funktionsträgern (Proteinen). Alle Organismen sind aus Zellen aufgebaut bzw. bestehen aus einer Zelle. Alle Grundfunktionen des Lebens lassen sich auf zellulärem Niveau nachweisen: Die Zelle ist die kleinste lebensfähige Einheit. Zellen können nur durch Teilung oder Verschmelzung aus ihresgleichen entstehen.

Man unterscheidet eukaryontische Zellen mit vielen Kompartimenten (von Pflanzen, Tieren und Pilzen) und einfachere prokaryontische Zellen (Bakterien und Archaeen). Die Zellmembran umgibt das Protoplasma und kontrolliert den Stoffaustausch zwischen der Zelle und ihrer Umgebung.

Mitochondrien und Plastiden sind Organellen, die durch doppelte Membranen abgegrenzt sind. Beide können nur durch Teilung aus ihresgleichen entstehen. In den Mitochondrien läuft die Zellatmung ab. Plastiden können Stärke bilden und speichern. Die chlorophyllhaltigen Chloroplasten sind die Orte der Fotosynthese.

Das Endoplasmatische Reticulum (= ER) durchzieht das Zellplasma. Hier finden viele Stoffwechselprozesse statt. Kleine Körnchen, die Ribosomen, sitzen auf dem ER oder frei im Plasma. Sie sind Orte der Proteinsynthese. Vakuolen sind flüssigkeitsgefüllte Räume, die durch eine besondere Membran gegen das Zellplasma abgegrenzt sind. Lysosomen enthalten Enzyme für den Abbau vieler Substanzen, Peroxisomen dienen dem Abbau des Wasserstoffperoxids. Der Golgi-Apparat dient der Sekretion.

Das Cytoskelett, ein System aus Proteinen, bildet ein Gerüst für die Form und die Organisation der Zelle und verankert die Organellen. Viele Zellen tragen auf ihrer Oberfläche biegsame Cilien (Wimpern) oder Geißeln (Flagellen).

Die meisten Pflanzen- und Pilzzellen sind von einer widerstandsfähigen Zellwand umgeben. Sie liegt außen an der Plasmamembran an und verleiht der Zelle ihre feste Form.

Mit der Entwicklung des Lichtmikroskops gelang es die Zelle als kleinste Einheit des Lebendigen zu erkennen. Alle Organismen bestehen aus dem Grundbaustein Zelle, egal wie unterschiedlich sie auch aussehen. Im Lichtmikroskop und besonders bei elektronenmikroskopischer Betrachtung erkennt man sogar die innerzellulären Strukturen.

Die Membranen grenzen das Zellplasma gegen die Umgebung ab und unterteilen die Zelle in Kompartimente. Biomembranen sind Barrieren und Vermittler: Sie trennen und verbinden.

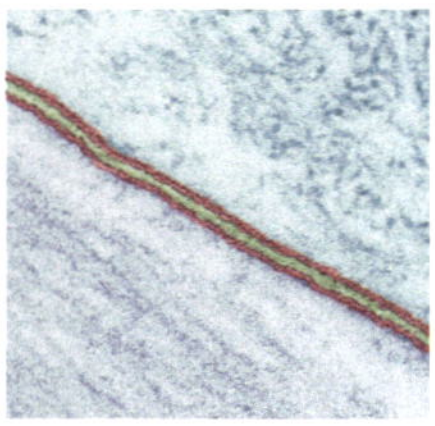

Biomembranen sind dreischichtig: man erkennt eine hellere und zwei dunklere Schichten.
→ **S. 26**

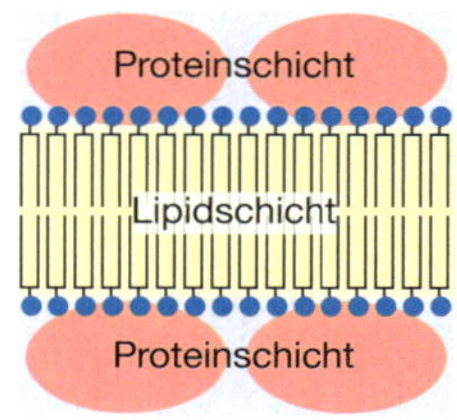

Biomembranen bestehen aus Lipid-Doppelschichten. Die polaren Köpfe zeigen nach außen, die unpolaren Schwänze ins Innere der Membran.
→ **S. 27 f.**

Membran als Barriere

Bild im Elektronenmikroskop	Bausteine	Aufbau	Membranmodelle

Biomembranen bestehen größtenteils aus Phospholipiden. → **S. 27**

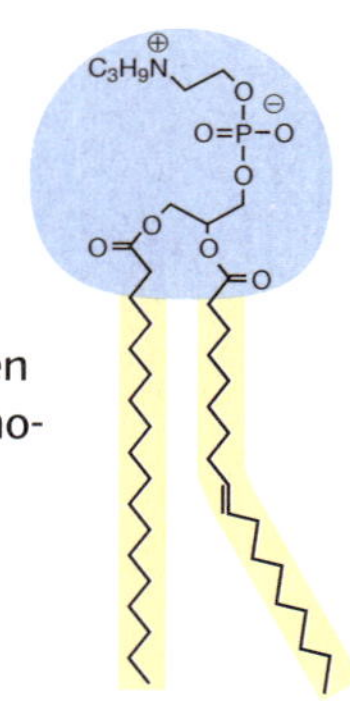

Das Flüssig-Mosaik-Modell beschreibt Biomembranen als dynamische Strukturen: Membranproteine sind in einer flüssig-kristallinen Lipid-Doppelschicht frei beweglich. → **S. 28**

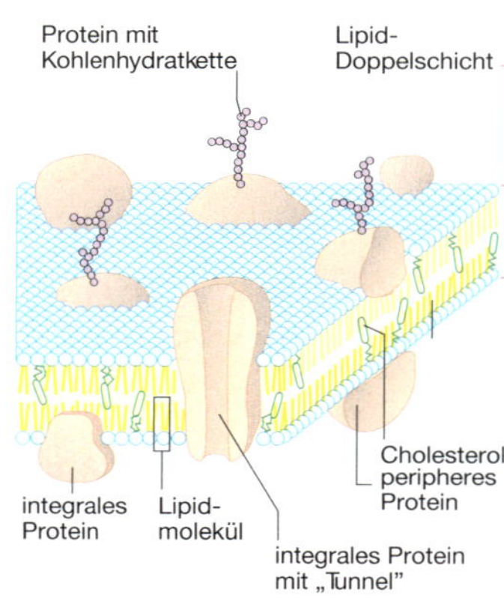

MEMBRAN UND TRANSPORT

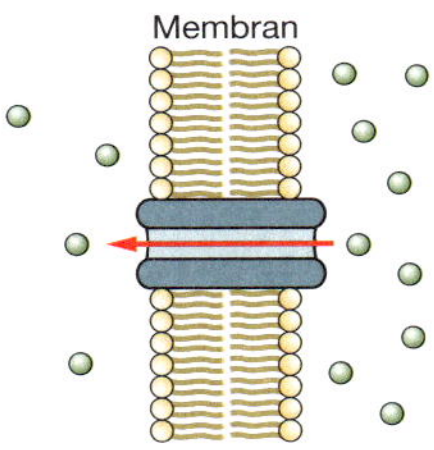

Treibende Kraft für den **passiven Transport** ist der Konzentrationsgradient eines Teilchens auf beiden Seiten der Membran. → **S. 31**

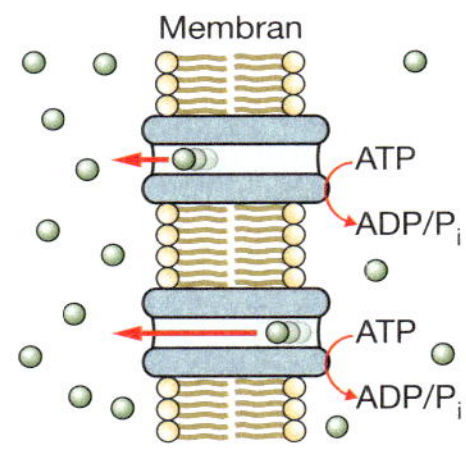

Der **aktive Transport** benötigt Energie aus dem Stoffwechsel der Zelle. → **S. 31**

Membran als Vermittler

freie Diffusion	Osmose	erleichterte Diffusion	aktiver Transport

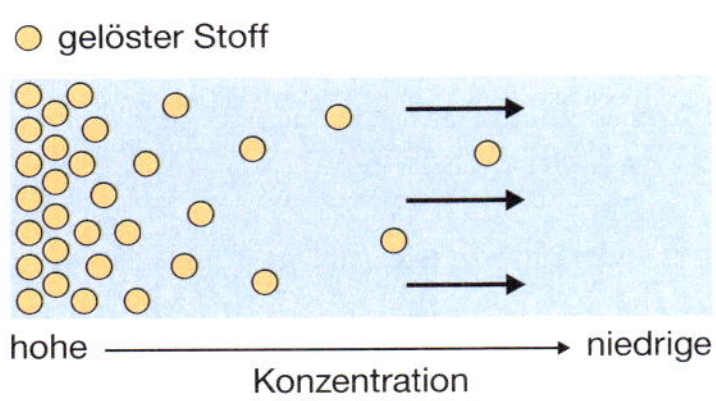

Die Stoffe wandern von Orten höherer Konzentration zu Orten niedriger Konzentration. → **S. 28**

Osmose ist eine einseitig gerichtete Diffusion des Lösungsmittels durch eine semipermeable Membran vom Ort höherer zum Ort niedrigerer Konzentration. → **S. 29**

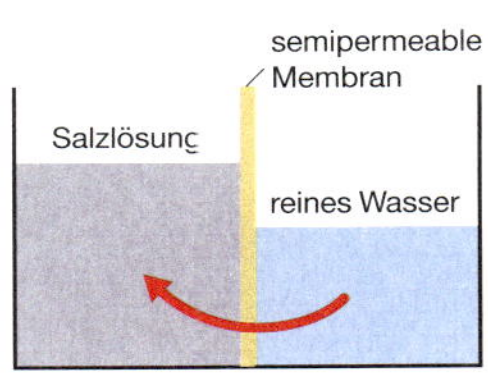

Die Stoffe wandern durch selektive Kanäle oder werden von Carriern über die Membran verfrachtet. → **S. 30**

Ionen und Moleküle werden gegen das Konzentrationsgefälle durch die Membran transportiert. → **S. 31**

Membran und Transport

In diesen Kapitel erfahren Sie:

- Biomembranen trennen Reaktionsräume und verbinden Reaktionsräume.
- Biomembranen bestehen aus Lipiden und Proteinen.
- Nach dem Flüssig-Mosaik-Modell sind Membranproteine zu dynamischen Ortsveränderungen fähig.
- Biomembranen sind Diffusionsbarrieren, sie halten ein Konzentrationsgefälle zwischen den Zellkompartimenten aufrecht.
- Biomembranen regulieren den Austausch zwischen den Zellkompartimenten.
- Freie Diffusion, Osmose und erleichterte Diffusion sind passive Transportvorgänge; treibende Kraft ist der Konzentrationsgradient der Stoffe.
- Aktiver Transport erfolgt gegen das Konzentrationsgefälle unter Energieverbrauch.
- Zellen nehmen Moleküle und Ionen durch Endocytose auf und scheiden sie durch Exocytose aus.

Die Biomembran

Membranbau

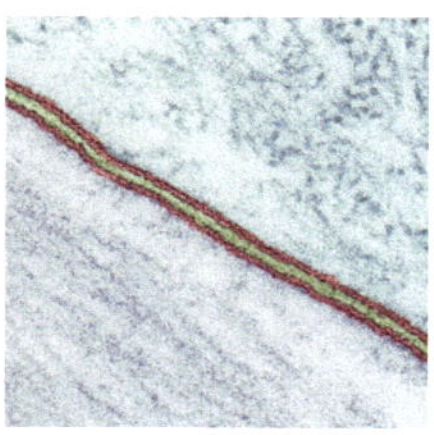

Abb. 15 Biomembran im elektronenmikroskopischen Bild als typische Doppellinie

Plasmamembranen sind zugleich Barrieren und Vermittler zur Außenwelt.

Biomembranen sind häutchenartige Strukturen des Cytoplasmas, die alle lebenden Zellen umgeben (Zellmembran), das Cytoplasma durchziehen (z. B. als ER, ➤ S. 10) oder Zellorganellen umschließen (z. B. Zellkern, Mitochondrien). In bestimmten Zellorganellen (Zellkern, Mitochondrium, Plastiden) treten Biomembranen als Doppelmembran auf.

Die intrazellulären Membranen dienen hauptsächlich der Aufgliederung der Zelle in zahlreiche getrennte Reaktionsräume, sogenannte **Zellkompartimente**. Sie fungieren einerseits als Schranken, die das Kompartiment gegen seine Umgebung abschirmen und den unkontrollierten Durchtritt gelöster Stoffe verhindern. Andererseits erfüllen sie Transportfunktionen und bewirken den Stoffaustausch der Zelle mit der Umgebung.

Elektronenmikroskopische Aufnahmen lassen einen einheitlichen dreischichtigen Aufbau aller Membranen erkennen: zwei dunkle äußere Schichten (ca. 2,5 nm dick) und eine etwas dickere mittlere helle Schicht (ca. 3 nm).

Bausteine der Membran

Biomembranen bestehen zum größten Teil aus **Phospholipiden**, die sich chemisch von den Fetten (➤ S. 54) ableiten. Fette bestehen aus drei Fettsäuren, die mit dem dreiwertigen Alkohol Glycerin verestert sind. Bei Phospholipiden ist eine der drei Fettsäuren durch eine Phosphatgruppe ersetzt. Wie alle Lipide sind auch die Phospholipide in Wasser unlöslich, in organischen Lösungsmitteln gut löslich. Die Phosphatgruppe an einem Ende des Moleküls verursacht den hydrophilen (wasseranziehenden) Charakter des Lipids. Die Fettsäureketten bilden den hydrophoben (wasserabweisenden) Teil des Phospholipids.

Wichtigstes Molekül der Membran ist das Phospholipid Lecithin: An zwei C-Atomen des Glycerinmoleküls sind Fettsäuren mit langen Kohlenwasserstoffketten (Palmitin- und Ölsäure) angekoppelt, das dritte C-Atom des Glycerins trägt ein Phosphat-Ion. Dieses bildet einen Diester: einerseits mit dem Glycerin, andererseits mit Cholin. Das Cholin trägt eine positive Ladung. Das Lecithin ist also ein bipolares (zweipoliges) Molekül: Der Fettsäureanteil ist unpolar (hydrophob), der Phosphorylcholin-Anteil ist polar (hydrophil).

Eine aus Phospholipiden aufgebaute Lipid-Doppelschicht ist flexibel und mechanisch schwer zu zerstören.

Aufgrund ihrer chemischen Eigenschaften bilden Phospholipide, sobald diese in Kontakt mit Wasser geraten, geordnete Molekülstrukturen. Tritt ein Lipidtröpfchen in Kontakt mit Wasser, so bildet sich auf der Wasseroberfläche eine dünne Schicht aus einer Moleküllage (monomolekulare Schicht). Die hydrophilen Molekülteile ragen ins Wasser, während die hydrophoben Molekülteile aus dem Wasser herausragen. Wird das Wasser kurz geschüttelt, so bilden sich kleine Tröpfchen, die Micellen genannt werden. Auch hier sind die polaren Molekülteile dem Wasser zugewandt, die unpolaren zeigen nach innen. Diese Vesikel stellen das Grundmodell einer Biomembran dar.

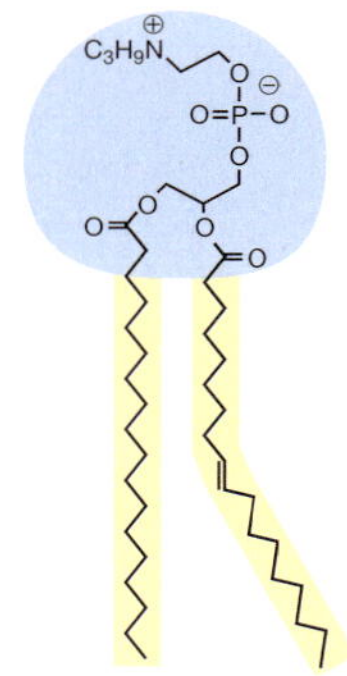

Abb.16 Ein Phospholipid, hier Lecithin, besteht aus einem polaren (hydrophilen) Kopf und einem unpolaren (hydrophoben) Schwanz.

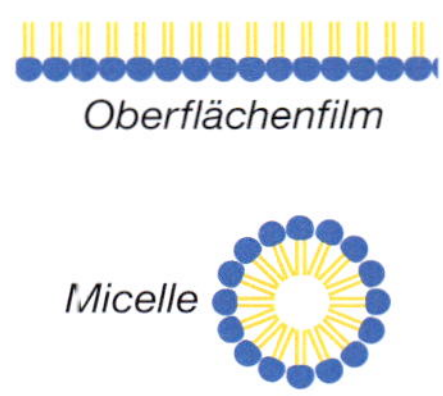

Abb.17 An der Grenzfläche Wasser / Luft bilden Lipide eine monomolekulare Schicht, im Wasser bilden sie Mizellen.

Membranmodelle

Bereits in den zwanziger Jahren des letzten Jahrhunderts schlugen die Forscher Gorter und Grendel vor, dass die Zellmembran hauptsächlich aus Lipiden (fettähnlichen Stoffen) zusammengesetzt ist.

1935 stellten Danielli und Davson das klassische „Sandwich"-Modell (Abb. 18) vor. Die Membran ist wie ein Sandwich aufgebaut: Eine Phospholipid-Doppelschicht befindet sich zwischen zwei Schichten von aufgelagerten Membranproteinen. Dabei stehen sich die unpolaren (hydrophoben) Schwänze der Lipide gegenüber, die polaren (hydrophilen) Köpfe ragen nach außen. Diese polaren Köpfe werden von Proteinen überzogen.

S.J. Singer und G.L. Nicolson stellten ein neues Membranmodell vor: Die Proteine liegen nicht als flächige Schichten auf beiden Seiten der Lipid-Doppelschicht auf, sondern liegen unreglmäßig verteilt vor. Man unterscheidet periphere Proteine, die nur locker an die Membranoberfläche gebunden sind und leicht abgelöst werden können, und integrale Proteine, die mit ihren aus hydrophoben Aminosäureresten bestehenden Abschnitten die Membranen durch-

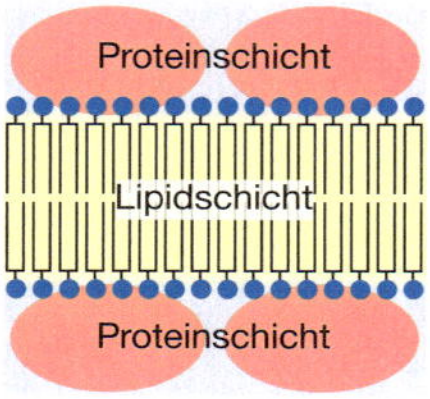

Abb. 18 Biomembranen bestehen aus einem bimolekularen Lipidfilm, der auf beiden Seiten von Proteinen bedeckt ist.

setzen und fest in diesen verankert sind. Die integralen Proteine machen den größten Anteil der Membranproteine aus und sind am Stoffaustausch durch die Membran, beteiligt (Abb. 19). Je nach Funktion der Membranen können in der äußeren und in der inneren Schicht verschiedene Proteine in unterschiedlichen Mengen auf- bzw. eingelagert werden.

Das **Fluid-mosaic-Modell** (Abb. 19) besagt, dass sich der bimolekulare Lipidfilm in einem halbflüssigem Zustand befindet, wobei die Fluidität von der Temperatur sowie der Art der Fettsäuren abhängig ist. Nicht nur die Lipidmoleküle, sondern auch die eingebetteten Proteine sind in lateraler Richtung beweglich. Da die Zahl der Lipidmoleküle die der Proteine deutlich übertrifft, stellt man sich Proteine mosaikartig eingelagert vor. Daher hat das Membranmodell auch seinen Namen: Fluid-mosaic-Modell.

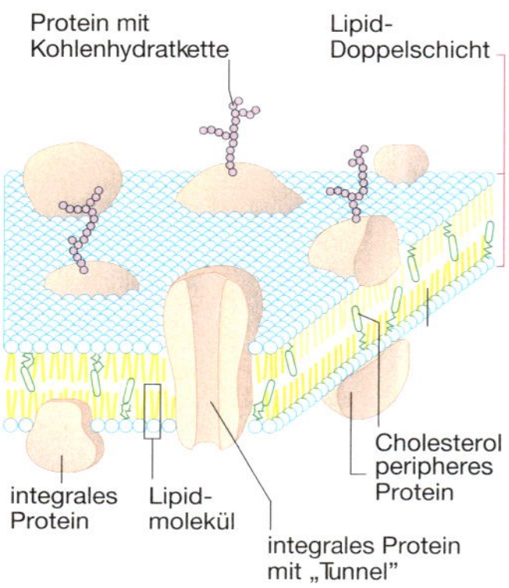

Neben Lipiden und Proteinen befinden sich auch Kohlenhydrate in der Membran, überwiegend auf der Außenseite der Zelle, sie sind an Lipide (Glykolipide) oder Proteine (Glycoproteine) gebunden. Auch Vitamin E ist Bestandteil von Membranen. Das Vitamin-E-Molekül (Tocopherol) ist ein Antioxidans, es schützt die ungesättigten Kohlenwasserstoffketten der Phospholipide vor der Zerstörung durch freie Radikale. In der Zusammensetzung der Kohlenhydrate unterscheiden sich die Zelltypen sehr stark.

Abb. 19 Biomembranen sind nicht starr in ihrer Struktur: die Lipidmoleküle sind beweglich.

Stofftransport durch die Biomembran

Diffusion

Die Bildung von Zellkompartimenten durch Membranen ist Vorraussetzung für einen kontrollierten Ablauf der Stoffwechelreaktionen einer Zelle. Zudem müssen die lebenswichtigen Stoffe durch die Membran ins Cytoplasma eingeschleust oder Abbauprodukte des Stoffwechsels ausgeschieden werden. Biomembranen sind **semipermeabel**, oder selektiv permeabel, d. h. sie lassen nicht alle Substanzen gleich gut durchtreten. Lipidähnliche (lipophile), unpolare Moleküle oder Gase (z. B. Sauerstoff, Stickstoff, Kohlenstoffdioxid) können die Membran aufgrund ihrer Ähnlichkeit mit der Membran leicht passieren. Gleiches gilt auch für kleine polare Moleküle wie Wasser. Der direkte Durchtritt von Stoffen durch eine Membran erfolgt durch **freie Diffusion**.

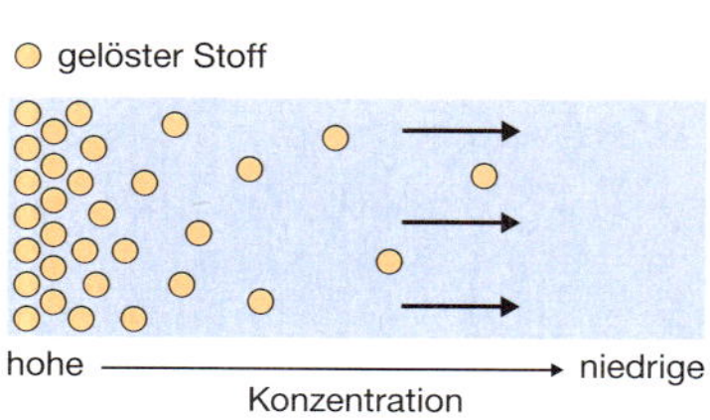

Abb. 20 Diffusion ist die Ausbreitung von Teilchen entlang eines Konzentrationsgefälles mit der Folge eines Konzentrationsausgleichs.

Unter Diffusion versteht man das Bestreben eines gasförmigen oder gelösten Stoffes, sich in dem zur Verfügung stehenden Raum bzw. Lösungsmittel gleichmäßig zu verteilen.

Treibende Kraft dieser freien Bewegung ist ein Konzentrationsgefälle der Stoffe im Raum. Infolge ihrer Wärmebewegung diffundieren die Stoffe entlang dem eigenen Gefälle, bis der Konzentrationsgradient ausgeglichen ist. Dabei bewegen sich die Stoffe stets von hoher zu niedriger Konzentration, niemals umgekehrt.

Erst wenn alle Teilchen in einem System gleichmäßig verteilt sind, ist keine Nettobewegung mehr nachweisbar – obwohl sich jedes einzelne Teilchen nach wie vor bewegt. Der Konzentrationsausgleich ist erreicht, das System hat ein Gleichgewicht erreicht.

Der Vorgang der freien Diffusion läuft auch dann ab, wenn die Stoffe durch eine semipermeble Membran getrennt sind. Auch hier wandern die Stoffe gemäß ihres Konzentrationsgefälles von Orten höherer Konzentration zu Orten niedriger Konzentration.

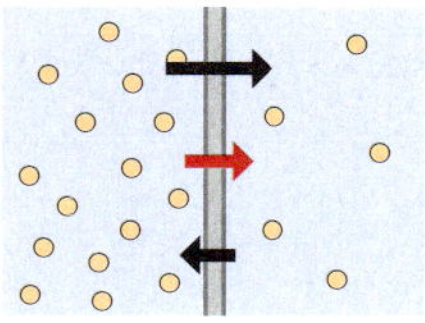

Abb. 21
Die Nettobewegung (roter Pfeil) ist die Differenz zwischen den Wanderungen der Teilchen in beide Richtungen.

Auch bei einer semipermeablen Membran findet die Diffusion statt.

Osmose

Kann nur das Lösungsmittel (im Fall der Zelle also Wasser) durch eine semipermeable Membran wandern, so bezeichnet man diesen speziellen Fall der Diffusion als Osmose: Hierbei handelt es sich um eine einseitig gerichtete Diffusion des Lösungsmittels zweier verschieden konzentrierter Lösungen von der schwächer konzentrierten zur stärker konzentrierten Lösung.

Ähnlich wie bei der Diffusion strömt Wasser so lange nach, bis ein Konzentrationsausgleich hergestellt ist.

Moleküle des Lösungsmittels diffundieren aus der Lösung geringerer Konzentration, der hypotonischen Lösung, in die Lösung höherer Konzentration, der hypertonischen Lösung. Die Konzentrationen gleichen sich an, bis sie auf beiden Seiten übereinstimmen, es entstehen isotonische Lösungen. Die Volumina der Lösungen verändern sich hingegen. Beim Erreichen des osmotischen Gleichgewichts hat die vorher höher konzentrierte Lösung an Volumen zugenommen, die vorher hypotonische Lösung hat an Volumen verloren.

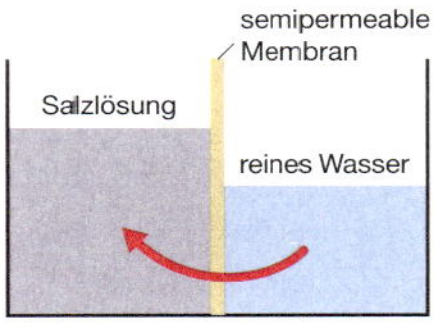

Abb. 22
Eine einseitig gerichtete Diffusion des Lösungsmittels durch eine semipermeable Membran wird als Osmose bezeichnet.

Plasmolyse und Deplasmolyse

Unter **Plasmolyse** versteht man die Schrumpfung der Zentralvakuole einer pflanzlichen Zelle bei gleichzeitiger Abtrennung der Zellmembran (Plasmalemma) von der Zellwand. Um dies zu erreichen, muss man die Zelle einem Plasmolytikum aussetzen. Das ist eine konzentrierte Lösung, die reichlich Salze oder Zuckermoleküle enthält und somit auf osmotischem Wege Wasser aus der Vakuole durch die Membranen (Tonoplast und Plasmalemma) in das umgebende, höher konzentrierte Medium anzieht, so dass der Zellsaftraum kleiner wird, und den an der Vakuole klebenden Plasmaschlauch samt dem Plasmalemma von der Zellwand abtrennt. Bei geringer Wandhaftung des Plasmas erfolgt die Ablösung rundlich (Konvexplasmolyse), bei starker Wandhaftung bilden sich bizarre Formen, in denen das Plasma zu dünnen Fäden (Hecht'sche Fäden) ausgezogen ist (Konkavplasmolyse). Der Vorgang der Plasmolyse ist reversibel, also über die **Deplasmolyse** umkehrbar – vorausgesetzt, die Zelle nahm durch eine übermäßige Plasmolyse keinen Schaden.

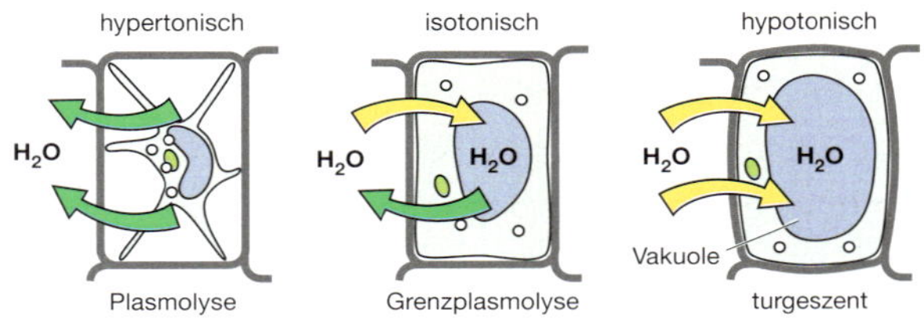

Abb. 23 Bei Pflanzenzellen kann man die Ablösung des Cytoplasmas von der Zellwand aufgrund eines Wasserverlusts durch Osmose beobachten, was als Plasmolyse bezeichnet wird. Nimmt die Zelle Wasser auf, spricht man von der Deplasmolyse.

Eingeschränkte Diffusion

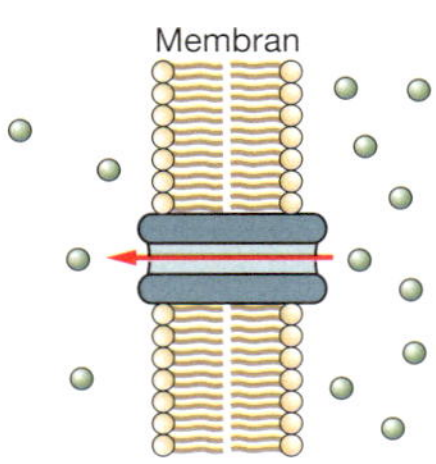

Abb. 24 Beim passiven Transport befördern spezifische Transportproteine die Ionen oder Moleküle durch die Membran vom Ort höherer zum Ort niedrigerer Konzentration.

Für den gezielten spezifischen Transport verfügt eine Zelle über Transportproteine: Membranen enthalten in ihrer Lipid-Doppelschicht eine Reihe von Proteinen, die Poren oder Kanäle bilden. Diese Poren können nur von bestimmten Ionen und Molekülen durchquert werden. Die Durchlässigkeit eines Kanals hängt zum einen von seinem Durchmesser ab, zum anderen von seiner Ladung. Kleine Anionen wie das Chlorid passieren positiv geladene Poren leicht, während Kationen zurückgehalten werden. Negativ geladene Poren lassen bevorzugt kleine Kationen durch, sie filtern Anionen aus. Poren ermöglichen also eine **eingeschränkte Diffusion**.

Die Carrier binden das zu transportierende Substrat ähnlich wie ein Enzym (➤ S. 34 ff.). Sie katalysieren aber keine Reaktion, sondern einen Transportvorgang. Meist verändern sie während des Transportvorgangs ihre Konformation. Man spricht von **trägervermitteltem Transport** oder **erleichteter Diffusion**.

Kanalproteine bilden wassergefüllte Poren, die als Ionenkanäle arbeiten; Ionen diffundieren mit dem Konzentrationsgradienten durch die Membran.

Sowohl beim trägervermittelten Transport durch Carrier wie auch durch Kanäle benötigt die Zelle keine Energie, da der Transport stets *mit* dem Konzentrationsgefälle erfolgt. Der trägervermittelte Transport sowie der Transport von Stoffen durch freie Diffusion wird deshalb auch als **passiver Transport** bezeichnet. Im Vergleich zur freien Diffusion verläuft dieser Transport schneller, da die Transportproteine bis zur vollen Auslastung mit maximaler Geschwindigkeit arbeiten.

Aktiver Transport

Carrierproteine können spezielle Moleküle aber auch entgegen den Konzentrationsgradienten durch die Membran transportieren. Dieser Transportvorgang wird **aktiver Transport** genannt, da Energie in Form von ATP (➤ S. 45) benötigt wird.

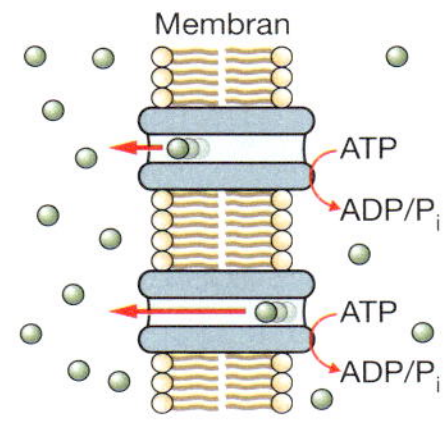

Abb. 25 Aktiver Transport durch die Membran läuft unter Energieverbrauch.

So gelangt Glucose (➤ S. 53) durch einen **gekoppelten Transport** vom Darmlumen in die Zellen der Darmschleimhaut: Eine Na^+/K^+-Pumpe (➤ Steuerung und Evolution, S. 11) pumpt unter Energieverbrauch Natrium-Ionen gegen den Konzentratonsgradienten aus der Zelle und Kalium-Ionen in die Zelle.

Dadurch wird ein starker Na^+-Gradient mit Hilfe von ATP erzeugt. Ein Glucose/Na^+-Symport-Protein benützt den Na^+-Gradienten, um Glucose in die Zelle zu transportieren. Glucose wird dabei gegen den Glucosegradienten transportiert, d. h. die Glucose-Konzentration ist in der Zelle größer als außerhalb der Zelle.

Die Kombination zwischen einer aktiven Ionenpumpe und anderen, passiven Transportern wird als **sekundär aktiver Transport** bezeichnet. Weil Natrium-Ionen und Glucose durch denselben Carrier in die Zelle bzw. aus ihr hinaus transportiert werden, liegt hier ein gekoppelter Transport vor.

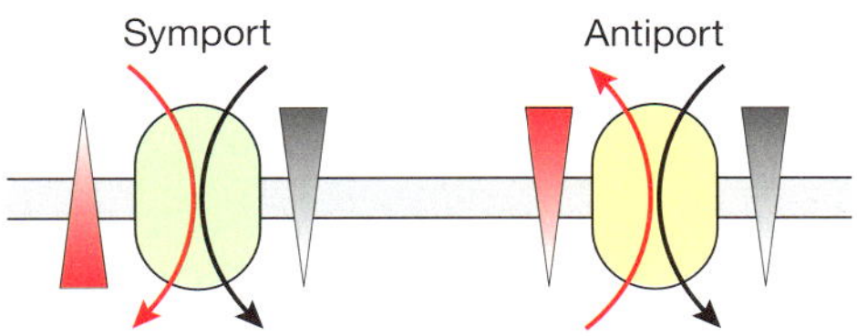

Abb. 26 Symport bezeichnet den aktiven Transport zweier Stoffe in die gleiche Richtung; beim Antiport wandern Stoffe in entgegengesetzter Richtung.

Werden Moleküle zusammen mit einem anderen Ion oder Molekül in die gleiche Richtung transportiert, spricht man von **Symport**, beim Transport in entgegengesetzter Richtung von **Antiport**. Dabei wird einer der Stoffe immer gegen das Konzentrationsgefälle befördert, der andere Stoff jedoch in Richtung des Konzentrationsgefälles.

Glucose (Traubenzucker) ist für die Zellen eines der wichtigsten Substrate zur Energiegewinnung. Die Aufnahme dieses Moleküls aus dem Darm in die Dünndarmzellen, die Weitergabe aus den Dünndarmzellen in die Blutbahn und von dort die Aufnahme in die Körperzellen ist deshalb von großer Bedeutung.

Endocytose und Exocytose

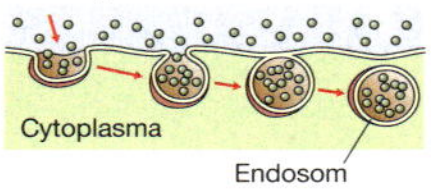

Abb. 27: Endocytose ist die Aufnahme von Stoffen in eine Zelle mit Hilfe von Vesikeln.

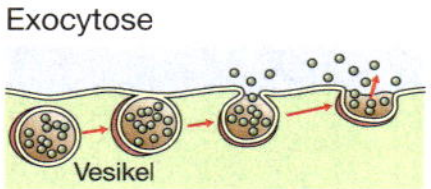

Abb. 28 Bei der Exocytose fusionieren beladene Vesikel mit der Zellmembran und entleeren ihren Inhalt nach außen.

Für Makromoleküle, die aufgrund ihrer Größe nicht die Membran passieren können, verfügt die Zelle über andere Transportmechanismen: Eine beispielsweise aufzunehmende Substanz wird von einem kleinen Teil der Zellmembran umschlossen und als membranumschlossener Vesikel nach innen abgeschnürt. Dieser Vorgang wird als Endocytose bezeichnet. Dabei unterscheidet man die Pinocytose (Trinken), bei der in Flüssigkeiten gelöste größere Moleküle aufgenommen werden, von der Phagocytose (Fressen, → S. 172), bei der große feste Partikel wie Viren, Bakterien durch Ausbildung sehr großer Vesikel aufgenommen und verschlungen werden.

Werden Partikel im Inneren der Zelle von Teilen der Zellmembran umschlossen und nach außen geschleust, so bezeichnet man diesen Vorgang als Exocytose.

Alle Querverweise im Überblick:

Adenosintriphosphat (ATP): S. 31 → S. 45
Endoplasmatisches Retikulum (ER): S. 26 → S. 10
Enzyme: S. 30 → S. 34 ff.
Fette: S. 26 → S. 54
Glucose: S. 31 → S. 53
Na^+/K^+-Pumpe: S. 31 → Steuerung und Evolution, S. 11
Phagocytose: S. 32 → S. 172

Zusammenfassung:

Membran und Transport

Jede Zelle ist von einer Biomembran (Plasmamembran = Plasmalemma) umgeben. Biomembranen haben vor allem zwei Funktionen: Sie trennen Reaktionsräume und sie verbinden Reaktionsräume.

Als semipermeable Strukturen stellen sie Diffusionsbarrieren dar und halten ein Konzentrationsgefälle zwischen verschiedenen Zellkompartimenten aufrecht. Sie dienen der Transportvermittlung und regulieren den Stoffaustausch zwischen den Zellkompartimenten. Im elektronenmikroskopischen Bild erscheinen biologische Membranen dreischichtig. Sie bestehen hauptsächlich aus Phospholipiden und Proteinen. Letztere können der Membran aufgelagert sein oder sie durchdringen. Kohlenhydrate liegen in der Membran an Lipide oder Proteine gebunden vor.

Lipid-Doppelschichten sind für die meisten wasserlöslichen Moleküle undurchlässig. Spezifische Transportmoleküle sind für den Transport eines bestimmten Stoffes verantwortlich. Dabei kann der Transport mit oder ohne Energieaufwand erfolgen. Auch Makromoleküle können mit Hilfe von Vesikeln in die Zelle oder aus der Zelle geschleust werden.

Der spezifische Transport durch Biomembranen erfolgt über Transportproteine. Er ist meist substratspezifisch und verläuft im Allgemeinen schneller als passive Diffusion.

Nach dem Mechanismus unterscheidet man zwei Typen: Die katalysierte Diffusion erfolgt entlang eines Konzentrationsgefälles (passiver Transport). Auch katalysierte Diffusion kann nur zu einem Konzentrationsausgleich führen. Der aktive Transport kann gegen einen Konzentrationsgradienten erfolgen und ist an einen energieverbrauchenden Prozess gekoppelt.

Bei beiden Typen gibt es die Möglichkeit, dass ein Molekül oder Ion allein transportiert wird (Uniport) oder dass zwei verschiedene Teilchen zusammen in gleicher Richtung (Symport) oder in entgegengesetzter Richtung (Antiport) transportiert werden.

Enzyme sind Biokatalysatoren. Im Stoffwechsel der Lebewesen steuern sie fast alle chemischen Umsetzungen.

Enzyme sind Proteine mit komplexen dreidimensionalen Strukturen. Viele bestehen aus ineinander verschachtelten Polypeptidketten. → **S. 37**

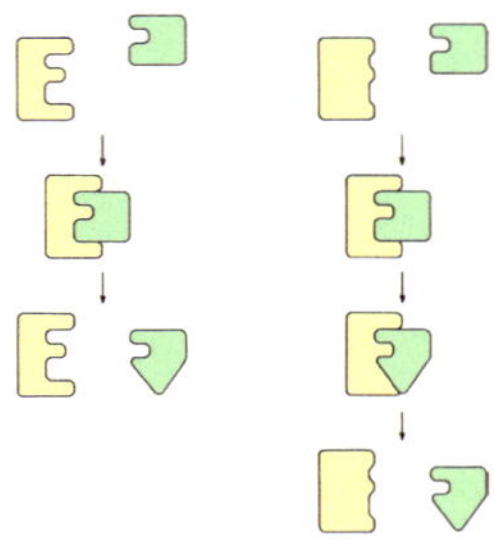

Schlüssel-Schloss-Modell und Induced-fit-Modell beschreiben die Passung zwischen Enzym und Substrat. → **S. 37**

Enzyme sind substratspezifisch: Die meisten Enzyme reagieren nur mit einem Substrat. → **S. 39**

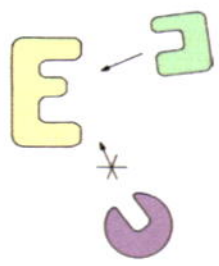

Bau

Protein | **Coenzym**

Wirkung

Modelle | **Kinetik** | **Substratspezifität**

Ein Coenzym ist ein organisches Molekül, dessen Anwesenheit für viele enzymatische Reaktionen notwendig ist. Coenzyme übertragen chemische Gruppen, Protonen oder Elektronen. → **S. 44**

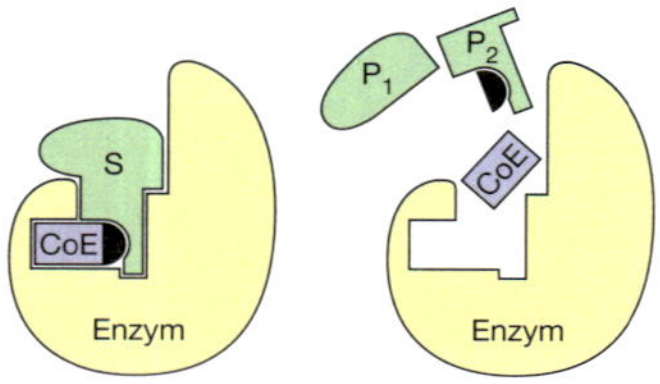

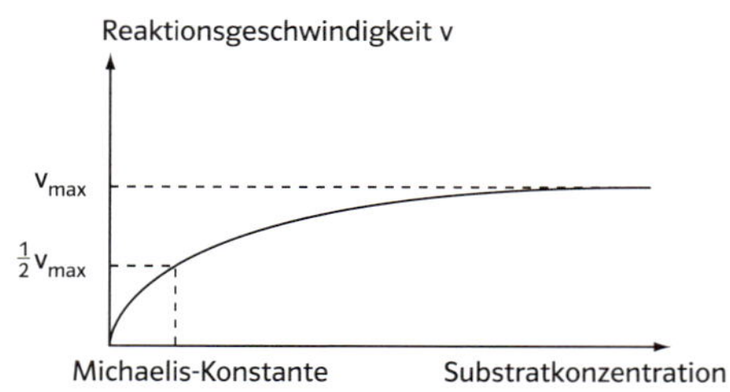

Mit der Substratkonzentration steigt die Enzymaktivität bis zur Sättigung. → **S. 40**

ENZYME

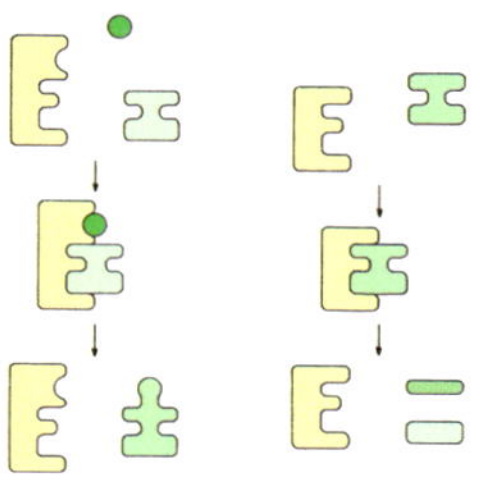

Enzyme sind wirkungsspezifisch, sie katalysieren nur eine Reaktion. ➤ **S. 39**

Durch Verschiebung des pH-Werts ändert sich die Struktur des Enzymproteins. ➤ **S. 41**

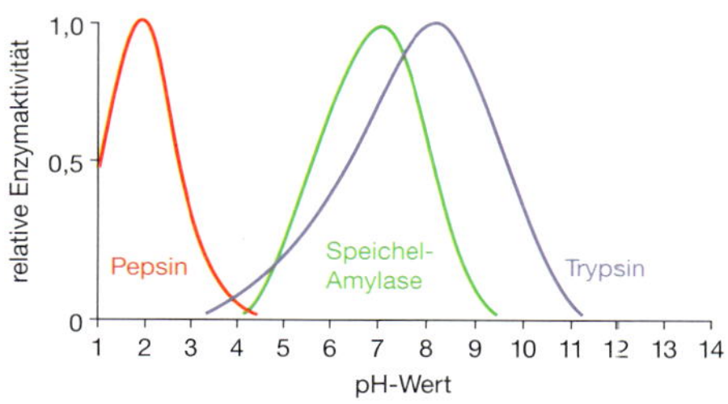

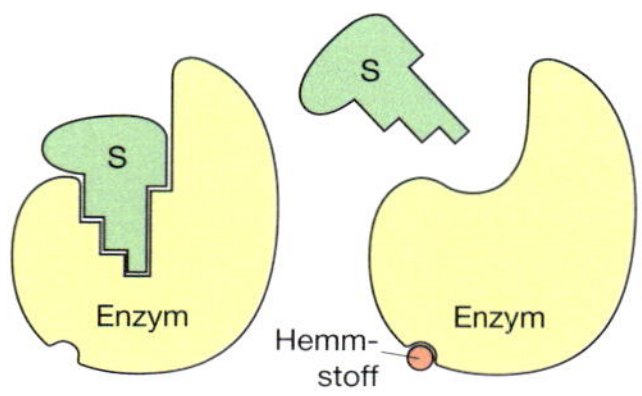

Nicht-kompetitive Hemmstoffe ändern die Form des Enzyms. ➤ **S. 43**

Beeinflussung der Enzymaktivität

Wirkungsspezifität	Temperatur	pH-Wert	Hemmstoffe

Bei steigender Temperatur steigt die Enzymaktivität. ➤ **S. 41**

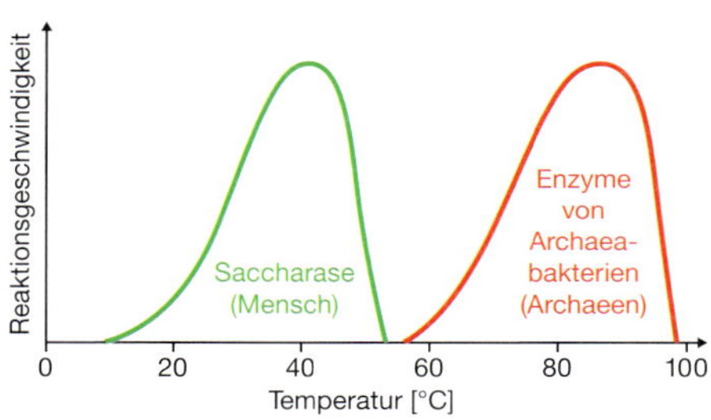

Hohe Temperaturen denaturieren das Enzym. ➤ **S. 41**

Kompetitive Hemmstoffe konkurrieren mit dem Substrat um das Enzym. ➤ **S. 42**

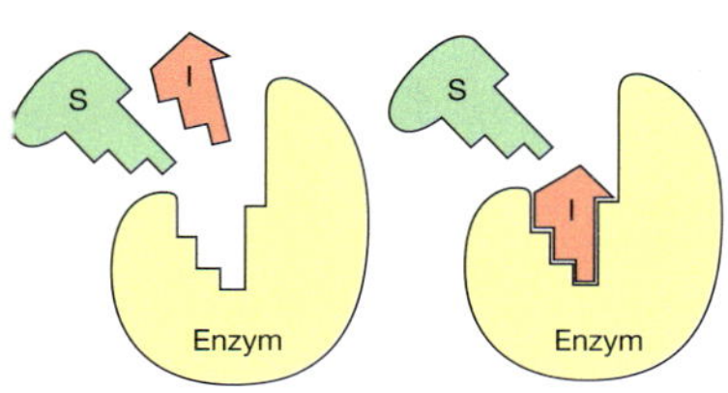

Enzyme

In diesem Kapitel erfahren Sie:

- Enzyme sind Biokatalysatoren, sie erniedrigen die Aktivierungsenergie chemischer Reaktionen.
- Enzyme sind Proteine mit spezifischer dreidimensionaler Struktur.
- Enzyme sind wirkungsspezifisch und substratspezifisch.
- Die Enzymaktivität hängt von Faktoren wie Temperatur und pH-Wert ab.
- Enzym- und Substratkonzentration beeinflussen die Reaktionsgeschwindigkeit.
- Inhibitoren hemmen die Enzymaktivität.
- Viele Enzyme arbeiten nur in Gegenwart eines Coenzyms.

Bau und Funktion von Enzymen

Enzyme als Katalysatoren

Katalysatoren lebender Zellen nennt man Biokatalysatoren oder Enzyme.

Enzyme beschleunigen die Einstellung des Gleichgewichts, indem sie die Aktivierungsenergie der katalysierten Reaktion herabsetzen. Die Lage des Gleichgewichts ändert sich nicht.

Viele biologisch relevante Reaktionen in der Zelle sind reaktionsträge, sie finden nicht ohne Zufuhr von zusätzlicher Energie statt. Insbesondere um Energie aus dem Abbau von Nährstoffen zu gewinnen, bedarf es spezieller **Biokatalysatoren**, der Enzyme, die den Abbau zur Energiegewinnung ermöglichen. Die von den Enzymen umgesetzten Stoffe werden als **Substrate (Edukte)**, die daraus entstehenden Moleküle als **Produkte** bezeichnet. Enzyme setzen die **Aktivierungsenergie**, eine Art Energieschwelle, die überwunden werden muss, um reaktionsträge Stoffe zur Reaktion zu bringen, herab. Alternativ kann die Aktivierungsenergie durch eine Erhöhung der Temperatur überwunden werden. Ohne Enzyme müsste die Temperatur aber so weit erhöht werden, dass viele Proteine denaturieren. Enzyme ermöglichen Reaktionsabläufe bei Temperaturen, wie sie in der Zelle herrschen. Die beim

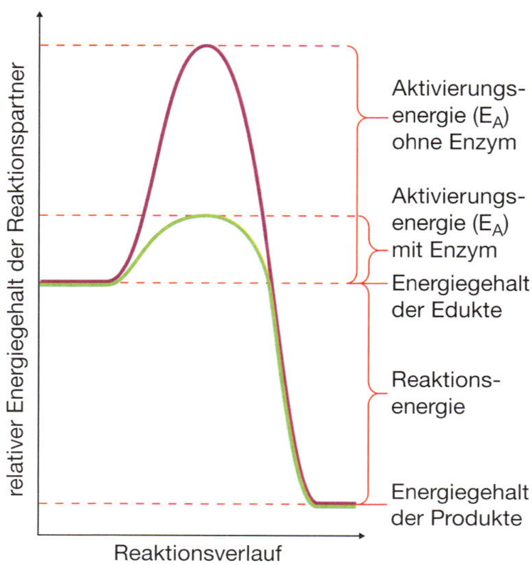

Abb. 29 Energiediagramme einer nicht katalysierten (violett) und einer katalysierten (grün) Reaktion

Abb. 30 Modellvorstellung zur Enzymwirkung: Zunächst verbinden sich die Substrate mit dem Enzym zu einem kurzlebigen Enzym-Substrat-Komplex. Dieser zerfällt und hinterlässt das Produkt und das unveränderte Enzym.

Abbau der Nährstoffe freigesetzte Reaktionsenergie dient dem Stoffwechsel der Zelle.

Weil ein Enzym bei der Reaktion nicht verbraucht oder verändert wird, steht es nach jeder Reaktion für eine neue zur Verfügung. Ein Enzymmolekül kann also sehr viele gleichartige Umsetzungen hintereinander katalysieren. Manche Enzyme setzen zwischen 100 und 1 Mio. Substratmoleküle pro Minute um. Die Zahl der pro Minute umgesetzten Moleküle bezeichnet man als **Wechselzahl**. So können kleinste Enzymmengen in relativ kurzer Zeit große Substratmengen umsetzen.

Enzyme wirken in kleinsten Mengen.

Bau der Enzyme

Enzyme gehören zur Stoffklasse der **Proteine** (➛ S. 50). Sie haben komplexe dreidimensionale Strukturen. Manche bestehen aus einer, viele aus zwei oder mehr ineinander verschachtelten Polypeptidketten. Daneben gibt es Ribozyme, enzymatisch aktive RNA-Moleküle.

Einige Enzyme enthalten zusätzlich zum Protein eine niedermolekulare Nichtproteinkomponente, die als **Coenzym** bezeichnet wird. Erst wenn das Coenzym am eigentlichen Enzym, dem Apoenzym, gebunden ist, ist dieses Enzym aktiv.

Der systematische Name eines Enzyms wird aus dem Stoff und der Reaktion, die das Enyzm katalysiert, gebildet: Die Amylase ist ein Enzym zum Abbau von Amylose, die Laktatdehydrogenase spaltet Wasserstoff von der Milchsäure (Laktat) ab. Nach der katalysierten chemischen Reaktionen unterscheidet man z. B. Oxidoreduktasen, Transferasen, Hydrolasen und Ligasen (➛ S. 156).

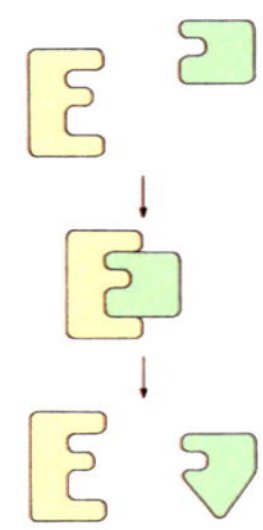

Abb. 31 Schlüssel-Schloss-Modell der Enzymwirkung

Viele Enzyme arbeiten innerhalb von Zellen, manche werden aber auch in die Gewebsflüssigkeit oder andere Körperflüssigkeiten wie den Speichel freigesetzt.

Verlauf einer enzymatischen Reaktion

Zunächst wird das Substrat im aktiven Zentrum des Enyzms gebunden. Es entsteht der **Enyzm-Substrat-Komplex**. Nach der Modellvorstellung des **Schlüssel-Schloss-Prinzips** (Abb. 31) entspricht die Substratbindungsstelle des Enzyms dem Schloss, das Substrat selbst fungiert als Schlüssel. Nur solche Substrate können gebunden werden, die in die Bindungsstelle genau passen. Nach

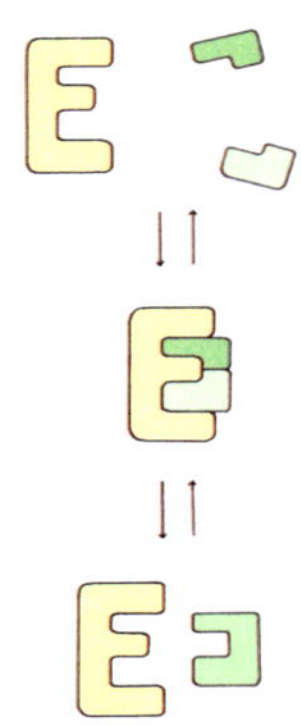

Abb. 32 Enzym und Substrat reagieren zum E-S-Komplex und weiter zu Enzym und Produkt:
$E + S \rightarrow [ES] \rightarrow E + P$

neueren Untersuchungen gibt es Enzyme, deren aktive Zentren sich bei der Substratbindung verändern und erst dann eine zum Bau des Substrats passende (komplementäre) Form ausbilden (**Prinzip der induzierten Passform** oder *induced fit*, Abb. 33). Als Bindungskräfte für die Enyzm-Substrat-Wechselwirkung kommen Van-der-Waals-Kräfte, Wasserstoffbrückenbindungen und elektrostatische Anziehungskräfte zwischen ionischen Gruppen infrage. Durch diese Bindung wird das Substrat modifiziert, was zum Abbau oder zur Umwandlung des Substrats führt. Das entstandene Produkt passt nicht mehr in das aktive Zentrum des Enzyms, es löst sich ab und das wieder frei vorliegende, unveränderte Enzym steht für weitere Reaktionen bereit. Auf diese Weise kann ein einziges Enzymmolekül pro Minute zwischen tausend und mehreren Millionen Substratmoleküle umsetzen.

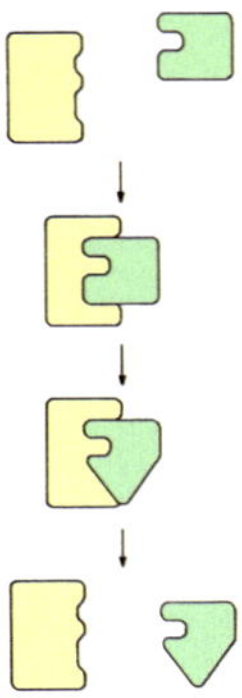

Abb. 33 Modell der induzierten Passform

Substratspezifität

Das Enzym Urease zerlegt in wäßriger Lösung Harnstoff in Ammoniak und Kohlendioxid:

$$O{=}C(NH_2)_2 + H_2O \xrightarrow{\text{Urease}} CO_2 + 2\,NH_3$$

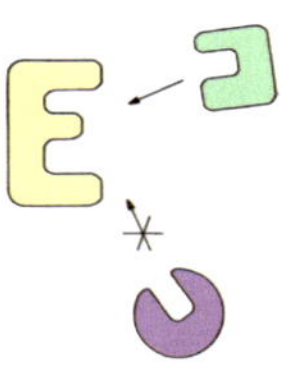

Abb. 34 Substratspezifität: Das Enzym reagiert nur mit einem bestimmten Substrat.

Gibt man statt des Harnstoffs den chemisch sehr ähnlichen Thioharnstoff mit Urease zusammen, so unterbleibt die Reaktion:

$$S{=}C(NH_2)_2 + H_2O \xrightarrow{\text{Urease}} \quad —$$

Urease reagiert nur mit einem spezifischen Substrat: dem Harnstoff. Wie die Urease, so sind auch andere Enzyme substratspezifisch (Abb. 34). Katalase zerstört H_2O_2, Amylase zerlegt Stärke zu Malzzucker, ATPase spaltet ATP zu ADP und anorganischem Phosphat.

Enzyme sind substratspezifisch, d.h. ein Enyzm bindet nur bestimmte Substrate.

Enzyme haben meist eine komplizierte räumliche Struktur. Für die katalytische Aktivität ist das aktive Zentrum verantwortlich, die Teilregion des Proteins, die das Substrat bindet. Dabei sind Enyzme spezifisch für ein ganz bestimmtes Substrat (**Substratspezifität**). Die räumliche Struktur des Enzyms ist charakteristisch, es passt nur ein ganz bestimmtes Substrat in das aktive Zentrum, wie ein Schlüssel (Substrat) ins Schloss (Enyzm). Ähnliche Substrate werden nicht oder nur mit viel geringerer Wechselzahl umgesetzt.

Wirkungsspezifität

Pyruvat kann durch Aufnahme von zwei Wasserstoffatomen in Laktat übergehen. Pyruvat kann aber auch durch Abspaltung von CO_2 zu Ethanal (Acetaldehyd) abgebaut werden. (Abb. 35).

Welche dieser beiden Reaktionen an welcher Stelle der Zelle abläuft, hängt allein von der Anwesenheit des entsprechenden Enzyms ab: In Gegenwart eines wasserstoffübertragenden Enzyms (Laktatdehydrogenase) reagiert Pyruvat zu Laktat weiter. Die Reaktion zum Ethanal dagegen läuft nur bei Anwesenheit des Enzyms Pyruvatdecarboxylase ab. Jedes Enzym katalysiert nur eine bestimmte Reaktion; es ist wirkungsspezifisch.

Die Wirkungsspezifität von Enzymen ist deutlich stärker ausgeprägt als die Substratspezifität: Es gibt zwar Enzyme, die verschiedene, chemisch recht ähnliche Substrate umsetzen, es gibt aber kein Enzym, das zwei unterschiedliche Reaktionen katalysiert.

Substrat- und Wirkungsspezifität werden meist schon im Namen des Enzyms charakterisiert: Die „Laktatdehydrogenase" ist ein Enzym, das spezifisch Laktat (Milchsäure) umsetzt. Das Laktat wird dehydrogeniert, d. h. oxidiert: Zwei Wasserstoffatome werden vom Laktat auf ein Coenzym, das NAD^+, übertragen – daher der Name „-dehydrogenase".

$$\text{Laktat} + NAD^+ \rightarrow \text{Pyruvat} + NADH$$

Dasselbe Enzym katalysiert auch die umgekehrte Reaktion: Es überträgt dann zwei Wasserstoffatome vom $NADH,H^+$ auf das Pyruvat und produziert damit Laktat.

$$\text{Pyruvat} + NADH \rightarrow \text{Laktat} + NAD^+$$

Welche der beiden Reaktionen abläuft, hängt vom Gleichgewicht der Substrate und Produkte im betreffenden Kompartiment der Zelle ab.

Jedes Enzym katalysiert nur eine von mehreren möglichen Reaktionen des Substrats, es entsteht nur ein ganz bestimmtes Produkt (**Wirkungsspezifität**).

Die Substratspezifität eines Enyzms resultiert aus der räumlichen Struktur, die Wirkungsspezifität resultiert aus der chemischen Zusammensetzung des aktiven Zentrums. Beide Eigenschaften werden durch die Aminosäurensequenz des Enzyms bestimmt.

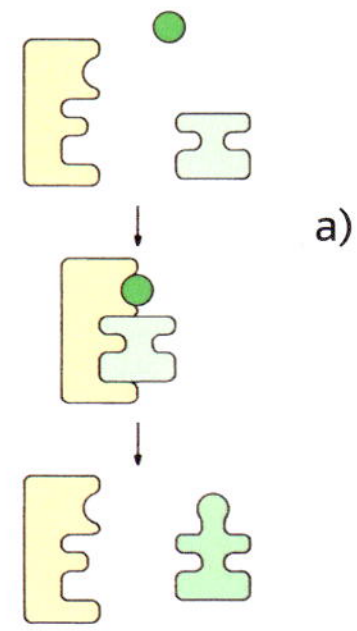

Abb. 35 Die Laktatdehydrogenase bildet aus Pyruvat durch Wasserstoffübertragung Laktat (a).

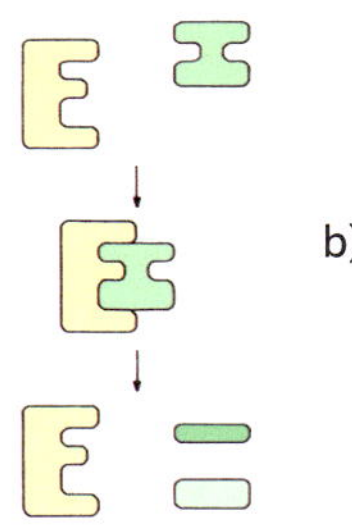

Die ebenfalls mögliche Reaktion des Pyruvats zum Ethanal – durch Decarboxylierung (b) – wird durch ein anderes Enzym katalysiert.

Einflüsse auf die Enzymaktivität

Die Stoffmenge, die in einer bestimmten Zeit von einem Enzym umgesetzt wird, wird durch dessen Aktivität bestimmt. Der Stoffumsatz pro Zeit ist als Reaktionsgeschwindigkeit definiert, sie ist ein Maß für die Enzymaktivität.

Bei einer bestimmten Enzymaktivität hängt die Reaktionsgeschwindigkeit von Faktoren ab wie Temperatur, pH-Wert, Substratkonzentration oder von der Anwesenheit von Hemmstoffen.

Abhängigkeit von der Substratkonzentration

Trägt man die Enzymaktivität gegen die Substratkonzentration auf, so entspricht der resultierende Graph einer Sättigungskurve: Ab dem Sättigungswert kann kein weiterer Anstieg der Enzymaktivität erreicht werden.

Trägt man die Reaktionsgeschwindigkeit eines Enzyms gegen die Substratkonzentration auf, so erhält man eine **Sättigungskurve** (Abb. 36): Bei niedrigen Substratkonzentrationen ist der Umsatz – bei konstanter Enzymmenge – proportional der Substratkonzentration. Bei zunehmender Substratkonzentration steigt die Reaktionsgeschwindigkeit langsamer an und erreicht bei einer bestimmten Substratmenge, dem Sättigungswert, ihr Maximum. Mit der Substratkonzentration steigt die Konzentration des Enzym-Substrat-(ES-)Komplexes an, bis alle Enzymmoleküle mit Substrat besetzt sind. Beim Sättigungswert liegen alle Enzyme gebunden vor. Auch bei weiterer Steigung der Substratkonzentration bleibt die Konzentration des Enzyms-Substrat-Komplexes und die Reaktionsgeschwindigkeit konstant, die **maximale Reaktionsgeschwindigkeit v_{max}** ist erreicht.

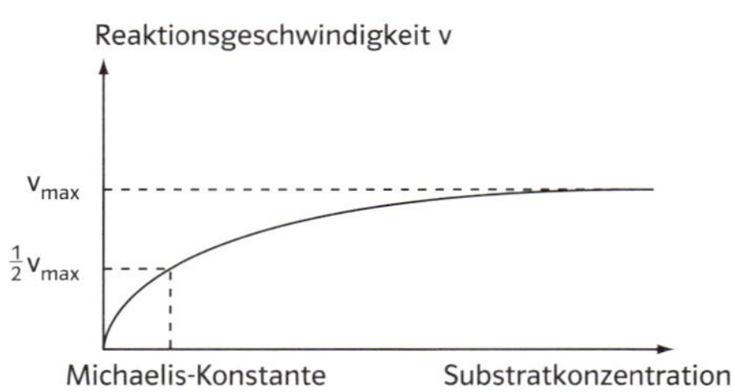

Abb. 36 Abhängigkeit der Reaktionsgeschwindigkeit von der Substratkonzentration: Sättigungskurve.
Die Michaelis-Menten-Konstante repräsentiert die Substratkonzentration bei halbmaximaler Reaktionsgeschwindigkeit.

Die Sättigungskonzentration ist von Enzym zu Enzym, bei einem Enzym, das verschiedene Substrate umsetzen kann, auch von Substrat zu Substrat verschieden. Da die maximale Reaktionsgeschwindigkeit nicht genau ermittelt werden kann, wird stattdessen diejenige Substratkonzentration bestimmt, bei der die Reaktionsgeschwindigkeit die Hälfte des Maximalwertes erreicht. (K_m). Dieser Wert der Substratkonzentration wird als **Michaelis-Menten-Konstante** bezeichnet.

Ist K_m groß, so ist die Konzentration an ES-Komplex im Gleichgewicht klein, die Affinität zwischen Enzym und Substrat gering. Ist K_m dagegen klein, so ist die Affinität zwischen Enzym und Substrat stark. Die Michaelis-Menten-Konstante stellt damit ein Maß für die Stabilität des ES-Komplexes dar. Die Größenordung von Michaelis-Menten-Konstanten liegt im Bereich von 10^{-2} bis 10^{-5} Mol/Liter.

Einfluss der Temperatur

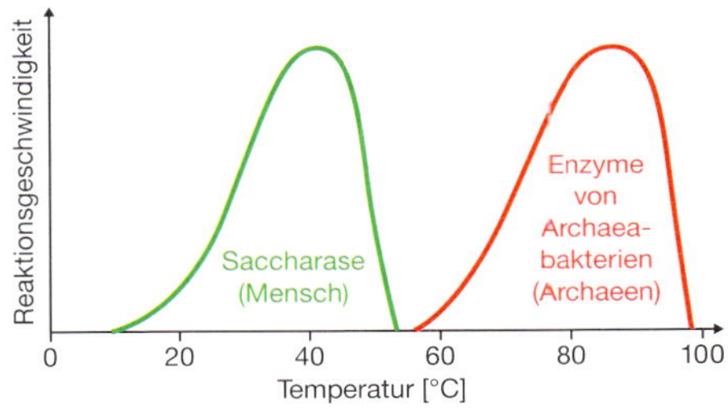

Abb. 37
Abhängigkeit der Enzymaktivität von der Temperatur: Optimumskurven

Trägt man die Enzymaktivität gegen die Temperatur grafisch auf, so erhält man eine Optimumskurve (Abb. 37): Bei 0 °C ist die Enzymaktivität null. Das Enzym ist deaktiviert. Mit steigender Temperatur nimmt die Enzymaktivität zu. Diese Aktivitätssteigung folgt der RGT-Regel (Reaktionsgeschwindigkeit-Temperatur-Regel): **Eine Temperaturerhöhung um 10 °C verdoppelt die Reaktionsgeschwindigkeit.** Mit steigender Temperatur nimmt die Wärmebewegung der Enzym- und Substratmoleküle zu, sodass die Wahrscheinlichkeit für wirksame Zusammenstöße der Reaktionspartner zunimmt.

Trägt man die Enzymaktivität gegen die Temperatur grafisch auf, so erhält man eine Optimumskurve: Mit steigender Temperatur erhöht sich die Reaktionsgeschwindigkeit, bis der Maximalwert erreicht wird. Die Kurve fällt wieder ab, das Protein denaturiert.

Wird die Temperatur über das Optimum hinaus erhöht, vermindert sich der Substratumsatz zunehmend und sinkt schließlich auf null ab. Bei Temperaturen ab 40 °C wird das aktive Zentrum des Enzyms irreversibel zerstört, das Enzym denaturiert. Das denaturierte Enzym kann mit dem Substrat keinen Enzym-Substrat-Komplex mehr bilden.

Jedes Enzym weist ein spezifisches Temperaturoptimum auf, bei Menschen liegt das Optimum bei ca. 37 °C. Bei anderen warmblütigen Organismen liegt das Optimum ihrer Enzyme meist im Bereich der Körpertemperatur. Bei Bakterien, die in heißen Quellen leben, liegt sie sogar bei 90 °C.

Abhängigkeit vom pH-Wert

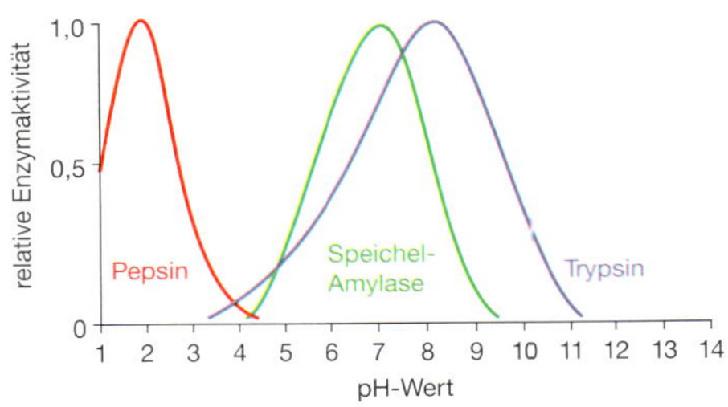

Abb. 38
Abhängigkeit der Enzymaktivität vom pH-Wert: Optimumskurven

Die Abhängigkeit der Enzymaktivität vom pH-Wert wird ebenfalls durch eine Optimumskurve beschrieben (Abb. 38). Bei einem bestimmten pH-Wert ist die Aktivität am größten, bei anderen pH-Werten nimmt sie ab. Pepsin im Magen beispielsweise hat sein pH-Optimum bei pH-Werten um 2, wogegen Enzyme des Dünndarms bei pH-Werten zwischen 8 und 9 am aktivsten sind.

Diese Abhängigkeit lässt sich auf den Proteincharakter der Enzyme zurückführen. Die Tertiärstruktur (➛ S. 51) kann von elektrostatischen Wechselwirkungen zwischen den ionischen Gruppen der am Proteinaufbau beteiligten sauren und basischen Aminosäuren beeinflusst werden. Bei pH-Wert-Verschiebungen kann sich infolge von Protonierung bzw. Deprotonierung dieser Gruppen die

Ladungsverteilung im Protein verändern, was eine mehr oder minder starke Veränderung der Konformation zur Folge hat. Dies vermindert die Enzymaktivität, da das Substrat schlechter oder gar nicht mehr an das Enzym gebunden werden kann.

Abhängigkeit von Hemmstoffen

Enzyme können in ihrer Aktivität auch durch die Anwesenheit chemischer Verbindungen beeinträchtigt werden.

Kompetitive Hemmung

Kompetitive Hemmstoffe besitzen eine strukturelle Ähnlichkeit mit dem Substrat und konkurrieren mit diesem um die Anlagerung an das aktive Zentrum. Die Hemmung ist reversibel.

Kompetitive Hemmstoffe besitzen eine strukturelle Ähnlichkeit mit dem Substrat und konkurrieren mit diesem um die Anlagerung an das aktive Zentrum.

An das Enzym gebundene Hemmstoffmoleküle können nicht umgesetzt werden, blockieren aber vorübergehend das Enzym. Je höher die Konzentration des Hemmstoffs, umso größer ist die Wahrscheinlichkeit, dass das Enzym ein Hemmstoffmolekül bindet, umso größer das Ausmaß der Hemmung.

Wird die Substratkonzentration bei gleichbleibender Konzentration des Hemmstoffs erhöht, so kann die Hemmung kompensiert werden.

Trägt man die Enzymaktivität grafisch gegen die Substratkonzentration in An- und Abwesenheit des Hemmstoffs auf, so erhält man in beiden Fällen wie erwartet eine Sättigungskurve. Die maximale Enzymaktivität bleibt in Anwesenheit des Hemmstoffs unverändert, da bei Erhöhung der Substratkonzentration die Hemmung kompensiert werden kann.

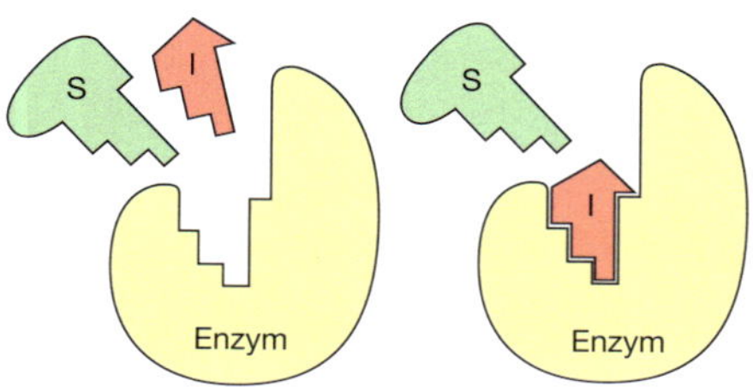

Abb. 39 Kompetitive Enzymhemmung. Ein Inhibitor (I) konkurriert mit dem Substrat (S) um die Bindungsstelle am Enzym.

Allerdings ist K_m erhöht, da ein Teil der Hemmstoffe das Enzym blockiert, so dass die aktive Enzym-Substrat-Komplex-Konzentration im Gleichgewicht erniedrigt ist.

Allosterische Hemmung

Bestimmte Enzyme haben nicht nur eine Bindungsstelle für das umzusetzende Substrat, sondern eine weitere Bindungsstelle, an der ein ganz anders gebautes Molekül, das als Hemmstoff oder Effektor wirkt, binden kann. Die Hemmstoffe wirken **allosterisch**, indem sie sich an einer anderen Stelle als das Substrat an das Enzymmolekül anlagern und dadurch dessen Raumstruktur beinflusssen. Damit ändert sich auch die Gestalt des aktiven Zentrums: Das Substrat passt nicht mehr hinein und kann nicht mehr gebunden werden. Da die Hemmstoffe dem Substrat nicht strukturell ähnlich sind, werden sie auch als **nichtkompetitive Hemmstoffe** bezeichnet. Eine Erhöhung der Substratkonzentration kann die Hemmung nicht kompensieren.

Nichtkompetitive (allosterische) Hemmstoffe sind dem Substrat nicht strukturell ähnlich. Sie können ebenfalls an das Enzym binden, jedoch an einer anderen Bindungsstelle als das Substrat.

Jedoch wird die Hemmung durch Erhöhung der Substratkonzentration schwächer, da die Wahrscheinlichkeit der Enzymbindung mit dem Substrat bei steigender Substratkonzentration steigt.

Trägt man die Enzymaktivität gegen die Substratkonzentration bei An- und Abwesenheit des nichtkompetitiven Hemmstoffs (oder Effektors) auf, so ergibt die grafische Darstellung in beiden Fällen wieder die Sättigungskurve (Abb. 41). Diesmal ist v_{max} bei Anwesenheit des Hemmstoffs erniedrigt, da die Hemmung nicht durch die Erhöhung der Substratkonzentration kompensiert werden kann; K_m bleibt gleich groß.

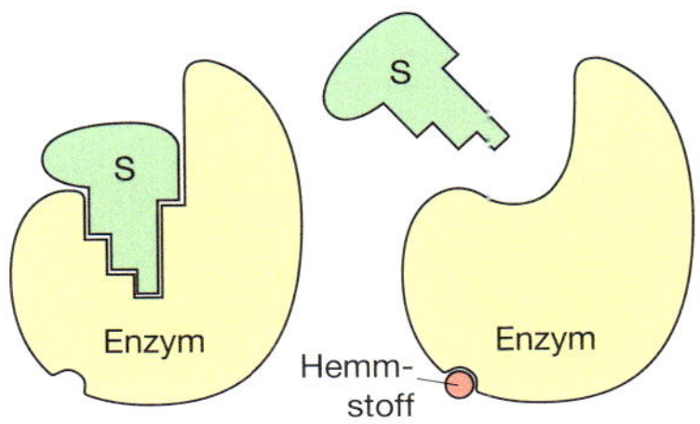

Abb. 40 Allosterische Hemmung: Der Hemmstoff verändert die Passform des Enzyms.

Irreversible Hemmstoffe ändern das aktive Zentrum irreversibel und werden auch als Enzymgifte bezeichnet. So wirken einige Schwermetallionen wie Cu^{2+}, Hg^{2+} oder Pb^{2+} bereits in geringen Konzentrationen, da sie an die Sulfhydryl-Gruppen (SH-Gruppen) der Enzyme binden und damit die Tertiär- und Quartärstruktur der Proteine verändern. Können diese zur Stabilisierung der Raumstruktur des Proteins beitragenden Disulfidbrücken nicht ausgebildet werden, so hat dies entscheidenden Einfluss auf die Funktion des Enzyms. Das Substrat kann nur noch schlecht oder gar nicht gebunden und umgesetzt wird.

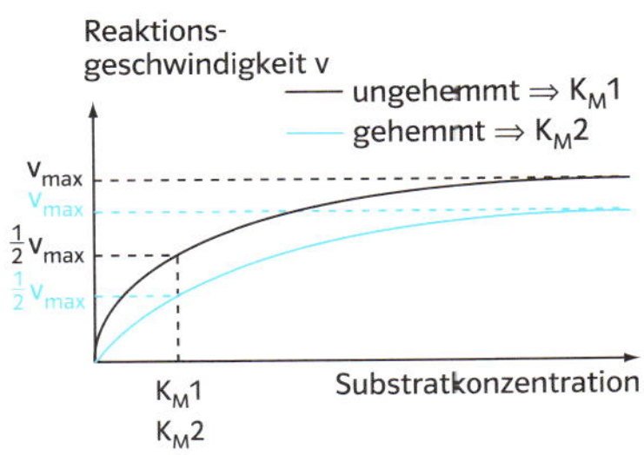

Abb. 41 Nicht kompetitive Hemmstoffe erniedrigen die Geschwindigkeit einer enzymatischen Reaktion

Coenzyme

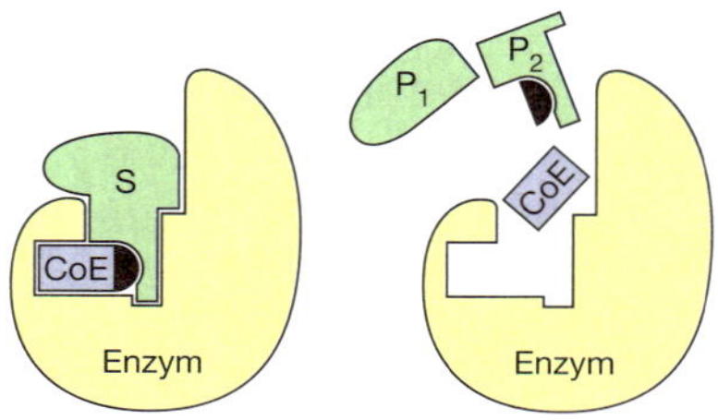

Abb. 42 Enzym und Coenzym arbeiten bei der enzymatischen Reaktion zusammen. Im Gegensatz zum Apoenzym wird das Coenzym bei dieser Reaktion verändert.

Ein beträchtlicher Teil enzymatisch katalysierter Reaktionen kann nur ablaufen, wenn außer dem Enzym und einer entsprechenden Substratmenge noch ein weiterer Enzympartner vorhanden ist: ein Coenzym. Coenzyme oder Cofaktoren sind kleinmolekulare Nichtproteinbestandteile von Enzymen, die bei der Katalyse mitwirken. Man nennt sie Coenzym, wenn die Verbindung nur lose gebunden ist und freigesetzt werden kann (z. B. NAD, Coenzym A….). Ist sie dagegen fest gebunden, so dass sie nicht ohne Strukturveränderung des Enzyms abtrennbar ist, bezeichnet man sie als prosthetische Gruppe. Meist sind dies Ionen, die an das Enzymprotein gebunden werden müssen, um dessen volle Aktivität herzustellen oder dessen Struktur stabil zu halten.

NAD und NADP

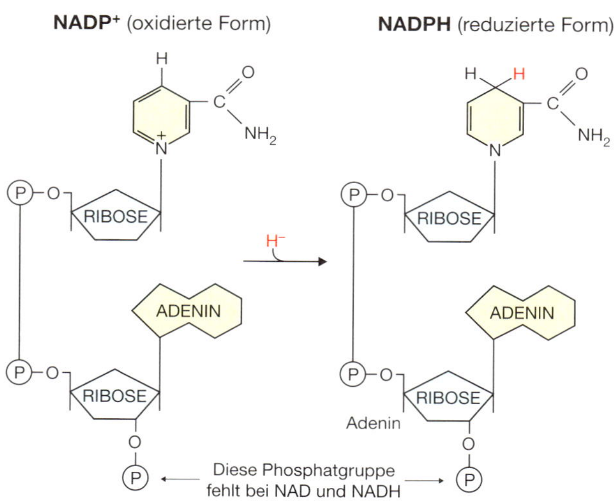

Abb. 43 NAD und NADP sind als Coenzyme an Redoxreaktionen beteiligt.

NADP ist die Abkürzung für Nicotinsäureamid-Adenin-Dinukleotid-Phosphat. NADP ist Coenzym aller Dehydrogenasen, das sind Enzyme, die ihren Substraten zwei Wasserstoffatome entreißen. Dabei wird der dem Substrat entzogene Wasserstoff auf $NADP^+$ übertragen und das Substrat somit oxidiert, das Coenzym wird zu NADPH reduziert. NADPH kann nun den Wasserstoff in einer anderen enzymatisch katalysierten Reaktion an ein anderes Substrat abgeben, wobei es wieder zu $NADP^+$ oxidiert und das neue Substrat reduziert wird. Ein Derivat des NADP ist das NAD (Abb. 43). Dieses Coenzym ist an Redoxreaktionen der Atmungskette (➛ S. 60) beteiligt.

ATP

ATP ist die Abkürzung für Adenosintriphosphat. Das Molekül besteht aus Adenosin (einer Verbindung aus Adenin und Ribose, ➛ S. 102) und drei hintereinander angeordneten Phosphatgruppen. ATP gehört zu den Nukleotiden, aus denen die DNA aufgebaut wird (➛ S. 102). Das Molekül dient im Energiestoffwechsel (➛ S. 60) der Energiespeicherung.

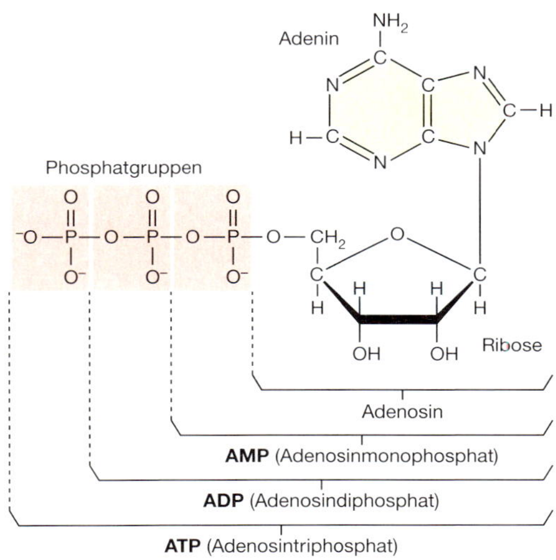

Abb. 44 Strukturformeln von ATP, ADP und AMP.

Die beiden Bindungen zwischen den drei Phosphatgruppen sind besonders energiereich, da bei der Abspaltung dieser Phosphatgruppen wesentlich mehr Energie freigesetzt wird, als das bei der Lösung anderer Bindungen normalerweise der Fall ist. Bei der Synthese von ATP wird also viel Energie in den Bindungen zwischen den Phosphatgruppen gespeichert.

Allerdings wird ATP nur selten komplett neu hergestellt. Energiespeicherung und Energiefreisetzung erfolgen ausschließlich über die Anbindung und Abspaltung der dritten Phosphatgruppe.

Wird diese letzte Phosphatgruppe abgespalten, so kommt es zu einer stark exergonischen Reaktion. Umgekehrt kann in einer endergonischen Reaktion, bei der die entsprechende Energiemenge aufgenommen wird, aus ADP und Ⓟ (die Phosphatgruppe wird in Grafiken und Texten oft verkürzt als Ⓟ dargestellt) wieder ATP aufgebaut werden.

Diese Reaktion kann allerdings nur ablaufen, wenn sie an Stoffwechselreaktionen gekoppelt wird, die genügend Energie freisetzen. Die Spaltung von ATP kann auf der anderen Seite für Energie verbrauchende Stoffwechselprozesse herangezogen werden.

Die besondere biologische Bedeutung des ATP resultiert aus seiner Fähigkeit, exergonische (Energie liefernde) und endergonische (Energie verbrauchende) Vorgänge miteinander koppeln zu können und das sogar über räumliche und zeitliche Distanz.

Alle Querverweise im Überblick:

Atmungskette: S. 45 ➤ S. 60
DNA: S. 45 ➤ S. 102
Energiestoffwechsel: S. 45 ➤ S. 60
Ligasen: S. 37 ➤ S. 156
Proteine: S. 37 ➤ S. 50
Ribose: S. 45 ➤ S. 102
Tertiärstruktur: S. 41 ➤ S. 51

Zusammenfassung:

Enzyme

Enzyme sind Biokatalysatoren. Sie beschleunigen biochemische Reaktionen, indem sie die Aktivierungsenergie der Reaktionen herabsetzen. So ermöglichen sie Stoffumwandlungen bei Körpertemperatur, die sonst erst bei sehr hohen Temperaturen ablaufen würden, unter Bedingungen, die der Zelle nicht zuträglich wären.

Enzyme ändern nicht die Lage des Gleichgewichtes einer Reaktion. Sie wirken in kleinsten Mengen und verbrauchen sich bei einer Reaktion nicht.

Enzyme sind wirkungsspezifisch (reaktionsspezifisch): Sie katalysieren i. A. nur eine ganz bestimmte Reaktion.

Enzyme arbeiten substratspezifisch: Sie setzen nur ganz bestimmte Substanzen um, oft nur eine einzige.

Enzyme sind Proteine. Sie sind nur dann katalytisch aktiv, wenn ihre dreidimensionale Struktur exakt stimmt. Die Struktur ist gegen Einwirkungen von außen sehr empfindlich. Durch solche Einwirkungen kommt es zur Denaturierung des Proteins. Solche Denaturierungen können reversibel oder unumkehrbar sein.

Die Enzymaktivität wird von verschiedenen Faktoren beeinflusst:
- Von der Temperatur: Mit steigender Temperatur werden Enzyme aktiver (RGT-Regel), bis sie durch zu große Hitze denaturiert werden.
- Vom pH-Wert: Wasserstoffionen beeinflussen die Bindungseigenschaften einiger Aminosäuren in der Proteinkette, sodass die Gestalt des aktiven Zentrums nur bei einem bestimmten pH-Wert optimal zum Substrat passt.
- Von der Substrat-Konzentration: Mit zunehmendem Substratangebot können vermehrt Enzym-Substrat-Komplexe gebildet werden, bis bei einer bestimmten Konzentration alle Enzyme mit Substrat gesättigt sind.

Enzyme können durch Substanzen gehemmt werden:
- Bei der kompetitiven Hemmung sind die Hemmstoffe dem Substrat sehr ähnlich.
- Bei der allosterischen Hemmung besitzen die Hemmstoffe keine Ähnlichkeit mit dem Substrat, sondern wirken über ein zweites Bindungszentrum am Enzym. Die Hemmwirkung ist in der Regel reversibel.

Coenzyme sind die wichtigsten Reaktionspartner der Enzyme. Sie tragen wesentlich zur Vernetzung der vielen chemischen Reaktionen bei, indem sie wichtige Stoffgruppen übertragen. Die wichtigsten Coenzyme sind NADP bzw. NAD, die Wasserstoff übertragen, und das ADP-ATP-System, das als Energieüberträger fungiert.

Zum Stoffwechsel gehören die Aufnahme, der Transport und die chemische Umwandlung von Stoffen in einem Lebewesen und die Abgabe der Stoffwechselendprodukte.

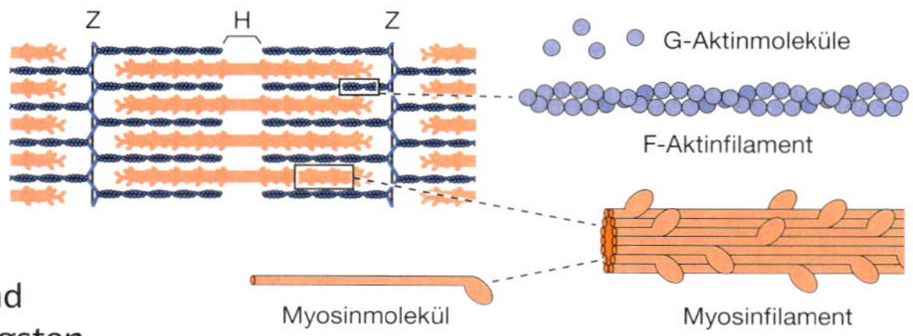

Kohlenhydrate, Fette und Proteine sind die wichtigsten Nährstofflieferanten des Körpers. ➤ **S. 56**

Atmung oder Gärung liefern die Energie für die Muskelarbeit. ➤ **S. 62 ff.**

Stoffe der Zelle

Proteine

Kollagen

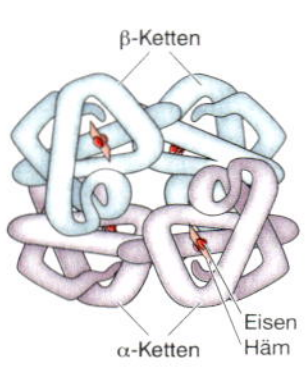

Hämoglobin

Proteine sind Baustoffe und Arbeitsmoleküle der Zellen. ➤ **S. 50 ff.**

Kohlenhydrate

Kohlenhydrate sind Energieträger, Stützsubstanzen und Signalüberträger. ➤ **S. 50 ff.**

Lipide

Lipide sind Baustoffe und Energiespeicher. ➤ **S. 54**

Nukleinsäuren

Nukleinsäuren sind Informationsspeicher und Informationsüberträger. ➤ **S. 100 ff.**

Gärung

Gärung ist Abbau ohne Sauerstoff. ➤ **S. 61 f.**

STOFFWECHSELPROZESSE

Atmung und Fotosynthese sind durch den Kreislauf der Atemgase und durch die Nahrungsketten miteinander verknüpft. ➤ **S. 74**

Die Fotosynthese ist der bedeutendste chemische Prozess der Erde. ➤ **S. 74**

Dissimilation

Atmung

Glykolyse

Die Glykolyse ist die gemeinsame Anfangsstrecke von Atmung und Gärung.
➤ **S. 57 ff.**

Citratzyklus

Im Zitronensäurezyklus wird die Energie der Nährstoffe auf reduzierte Coenzyme übertragen.
➤ **S. 59**

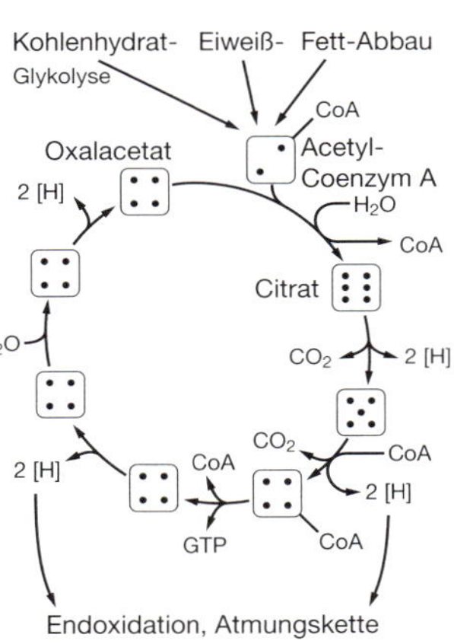

Atmungskette

Die Atmungskette oder Endoxydation gewinnt ATP durch Oxidation der reduzierten Coenzyme.
➤ **S. 60**

Fotosynthese

Lichtreaktion

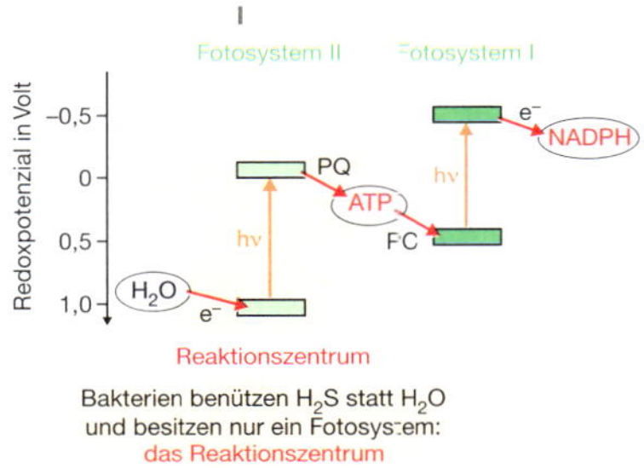

Die Lichtreaktion wandelt Lichtenergie in chemische Energie.
➤ **S. 68 ff.**

Sekundärreaktion

Die Sekundärreaktion ist lichtunabhängig. Sie fixiert das Kohlenstoffdioxid und stellt Zucker her. ➤ **S. 71 f.**

C_4-Pflanzen

C_4-Pflanzen können Kohlenstoffdioxid effektiver binden.
➤ **S. 73**

Stoffwechselprozesse

In diesem Kapitel erfahren Sie:

- Proteine, Kohlenhydrate, Fette und Nukleinsäuren sind die wichtigsten organischen Stoffe der Zelle.
- Der oxidative Abbau des Zuckers ist die wichtigste Energiequelle heterotropher Lebewesen.
- Der Zuckerabbau kann in vier Teilreaktionen unterteilt werden.
- Die Glykolyse ist die gemeinsame Anfangsstrecke von Atmung und Gärung.
- Im Zitronensäurezyklus wird die Energie auf reduzierte Coenzyme übertragen.
- Die Atmungskette – eine Folge von Redoxreaktionen – überträgt die Energie auf ATP.
- Gärung ist Stoffabbau ohne Sauerstoff.
- Im Muskel wird chemische Energie in Bewegungsenergie umgesetzt.
- Bei der Fotosynthese wird Lichtenergie in chemische Energie umgewandelt.
- Die Lichtreaktion spaltet Wasser und überträgt Protonen und Elektronen auf das Coenzym NADP, außerdem wird energiereiches ATP erzeugt.
- Bei der Sekundärreaktion der Fotosynthese wird Kohlendioxid reduziert und Zucker gewonnen.
- C_4-Pflanzen können die Lichtenergie besonders gut ausnutzen.

Inhaltsstoffe der Zelle

Bei der chemischen Untersuchung von Zellen findet man als Bestandteile Wasser, organische Verbindungen und Salze. Zu den organischen Stoffen gehören Proteine (Eiweiße), Kohlenhydrate, Lipide (Fette und fettähnliche Substanzen) sowie die Nukleinsäuren (Kernsäuren → S. 100 ff.).

Proteine

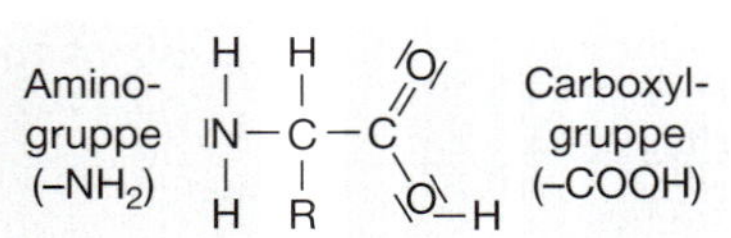

Abb. 45 Struktur einer Aminosäure

Das Wort Protein wurde 1838 von Jöns Jakob Berzelius von dem griechischen Wort *proteuo* („ich nehme den ersten Platz ein", von *protos*, „erstes", „wichtigstes") abgeleitet. Es betont die Bedeutung der Proteine für die Lebewesen.

Bausteine der Proteine

Peptide und Proteine bestehen aus Aminosäuren, die über Peptidbindungen verknüpft sind.

Bausteine der Proteine sind die **Aminosäuren**, die, wie der Name schon sagt, neben der Säuregruppe oder Carboxylgruppe (COOH-Gruppe) eine Aminogruppe (NH_2-Gruppe) als funktionelle Gruppe enthalten. Durch Verbindung der Aminogruppe einer Aminosäure mit der Carboxylgruppe der nächsten Aminosäure unter Wasserabspaltung entsteht die **Peptidbindung** (CO-NH).Werden zwei

Aminosäuren miteinander verknüpft, entsteht ein Dipeptid. Aminosäureketten mit einer Länge von zwei bis 100 Aminosäuren werden als Peptide bezeichnet, erst bei einer Aminosäurenanzahl von mehr als 100 spricht man von Proteinen.

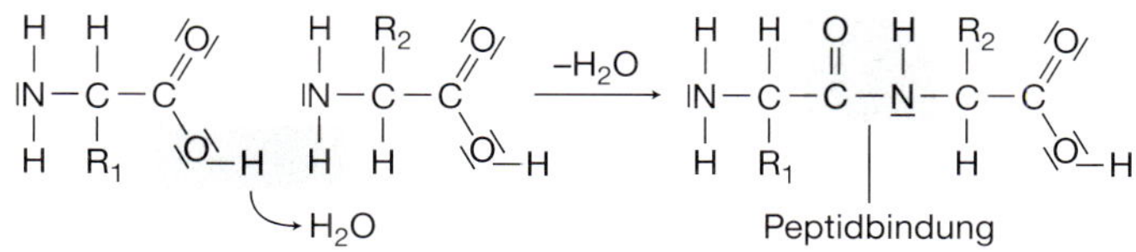

Abb. 46 Durch Kondensation zweier Aminosäuren entsteht ein Dipeptid.

Kurze Peptide nennt man Oligopeptide, längere Moleküle bezeichnet man als Polypeptide. Jedes Peptid trägt an einem Ende, dem N-Terminus, eine freie Aminogruppe, und am anderen Ende der Kette, dem C-Terminus, eine freie Carboxylgruppe (Säuregruppe).

Abb. 47 Primärstruktur eines Proteins

In Proteinen kommen 20 verschiedene Aminosäuren vor, die über Peptidbindungen miteinander verknüpft sind. Die Reihenfolge dieser Aminosäuren, die Aminosäuresequenz, bestimmt die sog. Primärstruktur der Polypeptidkette. Sie bestimmt die Eigenschaften des Proteinmoleküls. Doch meistens liegen die Proteine in der Zelle nicht als Fäden vor. Sie bilden andere Strukturen aus. Im einfachsten Fall bildet das Polypeptid nur eine Sekundärstruktur wie α-Helix oder β-Faltblatt aus. Die α-Helix ist eine rechtshändig gedrehte Spirale mit durchschnittlich 3,6 Aminosäureseitenketten pro Umdrehung, die durch Wasserstoffbrückenbindungen zusammengehalten wird. Bei der Faltblattstruktur sind die Peptidketten zickzackförming nebeneinander angeordnet. In der Regel werden diese Sekundärstrukturen aber nur von kurzen Bereichen der Polypeptidkette ausgebildet, zwischen denen Schleifen-Strukturen oder relativ ungeordnete Bereiche liegen.

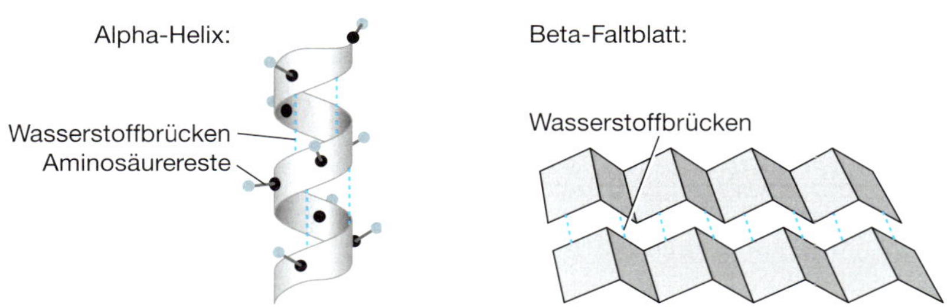

Abb. 48 Sekundärstrukturen von Proteinen

Sind die Polypeptidketten weiter zu einer unregelmäßigen räumlichen Gestalt geformt, so entsteht eine Tertiärstruktur. Hier wirken weitere chemische Bindungen stabilisierend zwischen den Polypeptidketten. So bilden sich zum

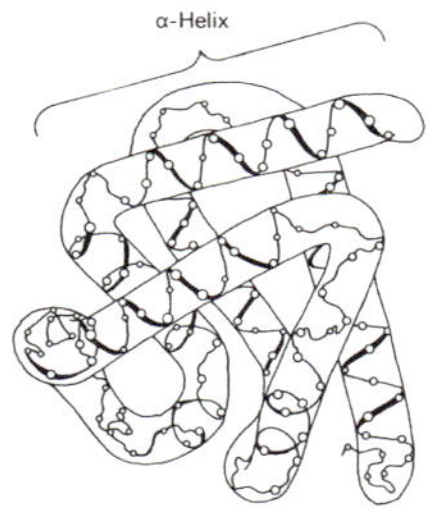

Abb. 49
Tertiärstruktur eines Proteins

Beispiel zwischen den Resten zweier Cystein-Aminosäuren stabile Elektronenpaarbindungen aus, die so genannten Disulfidbrücken.

Bestehen die Proteine aus mehr als einer Polypeptidkette, so entsteht die **Quartärstruktur**. Hämoglobin (→ S. 83), das sauerstoffbindende Protein der roten Blutzellen, besteht beispielsweise aus vier Polypeptidketten (Abb. 50).

Jedes Protein hat eine unverwechselbare Oberflächenstruktur. Während Faserproteine eine lang gestreckte Gestalt annehmen, sind globuläre Proteine etwa kugelförmig. Die räumliche Anordnung der Proteine wird durch die Seitenketten ihrer Aminosäurereste beeinflusst. Manche dieser Seitenketten ziehen sich an – z. B. zwei unterschiedlich geladene Gruppen – andere stoßen sich ab – z. B. zwei gleich geladene Gruppen. Daher falten sich die meisten Polypeptidketten so, dass die polaren Reste an der Oberfläche, die unpolaren im Inneren des Moleküls zu liegen kommen.

Die Struktur von Proteinen bestimmt sich aus der Reihenfolge der Aminosäuren und aus zusätzlichen Bindungen zwischen den Aminosäureresten.

Die Mannigfaltigkeit der Formen spiegelt sich auch in den vielfältigen Funktionen wieder. In ihren **Funktionen** unterschieden sich die Proteine grundsätzlich. Jedes Protein erfüllt eine ganz bestimmte Aufgabe: Als **Strukturprotein** gibt es der Zelle Form und Halt. Als Baustein einer Membran dient das Protein der Kompartimentierung der Zelle. Alle Enzyme sind Proteine und katalysieren chemische Reaktionen (→ S. 34 ff.). Als **Membranrezeptoren** nehmen sie chemische Signale auf. **Antikörper** (→ S. 176) sind ebenso aus Proteinen aufgebaut, sie stellen die wichtigsten Strukturen der Immunabwehr dar. Als **Hormone** sind Proteine für die Steuerung von Wachstum und Stoffwechsel verantwortlich. Kontraktile Proteine (→ S. 64 f.) tragen dazu bei, dass sich Lebewesen bewegen können.

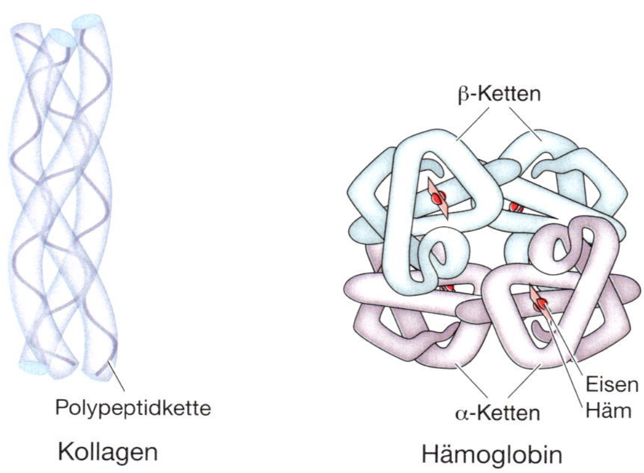

Abb. 50
Quartärstrukturen von Proteinen

Kohlenhydrate

Kohlenhydrate oder **Saccharide** liegen als Einfachzucker (**Monosaccharide**) oder als Mehrfachzucker, den Polysacchariden vor. Einfachste Vertreter der Monosaccharide sind **Glucose** und **Fruktose**. In der allgemeinen Strukturformel der Monosaccharide lassen sich die typischen Eigenschaften ablesen: Sie besitzen mehrere Hydroxylgruppen und eine Aldehyd- (Glucose) bzw. Ketogruppe (Fruktose). Ein weiteres Kriterium für die Klassifizierung von Zuckern ist die Länge des Kohlenstoffgerüstes. Glucose ist also eine Aldohexose (ein C_6-Körper), Fruktose eine Ketohexose.

Durch Verknüpfung zweier Monosaccharide entstehen die **Disaccharide** oder Zweifachzucker. Dabei reagiert unter Wasserabspaltung eine Hydroxylgruppe des einen Zuckers mit der Hydroxylgruppe des anderen. Die beiden Zuckermoleküle werden dann über eine Sauerstoffbrücke miteinander verbunden (glykosidische Bindung). So bildet sich Maltose aus zwei Glucosemolekülen. Saccharose wird aus einem Molekül Glucose und einem Molekül Fruktose gebildet, während Laktose ein Disaccharid aus einem Molekül Glucose und einem Molekül Galaktose darstellt.

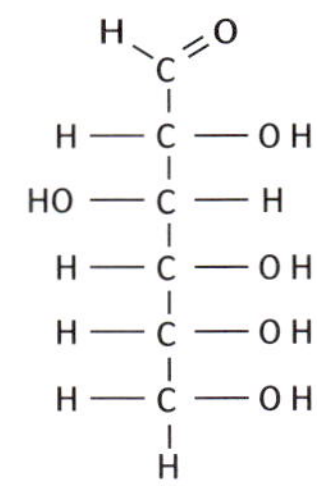

Abb. 51 Glucose, eine Aldohexose

Kohlenhydrate enthalten mehrere OH-Gruppen, über die sie sich mit anderen Molekülen verbinden können.

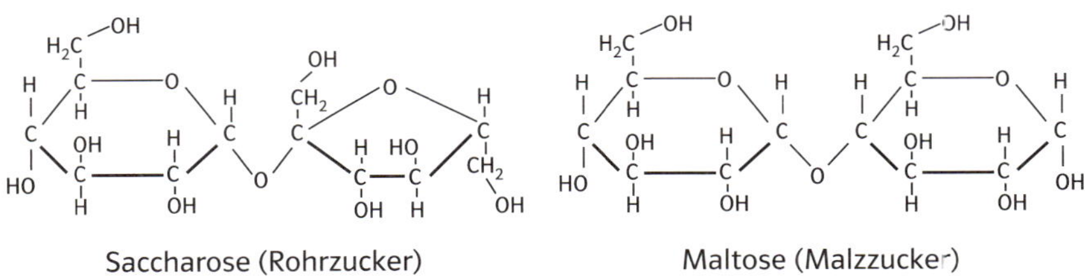

Abb. 53 Durch Kondensation von Monosacchariden (Einfachzuckern) entstehen Disaccharide (Zweifachzucker).

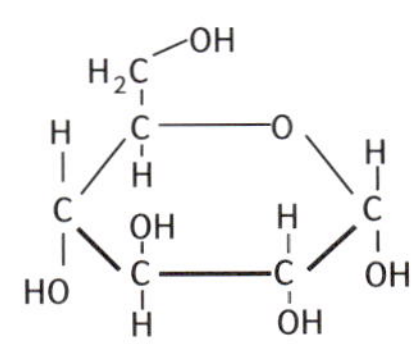

Abb. 52 Glucose – eine andere Schreibweise

Polysaccharide sind Makromoleküle, die aus einigen hundert bis mehreren tausend Monosaccharid-Bausteinen bestehen. Sie bilden z. B. Speicher-Polysaccharide wie die Stärke in Pflanzen und Glykogen bei Tieren. Bei **Stärke** können zwei Bestandteile unterschieden werden: wasserlösliche Amylose (20 %) und wasserunlösliches Amylopektin (80 %). **Glykogen**, die „tierische Stärke", kommt z. B. beim Menschen hauptsächlich in Leber und Muskeln vor.

Neben den Speichersacchariden kommen auch Struktur-Polysaccharide, wie die Cellulose oder das Chitin vor. **Cellulose**, die Gerüstsubstanz pflanzlicher Zellen, besteht aus Glucosebausteinen und ist ein unverzweigtes Polymer. Die parallel angeordneten Cellulosemoleküle werden durch Wasserstoffbrückenbindungen zusammengehalten. So können sich Mikrofibrillen bilden, die die Zellwand aufbauen. **Chitin** ist ein Baustoff im Außenskelett von Insekten und Krebsen und kommt auch in der Zellwand von Pilzen vor.

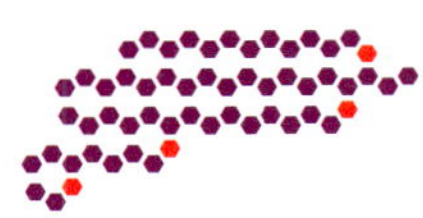

Abb. 54 Ausschnitt aus einem Stärkemolekül

Lipide

Lipide (von griechisch *lípos* „Fett") ist eine Sammelbezeichnung für Naturstoffe, die aus biologischem Material mit unpolaren Lösungsmitteln herausgelöst werden können. Da diese Klassifizierung auf der Löslichkeit und nicht auf der Molekularstruktur beruht, zählen zu den Lipiden auch Vitamine, Hormone und bestimmte Komponenten der Zellwand. Oft wird der Begriff „Fett" als Synonym für Lipide gebraucht, jedoch stellen die Fette (Triglyceride) nur eine Untergruppe der Lipide dar.

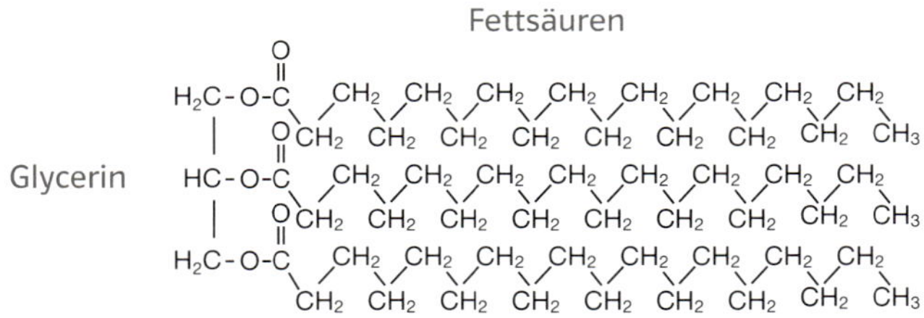

Abb. 55 Fette sind Ester aus Glycerin und Fettsäuren

In lebenden Organismen werden Lipide hauptsächlich als Strukturkomponente in Zellmembranen, als Energiespeicher oder als Signalmoleküle gebraucht. Die meisten biologischen Lipide sind **amphiphil**, besitzen also einen **lipophilen** Kohlenwasserstoff-Rest und eine polare **hydrophile** Kopfgruppe, deshalb bilden sie in polaren Lösungsmitteln wie Wasser Micellen oder Membranen.

Fette, Öle und Wachse sind Ester der Fettsäuren. Fettsäuren sind geradkettige Monocarbonsäuren. Einige sind gesättigt, andere enthalten eine oder mehrere C-C-Doppelbindungen.

Bei den Fetten und Ölen sind jeweils drei Monocarbonsäuren mit dem dreiwertigen Alkohol Glycerin verestert (s. Abb. 55). Diese Ester werden auch als **Triglyceride** bezeichnet.

Die Zellmembranen von Zellen und Zellorganellen (→ S. 26 ff.) bestehen hauptsächlich aus **Phospholipiden**, das sind Glycerinderivate, die jedoch nur zwei Fettsäurereste enthalten, während die dritte Hydroxylgruppe des Glycerins mit Phosphorsäure verbunden ist, die ihrerseits noch mit Cholin verestert ist. Der Phosphorsäure-Cholin-Teil des Moleküls ist hydrophil.

Die physikalischen Eigenschaften der Fette – sie sind bei Zimmertemperatur flüssig oder fest – werden durch die unterschiedlichen Fettsäuren bestimmt. Sind so viele Wasserstoffatome gebunden wie nur möglich, so spricht man von **gesättigten Fettsäuren**. Sind weniger Wasserstoffatome gebunden, so spricht man von einfach bzw. mehrfach ungesättigten Fettsäuren. **Ungesättigte Fettsäuren** haben Doppelbindungen in ihren Ketten. Je mehr ungesättigte Fettsäuren ein Fett enthält, desto weicher ist es. Pflanzliche Öle enthalten einen hohen Anteil an ungesättigten Fettsäuren.

Einige Fettsäuremoleküle – z. B. die Linolensäure – kann der Körper nicht selbst herstellen, obwohl er sie als Baustoffe benötigt. Diese Fette müssen als essentielle Fettsäuren mit der Nahrung aufgenommen werden.

Energieumwandlung in den Zellen

Sowohl während des Wachstums als auch während der Ruhe sind vegetative Zellen auf dauernde Energiezufuhr angewiesen. Die lebende Zelle stellt einen im höchsten Maße geordneten Zustand der Materie dar. Nicht nur um diesen Ordnungszustand aufzubauen, muss Energie aufgewendet werden, sondern auch um ihn zu erhalten. Diese zur Erhaltung des Lebenszustandes sowie zur Neusynthese von Zellbestandteilen notwendige Energie gewinnt der Organismus im Stoffwechsel oder **Metabolismus**, d. h. durch eine gesteuerte Umsetzung von Stoffen innerhalb der Zelle. Energiequellen sind die Nahrungsstoffe, die aus der Umgebung aufgenommen werden. **Heterotrophe** Organismen, wie Tiere, Pilze und die meisten Bakterien sowie etliche Arten höherer Pflanzen, verwenden organische Stoffe (Kohlenhydrate und Fette) als Energiequelle. Diese müssen mit der Nahrung aufgenommen werden. **Autotrophe** Organismen, wie z. B. Pflanzen und Bakterien können organische Stoffe aus anorganischen Stoffen (Wasser und Kohlenstoffdioxid) selbst herstellen. Die dazu benötigte Energie wird aus dem Sonnenlicht (Fotosynthese) oder aus der Oxidation anorganischer Stoffe (Chemosynthese) entnommen (→ Steuerung und Evolution, S. 175).

Energieumwandlung durch Dissimilation

Unter **Dissimilation** versteht man den oxidativen Abbau hochwertiger organischer Verbindungen unter Umwandlung der Energie in ATP. Diese Verbindungen können körpereigen oder körperfremd, also mit der Nahrung aufgenommen, sein. Meist werden Kohlenhydrate, Lipide oder Proteine abgebaut.

Dissimilation ist der Energie liefernde Abbaustoffwechsel.

Je nachdem, ob beim Abbau der Nährstoffe Sauerstoff beteiligt ist oder nicht, spricht man von **aerobem** oder **anaerobem Abbau**. Anaerober Abbau wird auch als Gärung bezeichnet, aerober als innere **Atmung** (Zellatmung oder Dissimilation).

Dissimilation kann mit oder ohne Luftsauerstoff ablaufen.

Ein Teil der bei den Abbauprozessen freigesetzten Energie wird zum Aufbau von ATP genutzt und kann somit in Form von chemischer Energie gespeichert werden. Der andere Teil wird in Form von Wärme an die Umgebung abgegeben oder dient der Aufrechterhaltung der Körpertemperatur.

Bei der **Gärung** dienen organische Verbindungen als Wasserstoff-Akzeptoren und als Wasserstoff-Donatoren. Gärer sind also weder auf Sauerstoff noch auf anorganische Oxydationsmittel angewiesen.

Energielieferanten des Körpers

Kohlenhydrate, Fette und Proteine sind die Energielieferanten der Zelle.

Die wichtigsten Energielieferanten unseres Körpers sind die drei Nährstoffe **Kohlenhydrate** (dazu gehören Stärke und verschiedene Zucker), **Fette** und **Proteine** (Eiweiße). Proteine werden nur dann im Stoffwechsel abgebaut, wenn in der Nahrung mehr aufgenommen als zum Aufbau von Körpereiweißen gebraucht werden.

Kohlenhydrate, Fette und Proteine werden im Verdauungstrakt (Mundhöhle, Magen und Darm) in ihre Bausteine zerlegt und in die Blutbahn resorbiert. Beim Menschen ist das zentrale Stoffwechselorgan die Leber. Als wärmeproduzierendes Organ trägt sie zudem wesentlich zur Aufrechterhaltung der Körpertemperatur bei.

Dissimilationsprozesse in den anderen Organen und Geweben dienen überwiegend deren Eigenbedarf. Je nach Gewebeart dominieren bestimmte Abbauwege:

- Im Nervengewebe dominiert die Oxidation von Glucose zu Kohlendioxid und Wasser. Eine ausreichende Sauerstoffversorgung des Gehirns ist daher lebenswichtig.
- In den roten Blutkörperchen läuft die Glykolyse nur bis zur Stufe des Laktats ab. Das Laktat wird zum weiteren Abbau an die Leber abgegeben.
- Im Fettgewebe dominieren Lipolyse und ß-Oxidation der Fettsäuren.
- Im Muskelgewebe werden Aminosäuren, Glykogen und Glucose vollständig abgebaut; bei Sauerstoffmangel wird Laktat gebildet und an die Leber weitergegeben.

Abbau des Glykogens

Glykogen ist der Zuckerspeicher des Körpers.

Glykogen ist das Reserve-Kohlenhydrat tierischer Zellen. Es wird in der Leber und in Skelettmuskeln gespeichert. Leber und Skelettmuskeln speichern bis zu 10 g Glykogen pro kg. Pflanzen speichern Glucose in Form von Stärke. Glykogen wird manchmal als „tierische Stärke“ bezeichnet. Glykogen-Moleküle sind verzweigte Ketten aus Glucose-Bausteinen.

Der **Glykogen-Abbau** (Glykogenolyse) wird durch das Enzym Glykogen-Phosphorylase eingeleitet unter Bildung von Glucose-1-phosphat.

Der Glucosespiegel (Blutzuckerspiegel) wird durch Auf- und Abbau von Glykogen reguliert.

Durch Glykogen-Aufbau und -abbau wird der **Blutzuckerspiegel** eingestellt. Der Blutzuckergehalt liegt beim gesunden Menschen bei ca. 100 mg/100 ml. Durch fein aufeinander abgestimmten Auf- und Abbau des Glykogens kann der Blutzuckerspiegel eingestellt werden. An dieser Regulation sind die **Hormone Insulin, Adrenalin und Glukagon** beteiligt. Leber und Skelettmuskulatur sind somit in der Lage, durch An- und Abschalten des Glykogen-Aufbaus bzw. des Glykogen-Abbaus eine schnelle und wirksame Anpassung an die jeweiligen Bedürfnisse des Organismus vorzunehmen.

Aerober Abbau der Glucose

Der Vorgang des Zuckerabbaus als Bruttogleichung lautet:

$$C_6H_{12}O_6 + 6\,O_2 \rightarrow 6\,CO_2 + 6\,H_2O.$$

Der Prozess ist exergonisch. Die freie Energie beträgt -2872 kJ/Mol. Ein Vergleich mit der Fotosynthesegleichung (→ S. 65) zeigt, dass die Energie, die bei der Fotosynthese zum Aufbau der Glucose verwendet wird, wieder verfügbar wird. Allerdings erfolgt die Freisetzung der Energie nicht schlagartig, sondern über zahlreiche durch Enzyme katalysierte Zwischenschritte:

Schritt 1: Glykolyse, in der die Spaltung des Glucosemoleküls in zwei C_3-Körper und deren Überführung in die Brenztraubensäure erfolgt.

Schritt 2: Oxidative Decarboxylierung der Brenztraubensäure, die unter Abspaltung von Wasserstoff und Kohlenstoffdioxid zur Bildung eines C_2-Körpers, des Acetylrestes, führt, der auf Coenzym A übertragen wird.

Schritt 3: Der Zitronensäurezyklus, in dem der Acetylrest unter stufenweiser Abspaltung von Wasserstoff und Kohlenstoffdioxid vollständig abgebaut wird und

Schritt 4: Die Endoxidation in der Atmungskette, in der die Vereinigung des abgespaltenen Wasserstoffs mit dem Sauerstoff unter stufenweiser Freisetzung der Energie und deren Festlegung in Form von ATP stattfindet.

Die vier Schritte des Zuckerabbaus sind:
Glykolyse,
↓
oxidative Decarboxylierung
↓
Zitronensäurezyklus
↓
Atmungskette

Die Glykolyse

Die Glykolyse ist eine Reaktionsfolge, in deren Verlauf der Zucker oxidiert und in zwei kleinere Bausteine zerlegt wird. Die Glykolyse läuft im Cytoplasma der Zellen ab, dazu wird Glucose mit dem Blut oder anderen Körperflüssigkeiten zu den Zellen transportiert und über die Zellmembran in das Cytoplasma aufgenommen.

Der Zuckerabbau beginnt mit der Glykolyse.

Bevor das Zuckermolekül gespalten werden kann, muss es „aktiviert" – destabilisiert – werden. Nacheinander werden zwei Phosphatreste vom ATP auf das Zuckermolekül übertragen. Das Zuckerdiphosphat kann enzymatisch leicht gespalten werden. Das energiereichere Glucose-6-phosphat kann wegen der negativen Ladung der Phosphatgruppe die Zellmembran nicht durchdringen und kann damit das Cytoplasma nicht mehr verlassen.

Das Glucose-6-phosphat wird in Fruktose-6-phosphat umgewandelt, das unter nochmaliger Phosphorylierung in das Fruktose-1,6-diphosphat umgesetzt wird. Das diesen Reaktionsschritt katalysierende Enzym, die Phosphofruktokinase wird durch ATP nichtkompetitiv gehemmt (→ S. 43). Bei hoher ATP-Konzentration im Cytoplasma wird dadurch der ATP liefernde Glucoseabbau gebremst.

Fruktose-1,6-diphosphat, ein C_6-Körper wird in zwei Triosen (C_3-Körper) gespalten. In einer komplexen Reaktion wird der C_3-Körper oxidiert, wobei der abgespaltene Wasserstoff auf das Coenzym NAD^+ (→ S. 44) übertragen wird. Im nächsten Schritt wird die energiereich gebundene Phosphatgruppe des C_3-Körpers auf ADP übertragen und somit **ATP** gebildet, was als **Substratkettenphosphorylierung** bezeichnet wird. Unter Wasserabspaltung und unter nochmaligem ATP-Gewinn entsteht die Brenztraubensäure, die schließlich in die Mitochondrien transportiert wird.

Je C_3-Körper entstehen somit zwei, pro Glucosemoleküle also vier Moleküle ATP. Werden die zwei ATP-Moleküle, die für die Phosphorylierung der Glucose zu Fruktose-1,6-diphosphat aufgewendet wurden, subtrahiert, so ergibt sich eine **Gesamtbilanz von zwei ATP-Molekülen pro Glucosemolekül**. Außerdem wird der Wasserstoff des Glucosemoleküls auf den Wasserstoff-Akzeptor NAD^+ übertragen. Dabei bildet sich $NADH,H^+$, das ebenfalls in die Mitochondrien wandert (die Schreibweisen des reduzierten Coenzyms variieren: NADH, $NADH,H^+$ oder $NADH_2^+$).

Die Oxidation der Glucose bis zur Brenztraubensäure ist eine exergonische Reaktion. Dabei wird die von der Zelle nutzbare freie Energie aus dem Abbau der Glucose in Form von ATP gespeichert. Der Wirkungsgrad der Energieumwandlung liegt bei ca. 30 %.

Die Glykolyse gehört entwicklungsgeschichtlich zu den ältesten Stoffwechselwegen. Wir finden sie in allen eukaryontischen Lebewesen – Pflanzen, Pilzen und Tieren – sowie in den meisten Prokaryonten. Mit der Brenztraubensäure ist ein zentraler Punkt im Stoffwechselgeschehen der Zelle erreicht, an dem die Weiche zum aeroben oder anaeroben dissimilatorischen Abbau gestellt wird.

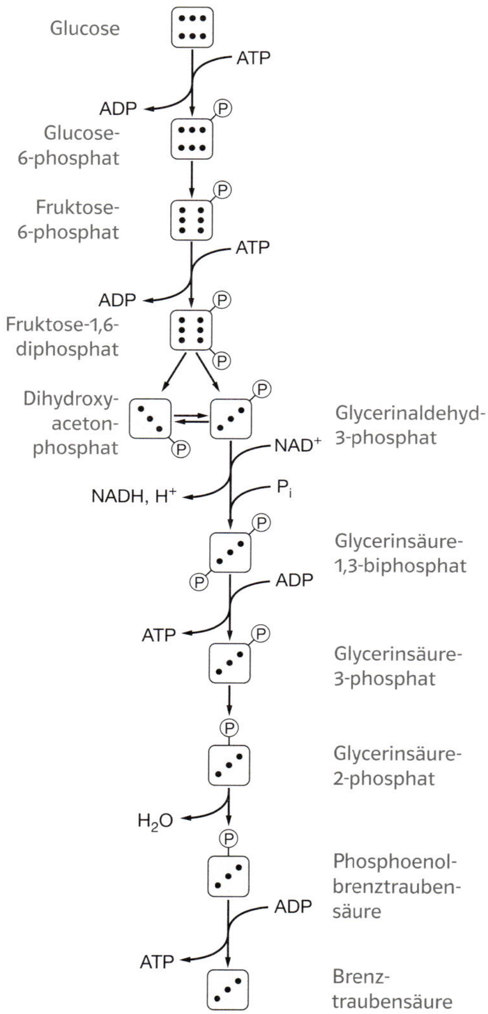

Abb. 56
Vereinfachte Darstellung der Glykolyse

Die oxidative Decarboxylierung

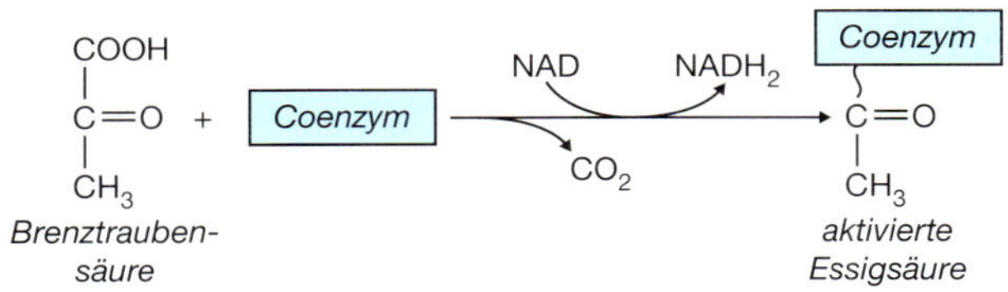

Abb. 57 Oxydative Decarboxylierung

Die oxidative Decarboxylierung läuft in den Mitochondrien (→ S. 10) ab. Die in der Glykolyse erzeugte Brenztraubensäure (Pyruvat) wird nun in die Mitochondrien eingeschleust und unter Abspaltung von Kohlenstoffdioxid dehydriert. Es entsteht Ethansäure (= Essigsäure), welche an das Coenzym A (CoA) gebunden wird, wodurch Acetyl-CoA entsteht. Gleichzeitig wird bei dieser Reaktion der abgespaltene Wasserstoff (H_2) auf den Wasserstoff-Akzeptor NAD^+ übertragen. Dabei entsteht NADH.

Der Zitronensäurezyklus

Der Zitronensäurezyklus (auch Citratzyklus, Krebs-Zyklus oder Tricarbonsäure-Zyklus genannt) ist ein Kreisprozess: Zunächst reagiert die aktivierte Essigsäure mit einem Akzeptormolekül (C_4-Körper) zu einem C_6-Körper, die Zitronensäure. Dabei wird das CoA zurückgebildet und kann nun einen weiteren Acetylrest übernehmen.

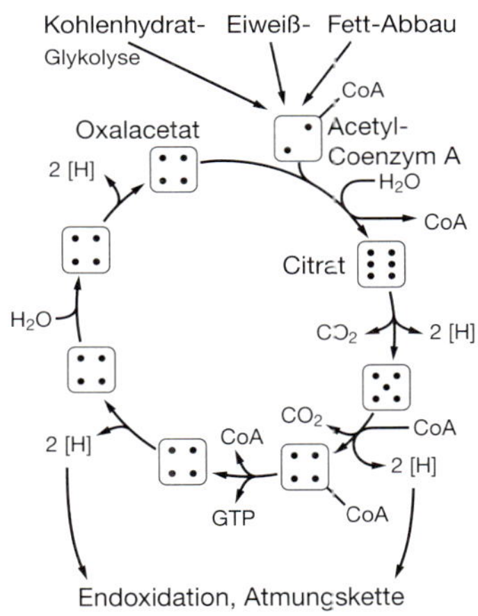

Abb. 58 Schema des Zitronensäurezyklus

Über mehrere Zwischenschritte werden von der Zitronensäure zwei Moleküle Kohlenstoffdioxid (CO_2) abgespalten. Danach wird das Akzeptormolekül wieder regeneriert. Im Verlauf dieses Zyklus wird das Kohlenstoffskelett laufend umgebaut. Mehrmals wird Wasser angelagert und Wasserstoff abgegeben. Bei jedem Kreislauf fallen acht Wasserstoffatome an, die auf Wasserstoff-Akzeptoren (die Coenzyme FAD und NAD^+) übertragen werden. Die Menge der durch den Zitronensäurezyklus gewonnenen Energie ist relativ gering. Pro Acetylrest wird nur ein Molekül energiereiches Phosphat (ATP) gebildet. Vielmehr liegt die Hauptaufgabe des Citratzyklus in der Bereitstellung von reduzierten Coenzymen. Vereinfacht ausgedrückt: Der Citratzyklus dient der Gewinnung von Wasserstoff.

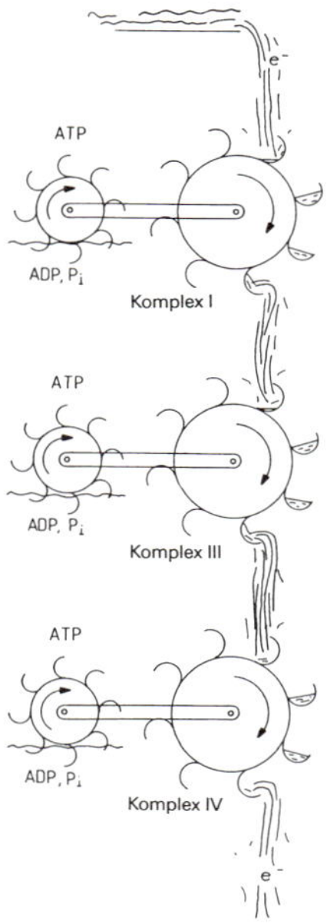

Abb. 59 Schematische Darstellung der Atmungskette: Der Elektronenfluss vom NADH zum Sauerstoff treibt die Synthese von ATP an.

Die Atmungskette

In der Atmungskette oder Endoxidation wird der gespeicherte Wasserstoff unter hohem Energiegewinn oxidiert, d.h. mit Sauerstoff zu Wasser vereinigt. Formal gleicht die Atmungskette der stark exergonischen Wasserbildung aus den Elementen Wasserstoff und Sauerstoff. In der Atmungskette wird jedoch der in NADH und $FADH_2$ gebundene Wasserstoff auf Sauerstoff übertragen, wobei die Coenzyme wieder oxidiert werden. Um die freiwerdende Energie im Organismus für den Aufbau von ATP nutzen zu können, muss die Wassersynthese in einzelne exergonische Teilschritte untergliedert werden. Dazu wird der Wasserstoff an der Innenmembran des Mitochondriums auf Redox-Enzyme übertragen. Dabei werden Protonen (H^+-Ionen) und Elektronen getrennt. Die Elektronen (e^-) werden auf einer Transportkette von Redox-Enzymen weitergereicht und an deren Ende auf Sauerstoff übertragen, so dass Wasser entsteht. Mit der dabei freiwerdenden Energie werden die Protonen aus der Matrix in den Zwischenmembranraum gepumpt und dort angereichert. Der Protonen-Gradient wird nun wie eine Turbine zur ATP-Synthese genutzt: Die einströmenden Protonen fließen durch spezifische Ionenkanäle, in denen die ATP-Synthase ihre Energie zur Synthese von ATP nutzt.

Ganz ähnlich verläuft die ATP-Bildung bei der Fotophosphorylierung in Chloroplasten.

Bilanz und Wirkungsgrad des aeroben Glucoseabbaus

Aus den Bilanzen der Glykolyse und des Zitronensäurezyklus einerseits und der Endoxidation andererseits ergibt sich für den oxidativen Abbau der Kohlehydrate die folgende Gesamtbilanz: Pro Molekül Glucose werden in der Glykolyse zwei Moleküle NADH gebildet, während der oxidativen Decarboxylierung und dem Zitronensäurezyklus fallen acht Moleküle NADH und zwei Moleküle $FADH_2$ an. Werden diese Wasserstoffatome zur Gewinnung von Energie herangezogen, so liefert jedes Elektronenpaar auf seinem Weg von NAD zum Sauerstoff die Energie zur Bildung von drei Molekülen ATP; pro $FADH_2$ werden nur zwei ATP aufgebaut.

Alles in allem werden also pro Molekül Glucose 38 Moleküle ATP gebildet. Dies entspricht 50 % der Energie, die bei der vollständigen Verbrennung von Glucose freigesetzt würde. Der Wirkungsgrad ist weitaus größer als bei allen technischen Energieumwandlungsmaschinen. Die Benzinmotoren in unseren Autos beispielsweise kommen auf maximal 20 %.

Gärungen

Stoffwechselvorgänge, die in Abwesenheit von Sauerstoff erfolgen, werden als Gärungen bezeichnet. Dabei findet als erster Schritt, wie auch unter aeroben Bedingungen, die Glykolyse statt. Endprodukt ist jeweils Pyruvat (Brenztraubensäure). Entscheidend sind nun die folgenden Schritte: Hier wird der Coenzym-gebundene Wasserstoff aus der Glykolyse nicht wie bei der Atmung auf Sauerstoff übertragen, sondern auf Moleküle, die beim Glucoseabbau entstehen. Diese häufen sich aufgrund des Sauerstoffmangels an, das Ausgangssubstrat wird also nur unvollständig abgebaut.

In Abwesenheit von Sauerstoff findet Gärung statt.

Milchsäuregärung

Je nach Endprodukt unterscheidet man zwischen alkoholischer Gärung und Milchsäuregärung. Bei der **Milchsäuregärung** wird Pyruvat entweder zum Laktat reduziert, d.h. Pyruvat wirkt als Akzeptor des durch NADH übertragenen Wasserstoffs und geht dabei in Milchsäure über. Die Gesamtbilanz sind zwei Mol ATP pro Mol Glucose im Gegensatz zu 38 Mol ATP beim aeroben Abbau.

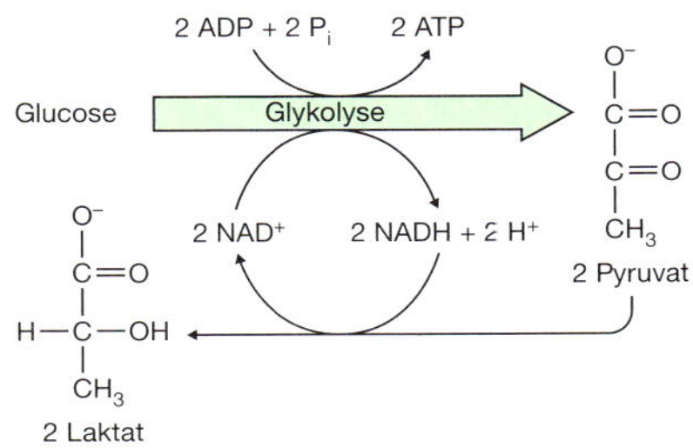

Abb. 60 Schematische Darstellung der Milchsäuregärung

Vor allem Milchsäurebakterien betreiben die Milchsäuregärungen, aber auch in manchen Pilzen, Pflanzen und Tieren sowie in Menschen kann Milchsäure aus Zuckern gebildet werden.

Durch Milchsäuregärung gebildetes Laktat aus der Muskulatur wird über den Blutkreislauf in Herz, Leber und Niere transportiert. Im Herzmuskel wird durch die Wirkung der Laktatdehydrogenase das Laktat zum Pyruvat rückoxidiert, das anschließend über Acetyl-CoA weiter abgebaut wird.

Alkoholische Gärung

Bei der **alkoholischen Gärung**, die hauptsächlich von verschiedenen Hefearten zur Energiegewinnung genutzt wird, wird Glucose in Ethanol und Kohlendioxid umgewandelt, die allgemeine Summengleichung lautet: $C_6H_{12}O_6 \rightarrow 2\,C_2H_5OH + 2\,CO_2$. Dabei wird die gebildete Brenztraubensäure aus der Glykolyse zunächst decarboxyliert. Dabei entsteht Acetaldehyd, welcher in einem weiteren Schritt mithilfe des Coenzym-gebundenen Wasserstoffs aus der Glykolyse zu Ethanol reduziert wird.

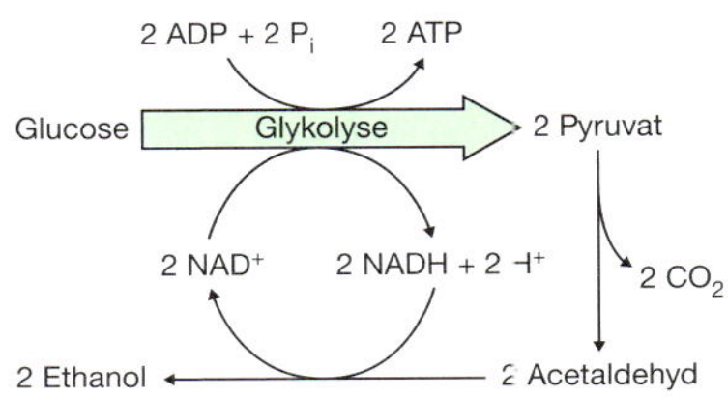

Abb. 61 Schematische Darstellung der alkoholischen Gärung

Auch bei dieser Art der Gärung werden pro Mol Glucose zwei Mol ATP erzeugt. Der Wirkungsgrad dieser biologischen Energieumwandlung liegt bei etwa 30 Prozent.

Den beiden Gärungstypen ist also gemeinsam, dass das Endprodukt der Glykolyse reduziert wird. Bei der Reduktionsreaktion wird das $NADH,H^+$ zu NAD^+ oxidiert. Bei der Atmung dagegen wird das $NADH,H^+$ unter hohem Energiegewinn mit Luftsauerstoff oxidiert (Atmungskette). Weil Zellatmung und Gärung mit der gleichen Reaktionsfolge, der Glykolyse, beginnen, bezeichnet man diese auch als gemeinsame Anfangsstrecke.

Durch Regulationsprozesse können sich fakultativ anaerobe Zellen an die äußeren Bedingungen anpassen: So nutzen die meisten Mikroorganismen mit der Fähigkeit zur alkoholischen Gärung diesen Stoffwechselweg nur vorübergehend zur Energiegewinnung, wenn der zur Zellatmung benötigte Sauerstoff limitiert ist oder ganz fehlt.

Stoffwechsel und Bewegung

Stoffwechselvorgänge im Muskel

Die Skelettmuskulatur ist in der Lage, je nach Energiebedarf, verschiedene Stoffwechselwege einzugehen.

Für die Verkürzung eines Muskels um einen Zentimeter sind etwa 500 000 Querbrückenzyklen notwendig. Jeder Zyklus verbraucht ein Molekül ATP. Auch die eingeströmten Calcium-Ionen müssen unter Energieverbrauch wieder aus dem Sarkoplasma herausgepumpt werden. Um den großen Energiebedarf bei länger anhaltender Bewegung zu garantieren, verfügt die Muskelzelle über verschiedene Energiespeicher.

- Kurzzeitspeicher ist das ATP. Sein Vorrat reicht für 3–4 Kontraktionen aus. Ohne ATP-Nachlieferung würde dies eine Arbeitsdauer von höchstens 1–2 Sekunden bedeuten.
- Eine weitere Energiequelle, ein Energiezwischenspeicher, ist das Kreatinphosphat. Dieses ist im Muskel reichlich vorhanden. Von diesem kann eine Phosphatgruppe auf ADP unter Bildung von ATP übertragen werden. Kreatinphosphat + ADP → Kreatin + ATP. Dieser Speicher reicht für ca. 15 Muskelkontraktionen aus.

Bei Dauerbelastung wird Energie aus Langzeitspeichern nachgeliefert:

Dabei wird bei der Milchsäuregärung Traubenzucker (Glucose) anaerob zu Milchsäure (Laktat) abgebaut. Wenn die Menge des Blutzuckers nicht ausreicht, so wird zusätzlich Glykogen, das im Muskel gespeichert ist, zu Glucose und dann zu Milchsäure abgebaut. Dabei kann viel Milchsäure anfallen. Dies führt zu Übersäuerung und Ermüdung des Muskels: Muskelkater. Erst später, in der

Erholungsphase, wird die Milchsäure in die Leber transportiert und dort oxidiert oder wieder in Glucose umgewandelt. Die ATP-Bildung über die Milchsäure-Gärung erfolgt zwar sehr schnell, sie ist aber unökonomisch: Aus jedem Glucose-Molekül werden nur zwei ATP-Moleküle gewonnen.

Bei Dauerbelastung wird daher die Glucose meist über den Zitronensäurezyklus und die Atmungskette zu CO_2 und H_2O oxidiert. Dabei gewinnt der Muskel 38 ATP-Moleküle aus dem Abbau eines Glucosemoleküls. Er verbraucht jedoch viel Sauerstoff, ist also auf gute Durchblutung angewiesen oder aber auf große Mengen von im Myoglobin gespeicherten Sauerstoff.

Die Arbeit des Skelettmuskels

An den Bewegungen im menschlichen Körper sind über 600 Muskeln beteiligt.

Muskeln bestehen aus Muskelfasern, lang gestreckten Zellen oder Zellaggregaten, die hoch spezialisiert für Muskelkontraktion ausgebildet sind. Die mit bloßem Auge erkennbaren Fleisch-Fasern sind Muskelfaserbündel. Jede Muskelfaser ist von einer Einheitsmembran, dem Sarkolemm begrenzt. Im Inneren der Muskelfaser befindet sich das mitochondrienreiche Sarkoplasma, das neben den Zellkernen, Lysosomen, Fetttröpfchen, Glykogenkörnchen einige hundert Myofibrillen als kontraktile Elemente, enthält. Myofibrillen sind Bündel dicht gepackter Myofilamente. Man unterscheidet bei den Myofilamenten die dünnen Aktinfilamenten von den dicken Myosinfilamenten.

Der Skelettmuskel ist quergestreift, d.h. unter dem Licht- bzw. Elektronenmikroskop sind dunkle und helle Querstreifen zu erkennen, die als A-Banden (A für anisotrop oder doppelbrechend) und I-Banden (I für isotrop oder einfach brechend) bezeichnet werden. Diese werden durch die Anordnung von den Myosin- und Aktinfilamenten verursacht: In den A-Banden überlappen sich Aktin- und Myosinfilamente, während in den I-Banden nur Aktinfilamente auftreten. Innerhalb jeder I-Bande liegt eine Z-Scheibe, in der die Aktinfilamente über Strukturproteinmoleküle verankert sind. Jede A-Bande enthält im Zentrum eine aktinfreie H-Zone, die nur Myosinfilamente enthält, sie verdicken sich in der Mitte zu einer M-Linie.

Der Bereich zwischen zwei Z-Scheiben bildet das Sarkomer, die funktionelle Einheit der Myofibrille. Auf ihnen beruht die Fähigkeit eines Muskels, sich zu verkürzen und damit eine Bewegung auszuführen.

Feinbau der Myofibrille

Ein Myosinfilament stellt ein Bündel aus 300 bis 400 dimeren Myosinmolekülen dar. Jedes Myosindimer besitzt zwei Köpfe, die über ein biegsames Halsstück mit dem fadenförmigen Schwanz, der aus zwei miteinander verdrillten Helices besteht, verbunden sind. Jeder Kopf hat eine ATP- bzw. ADP+P-Bindungsstelle und eine Aktinbindungsstelle. An den Hälsen befinden sich zwei Proteinleichtketten, die die Konformationsänderung des Kopf-Hals-Stückes ermöglichen.

Jedes Aktinfilament besteht aus globulären Aktinmonomeren, dem G-Aktin, die zu einer langen Doppelhelix polymerisiert sind, dem F-Aktin. Das ebenfalls fadenförmige Tropomyosin windet sich um das Aktinfilament, wobei ca. alle 40 nm ein Troponinmolekül angeheftet ist.

Während der Kontraktion legt sich der Tropomyosinfaden in die Rinne zwischen zwei Aktin-Ketten und gibt dabei deren Bindungsstelle für Myosin frei.

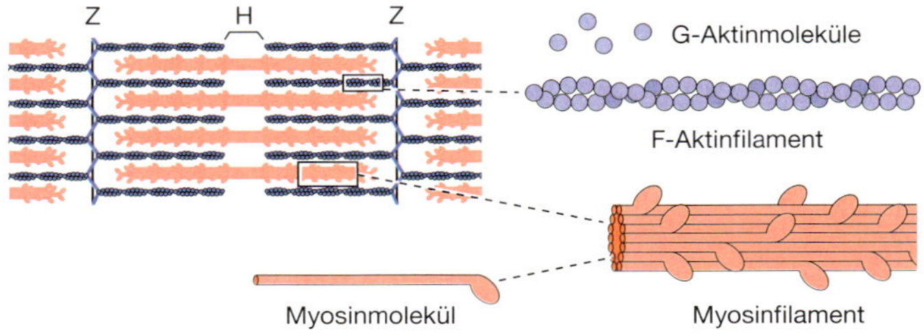

Abb. 62 Aufbau eines Sarkomers

Muskelkontraktion

Muskelfasern haben die Fähigkeit zur Kontraktion.

Längenänderungen einer Muskelfaser beruhen nicht auf Längenänderungen der Aktin- und Myosinfilamenten, sondern auf der gegenseitigen Verschiebung dieser Filamente. Bei der Kontraktion – der Verkürzung des Sarkomers – bewegen sich die beiden Aktinfilamente jedes Sarkomers tiefer in das Myosingitter (A-Bande) hinein. Dabei nähern sich die Z-Linien einander und der Überlappungsbereich von dicken und dünnen Filamenten nimmt zu. Die Länge der Filamente bleibt unverändert, doch die I-Bande und H-Zone werden verkürzt. Stoßen die Mysoinfilamente an die Z-Linie an, so ist der Muskel maximal verkürzt. Dieser mechanische Vorgang wird von elektrischen Muskelimpulsen ausgelöst: elektromechanische Kopplung. Dabei laufen folgende Schritte ab:

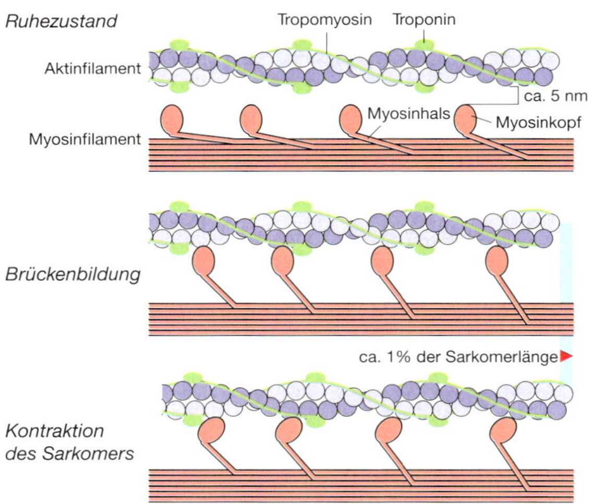

Abb. 63 Verlauf eines Querbrückenzyklus bei der Muskelkontraktion

In der Ruhestellung ist ATP am Myosinkopf gebunden. Dieser bildet mit dem Myosinhals einen Winkel von 90°. Aktin- und Myosinfilamente haben keinen

Kontakt zueinander. Wird der Muskel durch einen Nervenimpuls gereizt, so lagern sich die Myosinköpfchen an die Aktinfilamente an. Dabei wird ATP gespalten und ADP + P_i freigesetzt. Löst sich P_i vom Myosinkopf, kippen die Myosinköpfchen aus ihrer 90°-Stellung in eine 45°-Stellung, was dazu führt, dass die Aktin- und Myosinfilamente aneinander berühren und aneinander vorbeigleiten. Durch erneute Bindung von ATP an die Myosinköpfe wird die Bindung zwischen Myosin und Aktin wieder gelöst (Weichmacherwirkung des ATP) und die Myosinköpfchen richten sich wieder auf.

Fotosynthese

Bei der Fotosynthese wird Strahlungsenergie absorbiert und in Form der energiereichen chemischen Verbindung, der Glucose, gebunden. Chemisch gesehen ist die Fotosynthese eine Umkehrung der aeroben Atmung (→ S. 55 ff.) Die Summenformel der Fotosynthese lautet:

$$6\,CO_2 + 6\,H_2O \rightarrow C_6H_{12}O_6 + 6\,O_2$$

Die Bruttogleichung der Fotosynthese lautet:

$6\,CO_2 + 6\,H_2O \rightarrow C_6H_{12}O_6 + 6\,O_2$

Da bei der vollständigen Verbrennung von 1 Mol Glucose 2990 kJ frei werden, ist die gleiche, vom Sonnenlicht gelieferte Energiemenge beim fotosynthetischen Aufbau der Glucose nötig.

Erforschung der Fotosynthese

1771 entdeckte der Engländer Joseph Priestley, dass Pflanzen die Fähigkeit haben, Luft, die durch eine brennende Kerze „vergiftet" wurde, wieder in „gute Luft" zu verwandeln. Während eine Maus, die allein unter einer Glasglocke sitzt, bald stirbt, kann sie zusammen mit einer Pflanze lange Zeit am Leben bleiben. Jan Ingenhousz fand 1779, dass nur grüne Pflanzen bei Belichtung frische Luft herstellen können. Jean Senebier entdeckte 1782 die Koppelung der Sauerstoffabgabe mit der Aufnahme von Kohlendioxid. Nicolas de Saussure bemerkte, dass die Pflanzen durch Aufnahme von Kohlendioxid und Wasser ihre Substanz vermehren.

Robert Mayer stellte 1845 fest, dass bei der Fotosynthese Lichtenergie in chemische Energie umgewandelt und in Form von Stärke gespeichert wird.

1905 postulierte Blackmann, dass die Fotosynthese aus zwei Teilreaktionen besteht: einer lichtabhängigen und einer lichtunabhängigen.

Der erste Nachweis, dass die vom Chlorophyll absorbierte Energie für die Fotosynthese verwertet wird, stammt von Engelmann (1883). Engelmann belichtete unter dem Mikroskop eine fadenförmige Alge mit einem Lichtspektrum, das

„Als ich herausfand, dass eine Kerze in Luft sehr gut brennt, in welcher zuvor Pflanzen für längere Zeit gewachsen waren, kam mir die Idee, dass Pflanzen auch die durch das Abbrennen einer Kerze vergiftete Luft wieder erneuern könnten. Infolgedessen stellte ich am 17. August 1771 einen Minzezweig in einen Behälter mit Luft, in welchem zuvor eine Wachskerze erloschen war und fand am 27. desselben Monats, dass eine neue Kerze darin bestens brannte."
J. Priestley

> *Ich fand, dass Pflanzen diesen Dienst nicht verrichten, wenn sie im Schatten hoher Gebäude stehen oder im dunklen Schatten anderer Pflanzen wachsen, im Gegenteil, solche Pflanzen stoßen eine Luft aus, die schädlich ist für die Tiere.*
> *J. Ingenhousz*

er mit Hilfe eines Prismas erzeugte. Das Wasser versetzte er mit einer Bakterienart, die stets zu Orten hoher Sauerstoffkonzentration schwimmt. Er beobachtete, dass sich die Bakterien bevorzugt an den Stellen der Alge sammelten, die mit rotem bzw. mit blauviolettem Licht bestrahlt wurden. Der Vergleich dieses **Wirkungsspektrums** mit dem Absorptionsspektrum der Blattpigmente bestätigte die Vermutung, dass die Blattpigmente – vor allem das Chlorophyll – tatsächlich an der Fotosynthese beteiligt sind.

Robert Hill zeigte 1937, dass auch isolierte Chloroplasten im Reagenzglas Fotosynthese durchführen können. Sogar isolierte Thylakoid-Bruchstücke entwickeln bei Belichtung Sauerstoff, wenn Fe^{3+}-Ionen oder andere Reduktionsmittel anwesend sind. Die Entdeckung dieser „Hill-Reaktion“ markiert den Beginn der modernen (molekularen) Fotosyntheseforschung.

Ökologische Faktoren

> *Die Pflanze zerlegt unter denselben Bedingungen bei Gegenwart von Kohlensäure das Wasser, sein Wasserstoff wird von der Kohlensäure assimiliert, während sein Sauerstoff abgeschieden wird.*
> *J. von Liebig, 1840*

Die Intensität der Fotosynthese – die Fotosyntheserate – hängt von verschiedenen äußeren Faktoren ab:

Mit steigender **Temperatur** nimmt die Fotosyntheserate, ähnlich wie die Enzymleistung, zunächst zu, bis das Temperaturoptimum erreicht ist. Dann nimmt die Fotosyntheseleistung aufgrund von Hemmungen biochemischer Vorgänge wieder ab.

Durch Erhöhung der **CO_2-Konzentration** kann die Fotosyntheserate erhöht werden. Ab einer Konzentration von 0,15 Vol% ist eine Sättigung erreicht. Auch die Erhöhung der Lichtintensität oder Beleuchtungsstärke steigert die Fotosyntheseleistung bis zum Erreichen eines Sättigungswertes.

Ort der Fotosynthese

> *Die Pflanzen nehmen eine Kraft auf, das Licht, und verwandeln sie in eine Kraft, die chemische Differenz.*
> *R. Mayer, 1845*

Fotosynthese findet bevorzugt in den Blättern der Pflanzen statt. Doch auch andere grüne Pflanzenteile wie die Stängel sind dazu fähig.

Nicht alle Zellen der Blätter enthalten Chloroplasten (→ S. 13). Die untere und die obere Blattschicht (Epidermis) sind frei davon. Das Palisadengewebe (Palisadenparenchym) ist besonders reich an Chloroplasten, etwas weniger enthält das Schwammgewebe. Zwischen den Zellen des Palisaden- und Schwammgewebes liegen zusammenhängende Interzellularräume (Atemhöhle), durch die Kohlenstoffdioxid, Sauerstoff und Wasserdampf zu den bzw. von den Zellen diffundieren können.

Die Spaltöffnungen der unteren Epidermis regulieren den Aus- und Eintritt der Gase: Sie können sich öffnen und schließen. Die Epidermis ist von einer Wachsschicht (Cuticula) überzogen, so dass nur wenig Gase unkontrolliert in das Blatt einströmen oder aus dem Blatt austreten können.

Das Wasser, das von den Wurzeln aufgenommen wird, strömt durch Gefäße und tritt durch die Blattadern in die Palisadenzellen ein.

Innerhalb der Blätter sind die Chloroplasten (Abb. 7) die Organellen der Fotosynthese. Nur die Chloroplasten besitzen das grüne Chlorophyll, das für die Fotosynthese erforderlich ist. Auch isolierte Chloroplasten führen die Fotosynthese durch.

Chloroplasten sind grüne Zellorganellen mit Durchmessern von 1-10 µm. Sie sind von einer doppelten Hüllmembran umgeben. Ein ausgedehntes System von Doppelmembranen – die Thylakoide – durchzieht das Innere. In den Grana sind die Thylakoide wie Geldrollen gestapelt. Der Rest des Chloroplasten-Innenraums ist das Stroma.

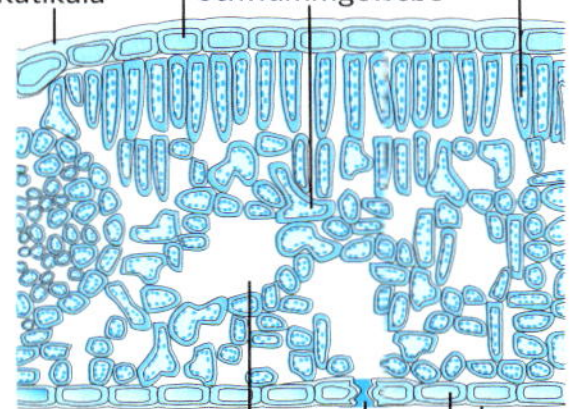

Abb. 64
Querschnitt durch ein Laubblatt

Fotosynthesepigmente

Die Chloroplasten erscheinen unserem Auge grün. Diese Farbe verdanken sie einer Reihe von Pigmenten oder Farbstoffen: den fotosynthetischen Blattpigmenten. Pigmente sind Stoffe, die Licht absorbieren. Nicht absorbierte Lichtstrahlen werden durchgelassen oder reflektiert: Diese Strahlen kann der Betrachter wahrnehmen. **Chlorophyll**, der Farbstoff der Chloroplasten, absorbiert rotes und blaues Licht – nicht dagegen grünes. Andere im Blatt enthaltene Farbstoffe, die **Carotinoide**, absorbieren bevorzugt im blauen Bereich des Spektrums: Sie erscheinen uns gelb-orange.

Um festzustellen, welche Strahlen von den einzelnen Farbstoffen bevorzugt absorbiert werden, kann man Absorptionsspektren aufnehmen: Man bringt eine schmale Glasküvette mit der Lösung des zu untersuchenden Farbstoffs in den Strahlengang einer Lichtquelle. Das Licht fällt durch ein Prisma, welches weißes Licht in seine Spektralfarben zerlegt. So kann man feststellen, welche Wellenlängenbereiche vom Pigment absorbiert werden: Im Spektrum fehlen die entsprechenden Farben.

Wenn ein Chlorophyll-Molekül Licht (Photonen, Lichtquanten) absorbiert, so werden Elektronen in einen höheren Energiezustand überführt. Die Energie eines Photons wird an ein Elektron des Chlorophylls weitergegeben. Das Chlorophyll ist „angeregt“. Wenn das Elektron wieder in seinen Ausgangszustand zurückgeht, gibt es die aufgenommene Energie wieder ab. In intakten Chloroplasten wird die Energie des angeregten Chlorophylls an andere Moleküle der Membran weitergegeben.

Die Funktion des Lichtes bei der Fotosynthese ist die Anregung eines Chlorophyllmoleküls.

Lichtreaktion der Fotosynthese

Die Fotolyse des Wassers kann mit der Formel

$2\,H_2O \rightarrow 2\,H^+ + 2\,e^- + \frac{1}{2}\,O^2 + H_2O$

beschrieben werden.

Den Vorgang der Fotosynthese kann man in zwei unterschiedliche, eng miteinander gekoppelte Reaktionen unterteilen: Während der **lichtabhängigen Reaktion**, der **Lichtreaktion**, wird Wasser mit Hilfe von Licht gespalten (Fotolyse) und Sauerstoff freigesetzt. Weiterhin werden mit Hilfe der Lichtabsorption die Coenzyme NADH, als Überträger von Wasserstoff, und ATP, als Energielieferant, gebildet. Dieser Teil der Fotosynthese verläuft in den Grana der Chloroplasten. Die Absorption von Licht erfolgt hauptsächlich durch die Chlorophylle a und b, die das sichtbare Licht absorbieren können. Hauptsächlich wird rotes und blaues Licht aufgenommen. Zusammen mit den verschiedenen Carotinoiden bilden die Chlorophylle die Fotosysteme I und II (PI bzw. PII), in deren Reaktionszentrum stets ein Chlorophyllmolekül lokalisiert ist. Bei der Lichtreaktion werden in zwei miteinander gekoppelten Reaktionen Energieäquivalente (NADH und ATP) bereitgestellt, indem das im Pigmentsystem I (Absorptionsmaximum 700 nm) und II (Absorptionsmaximum 680 nm) lokalisierte Chlorophyll aktiviert (angeregt) wird.

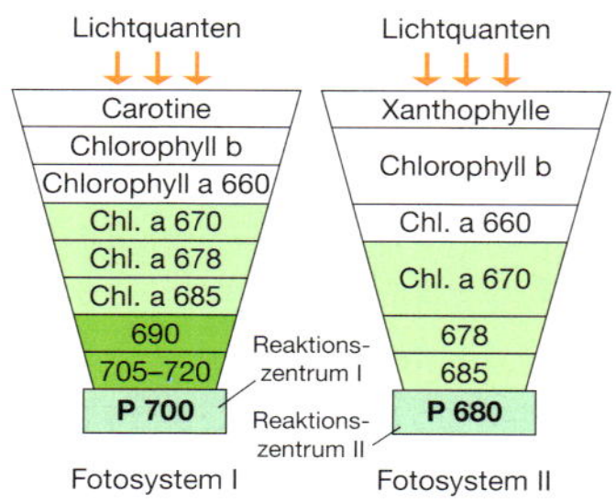

Abb. 65 Fotosystem I und II

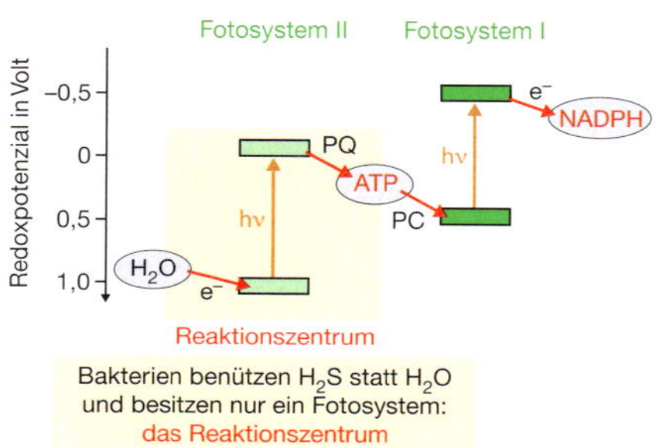

Abb. 66 Die Lichtreaktion der Fotosynthese

Die Bedeutung der Aktivierung liegt darin, dass die Elektronen des Chlorophyll-a-Moleküls auf ein höheres Energieniveau gehoben werden können und dabei ein unterschiedlich hohes Redoxpotential erhalten. Die angeregten Elektronen werden von PI in einer Elektronentransportkette auf $NADP^+$ übertragen. $NADP^+$ wird unter Aufnahme von H^+ reduziert. Dies entsteht durch die Fotolyse des Wassers. In einer weiteren Lichtreaktion werden die angeregten Elektronen von PII über eine weitere Elektronentransportkette auf Chlorophyll-a des PI übertragen. Die freiwerdende Energie wird in Form von ATP gespeichert. Das Chlorophyll a des PII ersetzt seine abgegebenen Elektronen aus der Fotolyse des Wassers.

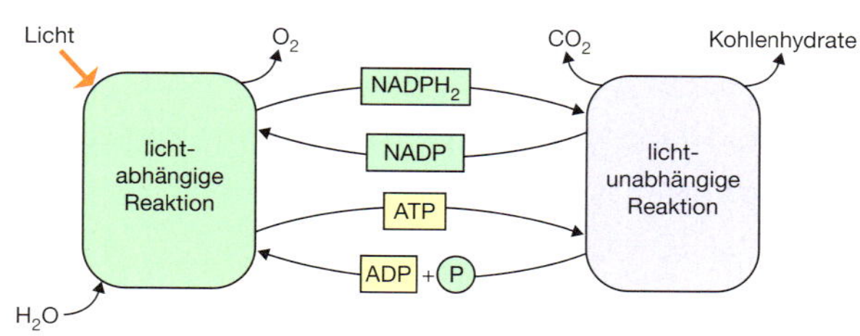

Abb. 67 Die Lichtreaktion der Fotosynthese liefert der lichtunabhängigen Reaktion Protonen und Elektronen in Form von NADH und Energie in Form von ATP.

Der Ablauf der Fotosynthese

Um den Zusammenhang zwischen Lichtabsorption und Fotosyntheserate zu ermitteln, experimentierten Emerson und Arnold (1932) mit Kulturen der einzelligen Grünalge *Chlorella*. Die Algen wurden mit sehr hellen Lichtblitzen, die jeweils 10 µs dauerten, bestrahlt. Zwischen den Lichtblitzen waren Dunkelperioden unterschiedlicher Dauer – zwischen einer und 40 ms eingeschoben (Abb. A). Einige der Kulturen wurden während der ganzen Versuchszeit bei 25 °C gehalten, andere bei 5 °C. Die Fotosyntheseraten beider Kulturen wurden in Versuchsserien mit unterschiedlich langen Dunkelperioden gemessen und aufgezeichnet (Abb. B). Als Maß für die Fotosyntheserate diente die Menge an Kohlenstoffdioxid, die die Algen einbauten.

Abb. A Schema der Belichtung: auf kurze Lichtblitze (1 ms) folgen unterschiedlich lange Dunkelperioden.

Auffallend ist, dass bei den Versuchen, bei denen die Dunkelperioden 40 Millisekunden (ms) dauerten, die Kulturen unterschiedlicher Umgebungstemperaturen gleichviel Kohlenstoffdioxid einbauten. Waren die Dunkelperioden kürzer, so hatten die bei höherer Temperatur (25°C) gehaltenen Algen mehr Kohlenstoffdioxid eingebaut als die bei 5°C kultivierten. Am stärksten fällt der Unterschied bei einer Dunkelperiode von 20 ms aus: Hier hatten die bei 25°C gehaltenen Algen schon das Maximum der Fotosyntheserate erreicht, die kühler gehaltene Kulturen jedoch erst die Hälfte der maximal möglichen Fotosyntheserate.

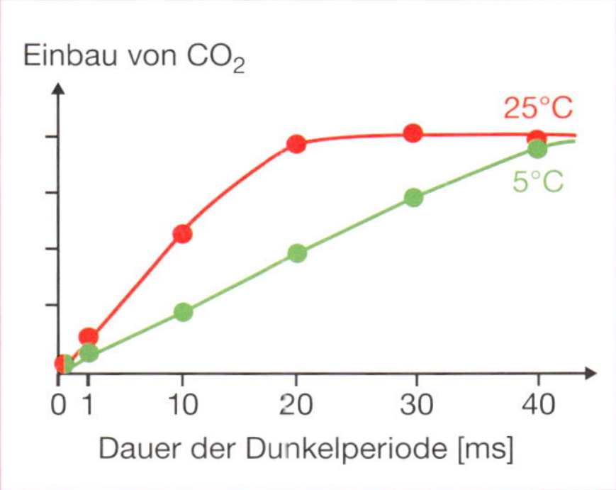

Abb. B Ergebnis der Belichtungsversuche

Offensichtlich verläuft die Fotosynthese bei höherer Temperatur wesentlich schneller, bei 5° brauchen die Algenkulturen etwa die doppelte Zeit um die gleiche Menge an Kohlenstoffdioxid aufzunehmen.

Unter den Bedingungen dieses Experiments (kurze, sehr helle Lichtblitze), dauert es einige Zeit – je nach Temperatur kürzer oder länger – um ein Fotosynthesemaximum zu erreichen. Das legt den Gedanken nahe, dass während der Belichtung Zwischenprodukte gebildet wurden, die in einer weiteren Reaktion, die viel langsamer verläuft und im Gegensatz zur Lichtabsorption temperaturabhängig ist, verwendet werden.

Auf der Interpretation dieses Versuchs (und ähnlicher Versuchsergebnisse) beruht die Einteilung der Fotosynthese in eine temperaturunabhängige **Lichtreaktion / fotochemische Reaktion** und eine temperaturabhängige **Dunkelreaktion / lichtunabhängige Reaktion / enzymatische Reaktion**.

Bei dieser Deutung geht man davon aus, dass in beiden Versuchsansätzen die Lichtreaktion dieselbe Menge an Zwischenprodukten erzielt wurde, dass aber die Weiterverarbeitung dieser Zwischenprodukte bei hohen Temperaturen schneller verläuft als bei niedrigen. (Über die relativ kurzen Dunkelperioden war es den Zellen möglich, die bei der fotochemischen Reaktion erzeugten Zwischenprodukte zu speichern.)

Auch Blackman und Matthaei fanden im Jahre 1905 Hinweise auf eine Trennung zwischen einer temperaturunabhängigen, aber lichtabhängigen (fotochemischen) Reaktion von einer lichtunabhängigen, aber temperaturabhängigen (enzymatischen) Reaktion. Heute wird diese Zweiteilung in allen Darstellungen der Fotosynthese aufgegriffen.

- In der **fotochemischen** Reaktion wird mit Hilfe von Licht Wasser zerlegt und Sauerstoff gebildet. Das von Emerson und Arnold bezeichnete Zwischenprodukt entspricht dem reduzierten Coenzym $NADH,H^+$ als Überträger von Wasserstoff und Adenosintriphosphat (ATP) als Energielieferant. Die Lichtreaktion verläuft in den Grana der Chloroplasten.
- In der anschließenden lichtunabhängigen Reaktionsfolge werden die energiereichen Produkte ($NADH,H^+$ und ATP) der Lichtreaktion zur Fixierung von Kohlenstoffdioxid verwendet. Dabei entsteht Glucose als Endprodukt. Die Kohlenstoffdioxid-Assimilation ist ein offener Kreislauf. Die Synthese der Glucose geschieht im Stroma der Chloroplasten. Alle Enzyme der Dunkelreaktion liegen dort gelöst vor.

Der Begriff „Dunkelreaktion" ist etwas irreführend: Er besagt lediglich, dass diese Reaktionsfolge kein Licht benötigt, und auch im Dunkeln ablaufen kann. Keineswegs ist Dunkelheit für ihr erfolgreiches Funktionieren notwendig. Bei Dauerlicht laufen beide Reaktionen gleichzeitig ab. Daher spricht man lieber von einer „lichtunabhängigen Reaktion".

Die lichtunabhängige Reaktion der Fotosynthese

Die Sekundärreaktion der Fotosynthese ist unabhängig von der Belichtung; weil sie auch im Dunkeln ablaufen kann, wird sie manchmal als „Dunkelreaktion" bezeichnet. In der **lichtunabhängigen Reaktion** werden die energiereichen Produkte der Lichtreaktion zur Reduktion von Kohlenstoffdioxid und damit zum Aufbau von Glucose umgesetzt. Dabei verläuft die Synthese der Glucose als offener Kreisprozess im Stroma der Chloroplasten ab. Der Zyklus wurde von den US-amerikanischen Biochemikern Melvin Calvin und A. A. Benson entschlüsselt und nach Melvin Calvin als **Calvin-Zyklus** benannt. Er dient den Pflanzen zur Assimilation von Kohlenstoff aus Kohlenstoffdioxid.

Den Calvin-Zyklus kann man in drei Sektoren einteilen:

1. Fixierung des Kohlenstoffs,
2. Reduktion des Kohlenstoffs,
3. Regeneration des CO_2-Akzeptors.

Die drei Schritte des Calvin-Zyklus sind:

- Fixierung des Kohlenstoffdioxids,
- Reduktion des Kohlenstoffs und
- Regeneration des Kohlenstoffdioxid-Akzeptors

Fixierung des Kohlenstoffs

Im ersten Schritt des Calvin-Zyklus überträgt das Enzym **Rubisco** – eine Carboxylase – das Kohlenstoffdioxid (CO_2) auf Ribulose-1,5-biphosphat. Das Enzym fixiert an jedes Molekül Ribulosebiphosphat ein CO_2-Molekül; die CO_2-Gruppe wird am C_2-Atom der Ribulose addiert. Das Reaktionsprodukt – ein C_6-Körper – ist instabil. Es zerfällt in zwei C_3-Moleküle, die 3-Phosphoglycerinsäure (PGS).

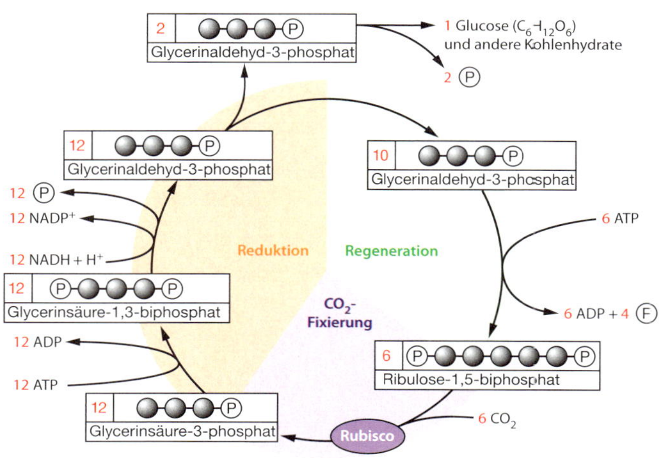

Abb. 68 Der Calvin-Zyklus

Der primäre Akzeptor für das Kohlenstoffdioxid ist also die Pentose (ein Zucker mit fünf C-Atomen) Ribulose-1,5-biphosphat (RuBP, wird in älteren Werken als Ribulose-1,5-diphosphat bezeichnet). Rubisco, genauer: Ribulose-1,5-biphosphat-Carboxylase ist das häufigste Protein der Welt!

Reduktion

Der Zucker Ribulose-1,5-biphosphat wird zum Phosphoglycerinaldehyd – einer Triose – reduziert. Die Energie für diese Reaktion wird vom ATP (Adenosintriphosphat) geliefert. Dabei wird aus ATP durch Abspaltung eines Phosphatrestes wieder ADP (Adenosindiphosphat). Reduktionsmittel ist das NADPH, das dabei zu $NADP^+$ oxidiert wird. NADPH und ATP werden durch die Lichtreaktion gebildet und für den Calvin-Zyklus zur Verfügung gestellt. Bei all diesen Umsetzungen liegen die organischen Moleküle in aktivierter Form als Phosphorsäureester vor.

Regeneration des CO_2-Akzeptors

Aus fünf Molekülen Phosphoglycerinaldehyd werden in einem Netzwerk gekoppelter Reaktionen drei Moleküle Ribulose-1,5-biphosphat regeneriert. Ein Teil des Phosphoglycerinaldehyds wird zum Aufbau von Glucose – dem Endprodukt der Fotosynthese – verwendet: Aus zwei Molekülen Phosphoglycerinaldehyd wird ein Glucose-Molekül aufgebaut. Ein Sechstel der Phosphoglycerinsäure-Moleküle wird zur Herstellung von Glucose aus dem Kreislauf abgezweigt.

Die Summengleichung der lichtunabhängigen Reaktion lautet wie folgt:

$$6\,CO_2 + 12\,NADPH + 12\,H^+ + 18\,ATP$$
$$\rightarrow C_6H_{12}O_6 + 6\,H_2O + 12\,NADP^+ + 18\,ADP + 18\,P_i$$

Kohlenstoffdioxid (CO_2) ist natürlicher Bestandteil der Luft. Seine Konzentration betrug im Jahr 2008: 385 ppm oder 0,00385 %. Sein Anteil steigt zur Zeit um ca. 2 ppm pro Jahr.

Die neu gebildete Glucose wird in den grünen Pflanzen in die unlösliche Stärke umgewandelt. Diese entsteht durch Kondensation vieler Glucosemoleküle. Stärke lagert sich in Form von Stärkekörnern (Granula) zunächst im Stroma der Chloroplasten ab. Aus diesem Zwischenspeicher werden bei Bedarf Kohlenhydrate in Form von Hexose-Phosphaten freigesetzt, die dann im Cytoplasma zum Disaccharid Saccharose (Rohrzucker) umgesetzt werden. Saccharose ist die wichtigste Transportform von Kohlenhydraten, die durch die Siebröhren der Leitbündel in die Speicherorgane Wurzeln, Knollen oder Mark gelangt. Dort bilden sich wieder Stärkekörner.

Besonderheiten der CO_2-Verwertung

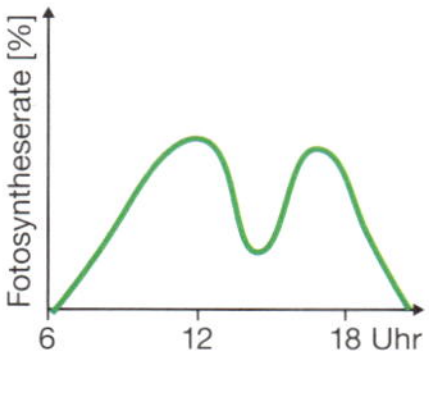

Abb. 69
Tagesgang der Fotosyntheseleistung einer C_3-Pflanze

Luft enthält nur etwa 0,004 % Kohlenstoffdioxid. Hauptproblem der Pflanzen ist es, genügen Kohlenstoffdioxid aus der Luft herauszufiltern. Machen sie die Spaltöffungen auf, so kann frische, kohlenstoffdioxidhaltige Luft in das Blatt diffundieren. Allerdings verliert die Pflanze bei offenen Spaltöffnungen viel Wasser. Vor allem Pflanzen trockener, sonniger Standorte haben ihre Spaltöffnungen tagsüber meist geschlossen, um die Transpirationsverluste so gering wie möglich zu halten. Damit ist die CO_2-Versorgung begrenzt.

Einige Pflanzen wie Zuckerrohr, Mais und Hirse haben einen Ausweg aus diesem Dilemma gefunden: Sie beschreiten den C_4-Dicarbonsäureweg. Beim **C_4-Dicarbonsäureweg** dient als primärer CO_2-Akzeptor die Phosphoenolbrenztraubensäure, die eine weitaus höhere Affinität zu CO_2 hat als Ribulose-1,5-biphosphat. Durch Bindung von CO_2 geht Phosphoenolbrenztraubensäure in Oxalessigsäure, einen C_4-Körper, über. Das Endprodukt dieses C_4-Weges geht dann in den Calvinzyklus ein.

Pflanzen, bei denen ein Molekül mit vier Kohlenstoffatomen (die Oxalessigsäure) das erste stabile Anlagerungsprodukt der CO_2-Fixierung ist, nennt man C_4-Pflanzen. Der C_4-Weg bringt den Pflanzen den Vorteil, dass der CO_2-Einbau infolge der erhöhten CO_2-Konzentration im Gewebe noch bei ungleich geringerer CO_2-Versorgung erfolgen kann.

In den Blättern vieler C_4-Pflanzen findet man zwei verschiedene fotosynthetisch aktive Zelltypen: Die Mesophyllzellen, in denen der CO_2-Einbau in den C_4-Körper erfolgt, und die Bündelscheidenzellen, in denen der Calvin-Zyklus abläuft.

Eine Variante des C_4-Dicarbonsäureweges findet sich bei Sukkulenten, die man auch als **CAM** *(Crassulacean Acid Metabolism)* **-Pflanzen** bezeichnet. Sie speichern des Nachts bei geöffneten Spaltöffnungen CO_2 in Form von Malat (C_4-Carbonsäureweg), um es tagsüber wieder freizusetzen und in Zucker umzubauen. So sind diese Pflanzen in der Lage, am Tage trotz weitgehend geschlossener Spaltöffnungen Fotosynthese zu betreiben. Im Gegensatz zum vorgenannten Typus sind hier CO_2-Fixierung in Form von Malat und Kohlenhydratsynthese also nicht räumlich, sondern zeitlich getrennt.

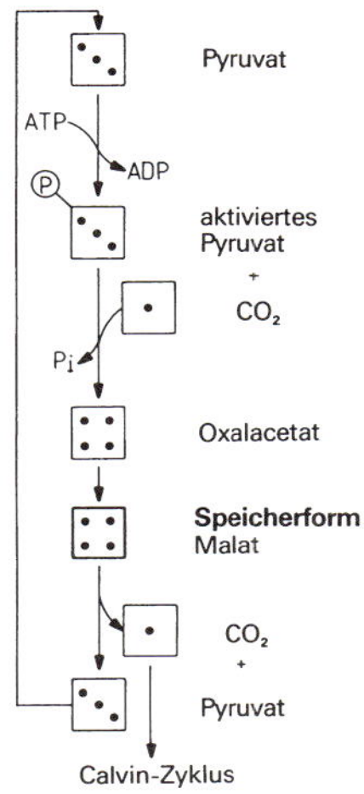

Abb. 70
C_4-Pflanzen speichern das Kohlenstoffdioxid im C_4-Molekül Malat (Äpfelsäure)

Bedeutung der Fotosynthese

Der gesamte Sauerstoff unserer Atmosphäre wurde von fotosynthetisch aktiven Organismen hergestellt. Die Uratmosphäre der Erde war sauerstofffrei. Erst die Evolution von Cyanobakterien (→ Steuerung und Evolution, S. 124) ermöglichte die Produktion freien Sauerstoffs. Der durch Atmung und Verbrennung verbrauchte Sauerstoff wird laufend von den Pflanzen regeneriert. Noch sind die Pflanzen des Ozeans und der Wälder in der Lage, die Sauerstoffkonzentration der Atmosphäre annähernd konstant zu halten. Eine Zerstörung dieser Lebensräume bedeutet auch die Abnahme des Luftsauerstoffs.

Die Fotosynthese ist der bedeutendste chemische Prozess der Erde. Allen Ökosystemen stellt sie Nahrung und Sauerstoff zur Verfügung. Mit der sauerstoffhaltigen Atmosphäre schuf sie die Voraussetzung für die Existenz atmender Lebewesen.

Weltweit bewältigt die Fotosynthese gigantische Stoff- und Energieumsätze. Die fotosynthetisch aktiven Organismen bauen jährlich ca. 100 Milliarden Tonnen Kohlenstoff in organische Materie ein. Eine grüne Pflanze kann täglich etwa 5–10 g Kohlenstoff pro m^2 Blattfläche assimilieren. Um ein Gramm Kohlenstoff in organische Substanz einzubauen, müssen rund 6 m^3 Luft das Blatt passieren. Pflanzen sind also biologische Luftfilter. Zur Bildung von einem

Kilogramm Biomasse benötigt eine Pflanze 300 bis 800 Liter Wasser. Die Atmosphäre der Erde enthält etwa $6 \cdot 10^{14}$ kg Kohlenstoff in Form von Kohlenstoffdioxid. Der jährliche Verbrauch der Pflanzen beträgt ca. $2 \cdot 10^{13}$ kg. Durch Atmung und Verbrennungsprozesse sowie durch Vulkane wird der CO_2-Vorrat der Atmosphäre wieder aufgefüllt.

Der Energieaufwand für die Synthese eines Mols Glucose aus Wasser und Kohlendioxid beträgt 2874 kJ ($=\Delta G^{0'}$). Für die Lichtreaktion werden jedoch 48 Mol Photonen pro Mol Glucose benötigt, das entspricht einer Energie von 8450 kJ. Der thermodynamische Wirkungsgrad der Fotosynthese beträgt also rund 34 %. Da jedoch nicht die ganze eingestrahlte Lichtenergie für die Stoffproduktion verwertet wird, ist der tatsächliche fotosynthetische Wirkungsgrad viel geringer, er liegt bei 1 % bis 2 % bei einem Kornfeld. Ein Zuckerrohrfeld – Zuckerrohr ist eine C_4-Pflanze – kann dagegen bis zu 8 % der eingestrahlten Energie nutzen.

Alle Querverweise im Überblick:

Antikörper: S. 52 ➢ S. 176
Atmung: S. 65 ➢ S. 55 ff.
Autotrophie, Heterotrophie: S. 55 ➢ Steuerung und Evolution S. 175
Chloroplasten: S. 66 ➢ S. 13
Cyanobakterien: S. 74 ➢ Steuerung und Evolution S. 124
Enzyme: S. 52 ➢ S. 34 ff.
Hämoglobin: S. 52 ➢ S. 83
Kontraktile Proteine: S. 52 ➢ S. 64 f.
Mitochondrien: S. 59 ➢ S. 10
NAD^+/NADH: S. 58 ➢ S. 44
Nichtkompetitive Hemmung: S. 57 ➢ S. 43
Nukleinsäuren: S. 50 ➢ S. 100 ff.
Zellmembranen: S. 54 ➢ S. 26 ff.

Zusammenfassung:

Stoffwechselprozesse

Jeder Organismus ist auf Energiezufuhr angewiesen. Zellen gewinnen Energie, indem sie Nährstoffmoleküle enzymatisch abbauen und die dabei frei werdende Energie in Form von ATP speichern. ATP ist in der Zelle das Kopplungsglied zwischen Prozessen, die Energie erfordern, und Vorgängen, die Energie liefern. Je nachdem, ob beim Abbau von Nährstoffmolekülen Sauerstoff zur Verfügung steht oder nicht, unterscheidet man zwischen der aeroben Zellatmung und der anaeroben Gärung. Die grünen Pflanzen sind in der Lage, ihren Energiebedarf ohne die Zufuhr energiehaltiger organischer Verbindungen durch die Fotosynthese zu decken.

Die Hauptaufgabe der Dissimilation besteht in der Bereitstellung von Energie in Form von ATP. Dabei werden Nährstoffe schrittweise abgebaut, die in ihnen gespeicherte Energie wird auf ATP übertragen. Je nach der Verfügbarkeit von Sauerstoff unterscheidet man die zelluläre Atmung und die Gärung.

Bei der Zellatmung wird Glucose in mehreren Einzelschritten zu Wasser und Kohlenstoffdioxid oxidiert. Dabei werden insgesamt 38 Mol ATP pro Mol Glucose gewonnen. Man kann diese Einzelschritte grob in vier Teile zusammenfassen: Glykolyse, oxidative Decarboxylierung, Zitronensäurezyklus und Atmungskette. Jeder der Einzelschritte wird von spezifischen Enzymen katalysiert, jede Teilreaktion ist mit der nächsten verknüpft.

In Abwesenheit von Sauerstoff sind einige Zellen in der Lage durch Gärung ATP zu gewinnen. Dabei wird je nach Endprodukt zwischen der alkoholischen Gärung und der Laktat-Gärung unterschieden. Auch unsere Muskelzellen gewinnen Energie durch Gärungsprozesse, wenn die Muskulatur nicht ausreichend mit Sauerstoff versorgt ist.

Viele Lebewesen – grüne Pflanzen, Algen und Cyanobakterien – können mit Hilfe der Lichtenergie energiereiche Substanzen selbst aufbauen, dieser Stoffwechselvorgang wird als Fotosynthese bezeichnet. Die Fotosynthese lässt sich in zwei miteinander verbundene Teilprozesse gliedern: eine lichtabhängige Reaktion (Primär- oder Lichtreaktion) und eine lichtunabhängige Reaktion (Sekundär- oder „Dunkel"reaktion). Die Fotosyntheseleistung ist von verschiedenen ökologischen Faktoren wie Temperatur, Lichtintensität und Kohlenstoffdioxidkonzentration in der umgebenden Luft abhängig.

Die Fotosynthese versorgt fast alle Lebewesen der Erde mit Nahrung und Sauerstoff. Die beiden Prozesse Atmung und Fotosynthese sind miteinander verknüpft durch den Kreislauf der Atemgase und den Kreislauf des Kohlenstoffs in der Biosphäre. Der bei der Fotosynthese hergestellte Sauerstoff wird durch die Atmung verbraucht, das bei der Atmung anfallende Kohlenstoffdioxid ist Ausgangsstoff der Fotosynthese. Wenn beide Prozesse ausgewogen sind, bleibt die Zusammensetzung der Atmosphäre über lange Zeiträume konstant.

Die **klassische Genetik** untersucht die Weitergabe von Erbanlagen und, wie diese die Ausprägung bestimmter Merkmale beeinflussen.

Mendels Versuchsanordnungen sind geeignet, Erbregeln aufzustellen. ➛ **S. 78 ff.**

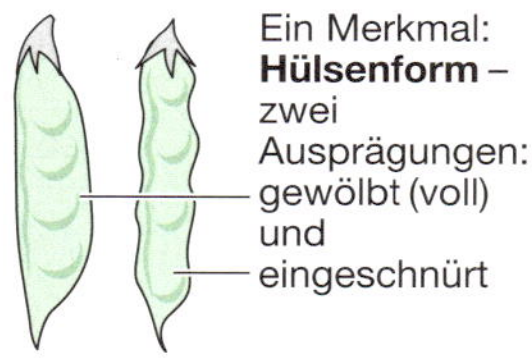

Walter Flemming beobachtet die Bildung von Chromosomen in sich teilenden Zellen. ➛ **S. 14**

August Weismann erkennt die Bedeutung der Meiose für die Weitergabe der Chromosomen und für die Reduktion der Chromosomenzahl. ➛ **S. 86 f.**

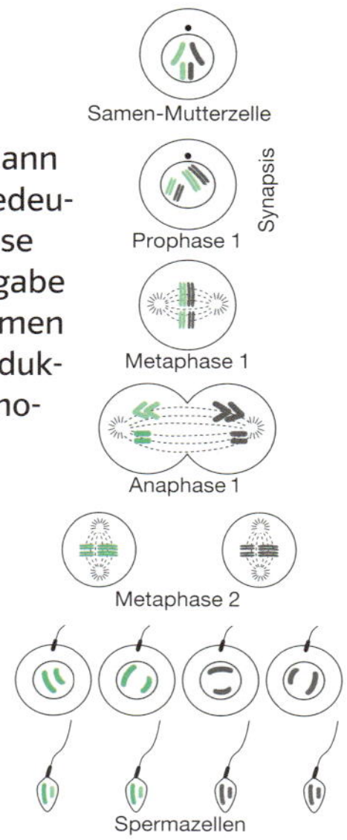

Carl Correns, Hugo de Vries und Eric von Tschermak entdecken Mendels Regeln wieder, verifizieren und formulieren sie. ➛ **S. 83**

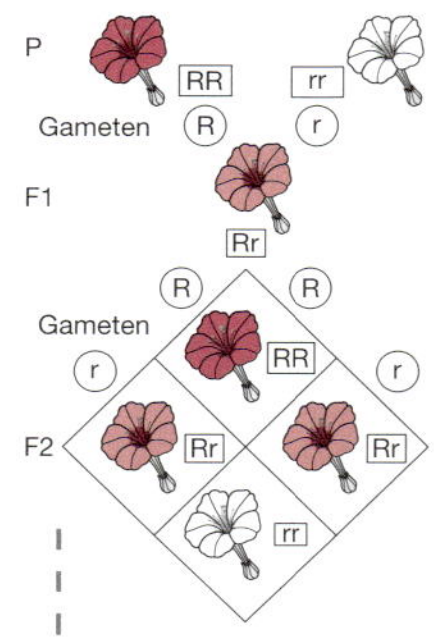

1866	1871	1890	1900	1901
Mendels Kreuzungsexperimente	Chromosomen	Meiose	Mendel'sche Regeln	Mutation

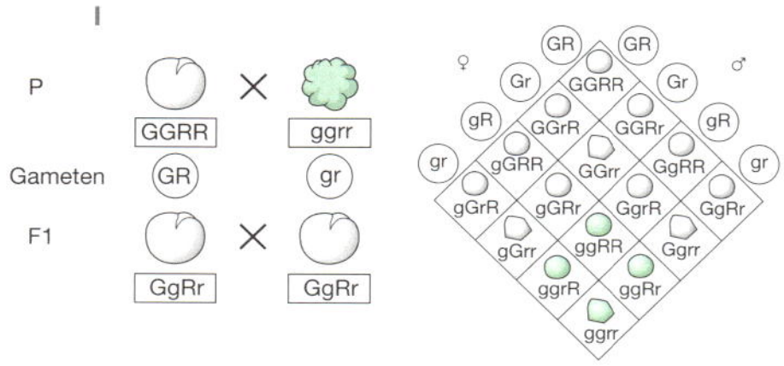

Johann Gregor Mendel entdeckt Regeln dafür, wie sich erbliche Merkmale über Generationen hinweg ausprägen.
Er erklärt seine Versuchsergebnisse durch die Annahme, dass nicht Merkmale vererbt werden, sondern Erbfaktoren. ➛ **S. 79 ff.**

Correns findet den intermediären Erbgang. ➛ **S. 83**, entdeckt die extrachromosomale Vererbung ➛ **S. 84** und erkennt die Genkoppelung. ➛ **S. 89**

Hugo de Vries bemerkt, dass durch sprunghafte Veränderung eines Gens ein neues Merkmal entsteht. ➛ **S. 93 u. 117**

KLASSISCHE GENETIK UND CYTOGENETIK

Walter Sutton und Theodor Boveri stellen die Hypothese auf, dass Chromosomen die Träger der Erbanlagen sind. → **S. 88**

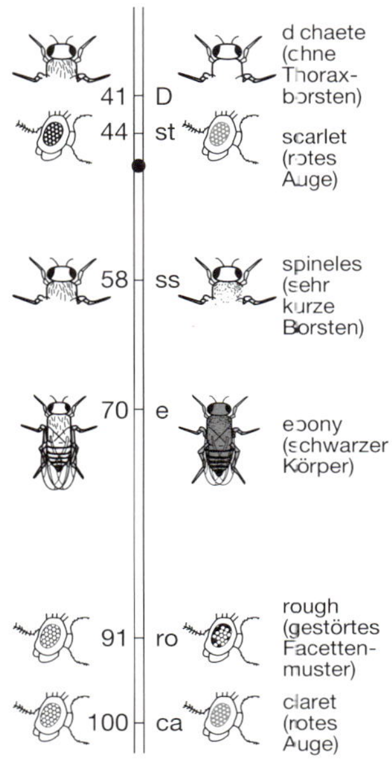

Morgan und Sturtevant klären die Grundstruktur der Chromosomen auf. Sie finden, dass die Gene nebeneinander auf den Chromosomen liegen und ermitteln Abfolge und Abstände. → **S. 92 f.**

1902	1905	1910	1913
Chromosomentheorie der Vererbung	**Geschlechtsdeterminierung**	**X-chromosomaler Erbgang**	**Chromosomenkarten**

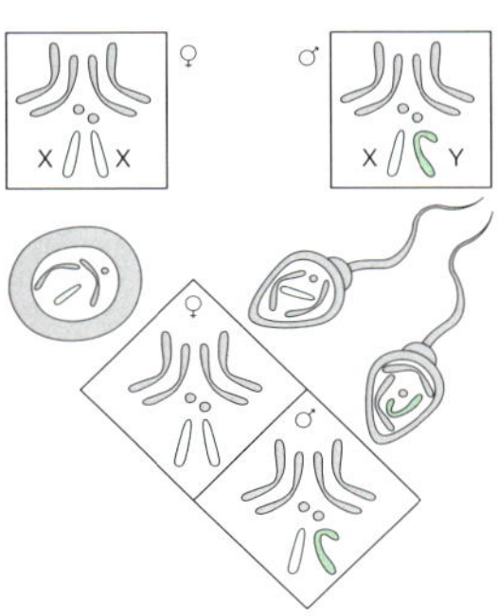

Nettie Stevens und Edmund Wilson beschreiben die Geschlechtsdeterminierung durch das XY-System. → **S. 95**

Thomas Hunt Morgan entdeckt bei Kreuzungsexperimenten an *Drosophila melanogaster* den X-chromosomalen Erbgang. → **S. 95**

Klassische Genetik und Cytogenetik

In diesem Kapitel erfahren Sie:

- Johann Gregor Mendel entdeckte die Regeln dafür, wie erbliche Merkmale über Generationen weitergegeben werden und wie sie sich ausprägen.
- Die Mendel'schen Regeln ermöglichen Vorhersagen über das Aussehen (den Phänotyp) der Nachkommen.
- Die Mendel'schen Regeln haben statistischen Charakter.
- Mendel erklärte seine Versuchsergebnisse mit der Erbfaktorenhypothese.
- Gene können in verschiedenen Allelen vorliegen.
- Manche Gene beeinflussen mehrere Merkmale, viele Merkmale werden von mehreren Genen bestimmt.
- Die Wirkung der Gene wird durch Umweltfaktoren beeinflusst.
- Morgan entdeckte Erbgänge, bei denen die Mendel'schen Regeln nicht zutreffen.
- Viele Gene werden gekoppelt vererbt, die Koppelung kann durchbrochen werden.
- Die Chromosomentheorie der Vererbung verbindet Genetik und Zytologie.
- Die Mendel'schen Regeln können auch aus der Bildung der Geschlechtszellen und der Befruchtung hergeleitet werden.

Die Beobachtung, dass Kinder ihren Eltern gleichen und dass sich Geschwister meist ähnlicher sind als nicht verwandte Menschen, ist uralt. Die Genetik ist die Wissenschaft, die diese Beobachtungen auf bestimmte Vorgänge im Organismus zurückführt und ihre Regeln zu ergründen versucht. Die klassische Genetik befasst sich mit der Weitergabe des Erbguts von einer Generation zur nächsten und sucht Gesetzmäßigkeiten, nach denen Merkmale weitergegeben werden.

Die Mendel'schen Regeln

Mendel und seine Versuchspflanzen

1865: Johann Mendel veröffentlicht die Ergebnisse seiner Versuche über Pflanzen-Hybriden und begründet die klassische Genetik.

Der Augustinermönch Johann Gregor Mendel ging die Fragen nach der Vererbung auf originelle Weise an. Er führte über zehntausend sorgfältig geplante Kreuzungsversuche durch und wertete sie quantitativ aus. Mendels Experimente waren bahnbrechend, weil er in der Anlage und der Auswertung seiner Versuche neue Wege ging: Er wählte aus einer Fülle von Formen und Farben einzelne Merkmale mit alternativen Ausprägungen aus. Er wertete eine große Zahl von Nachkommen aus, weil beim Erfassen weniger Exemplare der Zufall eine zu große Rolle spielt. Er ordnete die beobachteten Werte bestimmten Zahlenverhältnissen zu und leitete daraus Vererbungsregeln ab.

Mit der Gartenerbse fand Mendel eine vortreffliche Versuchspflanze: Erbsen haben eine kurze Generationsdauer und viele Nachkommen. Erbsensorten zeigen leicht unterscheidbare **Merkmale**, bei denen er jeweils zwei verschiedene **Ausprägungen** unterschied, die bei den Nachkommen zuverlässig wieder auftreten (Tabelle 2, S. 81). Kulturformen der Erbse bestäuben sich in der Regel selbst schon in der geschlossenen Blüte; weisen daher einen hohen Grad an Inzucht auf. Die Kreuzbestäubung muss von Hand durchgeführt werden.

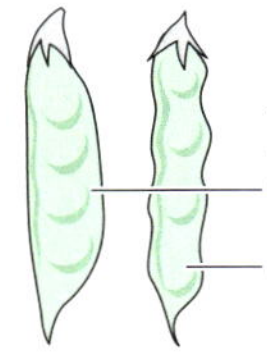

Abb. 71
Ein Merkmal: **Hülsenform** – zwei Ausprägungen: gewölbt (voll) und eingeschnürt

Seine Versuchsserien führten Mendel zu den zentralen Annahmen der Genetik: Es gibt Faktoren, die gleich bleibend und ungeteilt von Generation zu Generation weitergegeben werden (**Erbfaktorenhypothese**). Die Erbfaktoren bezeichnen wir heute als **Gene**. Gene können in verschiedenen Zustandsformen auftreten – diese werden heute **Allele** genannt. Durch die Existenz unterschiedlicher Allele werden Gene erkennbar.

Mendels Beobachtungen und Schlussfolgerungen gingen dem Verständnis seiner Zeitgenossen weit voraus und wurden kaum zur Kenntnis genommen. Ihre Bedeutung wurde um das Jahr 1900 erkannt, als drei Wissenschaftler die Vererbungsgesetze fast gleichzeitig neu entdeckten: Erich von Tschermak-Seysenegg in Wien, Hugo de Vries in Amsterdam und Carl Correns in Tübingen. Es war Correns, der den Begriff „Erbanlagen" einführte und die Mendel'schen Regeln formulierte und so benannte.

Uniformitätsregel

Mendel prüfte zunächst seine Versuchspflanzen auf Reinerbigkeit: Reinerbige Pflanzen bringen bei Selbstbestäubung Nachkommen hervor, die einander und ihren Eltern in ihren erblichen Eigenschaften gleichen.

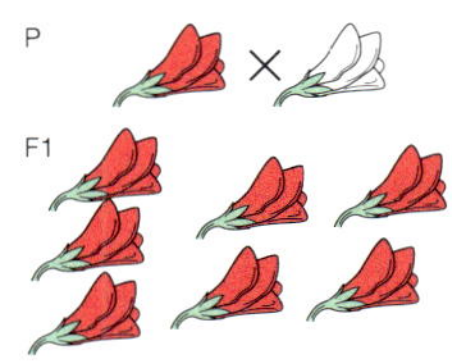

Abb. 72
Monohybride Kreuzung – Mendels Versuchsergebnis

Dann kreuzte er rotblühende mit weißblühenden Erbsenpflanzen. Dazu übertrug er den Blütenstaub einer Pflanze – des Vaters – auf die Narbe einer anderen Pflanze – der Mutter. Die reinerbigen Eltern werden als Parentalgeneration (P) bezeichnet. Die Nachkommen unterschiedlich aussehender Eltern sind Hybride oder Bastarde. Die erste Filialgeneration (F1) bestand ausschließlich aus rotblühenden Pflanzen.

Die rote Blütenfarbe hat sich also gegenüber der weißen durchgesetzt, sie ist **dominant**. Die weiße Blütenfarbe tritt zurück, sie verhält sich **rezessiv**. Die Kreuzung reinerbiger Pflanzen mit anderen Merkmalspaaren ergab übereinstimmende Ergebnisse: Alle Nachkommen in der ersten Tochtergeneration haben die gleichen Merkmale (Abb. 72).

Diese Versuchsergebnisse sind die Grundlage für die erste Mendel'sche Regel, die Uniformitätsregel: Kreuzt man Individuen, die sich in einem Merkmal unterscheiden, für das sie reinerbig sind, so sind die Nachkommen (1. Filialgeneration oder F1) in Bezug auf dieses Merkmal untereinander gleich.

Reziprozitätsregel und Gleichwertigkeit der Geschlechter

Reziprozitätsregel: Es ist belanglos, ob eine Anlage vom väterlichen oder mütterlichen Elternteil stammt.

Das Ergebnis der Kreuzung änderte sich nicht, wenn Mendel eine reziproke Kreuzung durchführte, also Spender und Empfänger des Pollens austauschte (umgekehrt = reziprok).

Eine Erweiterung der ersten Mendel'schen Regel ist die Reziprozitätsregel: Reziproke Bastarde sind gleich.

In der Zeit Mendels war der Gedanke von der Gleichwertigkeit der Geschlechter bei der Vererbung geradezu revolutionär. Allerdings gilt diese Regel mit einigen Einschränkungen.

Die Erbfaktorenhypothese

Der **Genotyp** beschreibt die genetische Information, der **Phänotyp** die Ausprägung dieser Information in Merkmalen.

Bei der Deutung der Versuchsergebnisse ging Mendel davon aus, dass bei der Vererbung nicht Merkmale, sondern Anlagen für Merkmale – Erbfaktoren – weitergegeben werden (Abb. 73). Vom Aussehen eines Individuums kann man nicht unmittelbar auf seine Erbanlagen schließen: Der Phänotyp – das Erscheinungsbild – beschreibt das Aussehen (rote oder weiße Blütenfarbe), der Genotyp – das Erbbild – die Ausstattung mit Erbanlagen (RR oder rr). Reinerbige oder homozygote Individuen haben zwei gleiche Allele (z. B. RR oder rr); mischerbige oder heterozygote haben zwei verschiedene Allele (Rr). Der Übersichtlichkeit halber bezeichnet man Allele oft mit einem Buchstaben; dominante Allele werden dabei groß (R = rot), rezessive klein (r = weiß) geschrieben.

Über das Verhalten der Erbfaktoren machte Mendel folgende Voraussagen:

1. **Jedes Merkmal wird durch ein Paar von Anlagen (Allelpaar) kontrolliert.**
2. **Keimzellen (Gameten) tragen jedes Allel nur einmal.**
3. **Bei der Bildung der Keimzellen trennen sich die Allele.**
4. **Bei der Befruchtung treffen Anlagen beider Eltern zusammen.**

1909 prägte Wilhelm Johannsen den Begriff „Gen", der heute allgemein für Erbfaktoren verwendet wird.

Die Spaltungsregel

Mendel kreuzte rotblühende Hybrid-Pflanzen – Angehörige der ersten Tochtergeneration – untereinander. Fremdbestäubung verhinderte er durch Einhüllen der Blüten. In der zweiten Tochtergeneration (F2) treten rotblühende und weißblühende Pflanzen auf (Abb. 73). Mendel zählte 705 rote und 224 weiße; daraus errechnete er ein Zahlenverhältnis von 3,15 : 1. Ähnliche Ergebnisse erhielt er bei Kreuzungen mit anderen Merkmalspaaren (s. Tab. 2).

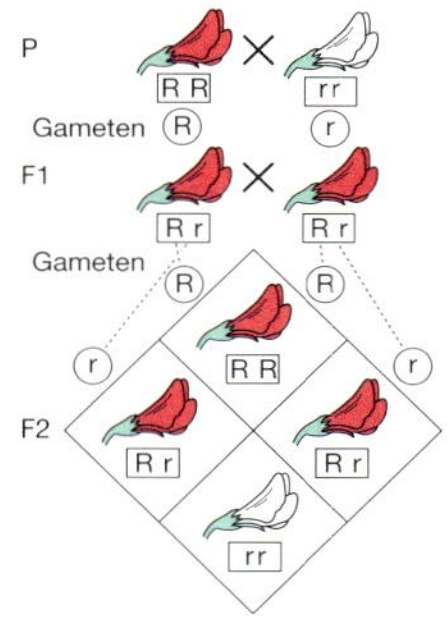

Abb. 73
Eine monohybride Kreuzung mit dominant-rezessivem Erbgang.

Merkmale	P-Generation	F1	F2	Verh.
Samen	rund x runzlig	rund	5474 rund 1850 runzlig	2,96 : 1
Keimblätter	gelb x grün	gelb	6022 gelb 2001 grün	3,01 : 1
Blüten	rot x weiß	rot	705 rot 224 weiß	3,15 : 1
Hülsen	voll x eingeschnürt	voll	882 voll, 299 eing.	2,95 : 1
Hülsen	grün x gelb	grün	428 grün 152 gelb	2,82 : 1
Blüten	axial x endständig	axial	651 axial 207 endständig	3,14 : 1
Sprosse	lang x kurz	lang	787 lang 277 kurz	2,84 : 1

Tab. 2 Von Mendel untersuchte Merkmalspaare.

Diese Versuchsergebnisse werden in der zweiten Mendel'schen Regel, der Spaltungsregel, zusammengefasst.

2. Mendel'sche Regel, Spaltungsregel: Kreuzt man die Bastarde der 1. Filialgeneration untereinander, so sind ihre Nachkommen (F2) nicht alle gleich. Die Merkmalsausprägungen der Parental- und der ersten Tochtergeneration treten dabei in bestimmten, festen Zahlenverhältnissen auf.

Aus den Ergebnissen schloss Mendel, dass die Anlagen von Generation zu Generation als unvermischte, unveränderte Einheiten weitergegeben werden. Er nahm an, dass die Nachkommen von beiden Eltern für jedes Merkmal eine Anlage erben. Bei der Bildung der Gameten werden diese Anlagen zufällig aufgeteilt und bei der Befruchtung wiederum zufällig neu kombiniert. Die Häufigkeit verschiedener Formen kann man nach Wahrscheinlichkeitsregeln vorhersagen. Sie belegen, dass jede der Allelkombinationen mit gleicher Wahrscheinlichkeit zu erwarten ist: Wenn jeder Gamet mit der Häufigkeit 0,5 auftritt, ist die Häufigkeit der Genotypen jeweils 0,5 x 0,5 = 0,25 (25 %).

Die zufällige Kombination der Gameten führt in der F2 zu einer Aufspaltung der Phänotypen im Verhältnis von 3 : 1.

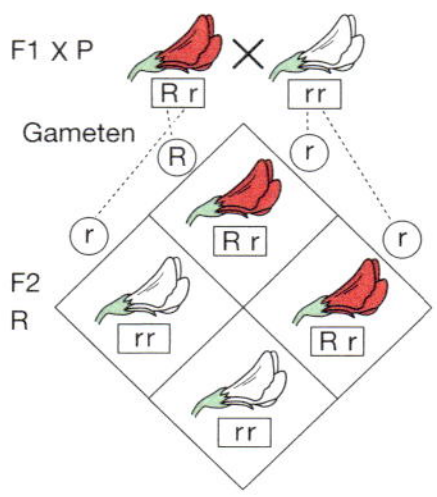

Zur Kontrolle seiner Vermutungen führte Mendel Rückkreuzungen durch: Er kreuzte F1-Bastarde zwischen rot- und weißblühenden Eltern mit reinerbig weißblühenden Pflanzen. Unter den Nachkommen der Rückkreuzungsgeneration (F2) R hatte die Hälfte der Pflanzen weiße, die andere Hälfte rote Blüten (Abb. 74). Genau diese Aufspaltung der Phänotypen im Verhältnis 1 : 1 war nach Mendels Annahmen zu erwarten.

Abb. 74 Rückkreuzungsversuche bestätigen Mendels Annahmen.

In den Keimzellen werden die Erbanlagen unvermischt weitergegeben: Regel von der Reinheit der Gameten.

Die Unabhängigkeitsregel

In der F2-Generation treten neue Allel- und Merkmalskombinationen auf.

Die 3. Mendel'sche Regel gibt Auskunft darüber, was geschieht, wenn Organismen gekreuzt werden, die sich in mehreren Eigenschaften unterscheiden. Beim dihybriden Erbgang weichen die Eltern in zwei Merkmalen voneinander ab. Untersucht man nur *ein* Merkmal, spricht man von einem monohybriden Erbgang. Kommen weitere Merkmale hinzu, von dihybriden, trihybriden, … polyhybriden Erbgängen.

Mendel kreuzte Erbsen mit gelben, runden und solche mit grünen, runzligen Samen. Alle Samen der ersten Tochtergeneration sind gelb und rund (Uniformitätsregel). Die F2 spaltet in vier verschiedene Samenformen auf. Mendel zählte 315 runde gelbe Samen, 101 runzlige, gelbe , 32 runzlige grüne und 108 runde grüne Samen. Dies entspricht einem Verhältnis von etwa 9 : 3 : 3 : 1. Die Verhältnisse der einzelnen Merkmale sind gelb : grün = 416 : 140 (2,97 : 1); rund : runzlig = 423 : 133 (3,18 : 1) entsprechen etwa dem Verhältnis von 3 : 1 (Spaltungsregel).
In der F2-Generation treten zwei neue Sorten auf, die sich von den Ausgangslinien unterscheiden: gelbe runzlige und grüne runde Erbsen. Die Merkmale der F2 werden also neu zusammengestellt.

Gene, die verschiedene Merkmale betreffen, werden unabhängig voneinander weitergegeben und in jeder Generation neu kombiniert.

Mendel deutete das Ergebnis durch die Annahme, dass Gene für verschiedene Merkmale unabhängig voneinander auf die Keimzellen verteilt werden: Unabhängigkeitsregel. Jede Pflanze hat ein Genpaar für die Farbe (G = gelb, g = grün), ein anderes für die Form (R = rund, r = runzlig). Die Gene eines Paares werden bei der Bildung der Gameten getrennt. Jede Keimzelle hat ein Gen für Farbe (G oder g) und eines für die Form (R oder r). Bei der Befruchtung treffen die Anlagen zufällig zusammen: Regel von der freien Kombinierbarkeit der Gene.

Die F1-Generation bildet in jedem Geschlecht vier verschiedene Gameten. Die Kombinationsmöglichkeiten dieser Gameten können im Kombinationsquadrat zusammengefasst werden: Das experimentell ermittelte Zahlenverhältnis der Phänotypen von etwa 9:3:3:1 wird durch diese Deutung bestätigt. Das Kombinationsquadrat (Abb. 75) zeigt auch, dass demselben Phänotyp unterschiedliche Genotypen zugrunde liegen können. Die reinerbigen Formen sind in der senkrechten Mittelspalte zu finden.

Für jedes einzelne Merkmal gelten Uniformitäts- und Spaltungsregel.

3. Mendel'sche Regel, Unabhängigkeitsregel oder Regel von der freien Kombinierbarkeit der Gene: Kreuzt man Lebewesen miteinander, die sich in mehr als einem Merkmal unterscheiden, so werden diese unabhängig voneinander weitergegeben. Sie können in der F2-Generation frei kombiniert werden.

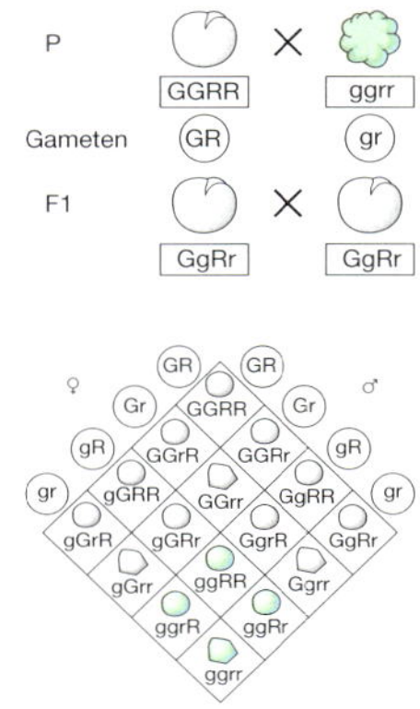

Abb. 75 Dihybride Kreuzung mit Angabe der Allele

Erweiterungen der Mendel'schen Regeln

Intermediärer Erbgang

Nicht immer ist ein Allel dominant, das andere rezessiv. Correns entdeckte bei der Blütenfarbe der Wunderblume *Mirabilis jalapa* einen Fall von unvollständiger Dominanz. Bei der Kreuzung weiß- und rosa-blühender Elternpflanzen waren die Nachkommen hellrosa. Wenn der Phänotyp der F1-Hybriden eine Zwischenstellung zwischen den Merkmalen der beiden Eltern einnimmt, nennt man den Erbgang intermediär. Die F2 spaltet in einem Verhältnis von 1:2:1 auf.

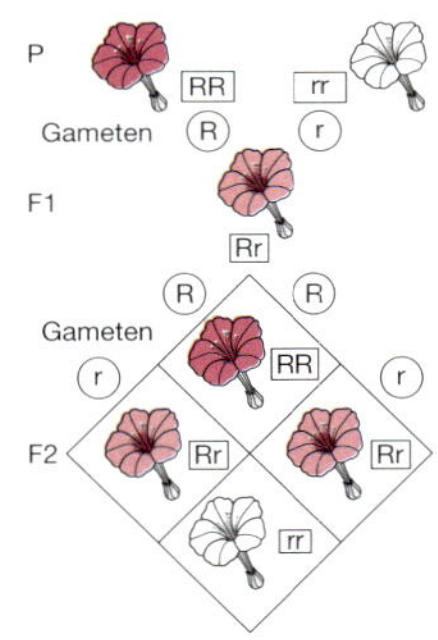

Abb. 76 Intermediärer Erbgang der Blütenfarbe

Kodominanter Erbgang

Ein kodominanter Erbgang findet sich bei der Sichelzellanämie des Menschen. Bei Kodominanz manifestieren sich beide Allele im Phänotyp des heterozygoten Anlagenträgers. Normale rote Blutkörperchen (Genotyp Hb^AHb^A) sind scheibenförmig; ihr Blutfarbstoff ist das Hämoglobin A (➛ S. 52). Homozygote Träger des Sichelzellgens (Genotyp Hb^SHb^S) leiden an schwerer Anämie. Sie haben nur das Hämoglobin S. Bei Sauerstoffmangel nehmen ihre roten Blutkörperchen eine sichelförmige Gestalt an. Heterozygote Genträger (Hb^SHb^A) besitzen beide Hämoglobinformen. Bei Sauerstoffmangel nehmen einige Blutkörperchen die Sichelform an. Weil das Hämoglobin S vor Malaria schützt, haben die Heterozygoten in Malaria-Gebieten einen Vorteil vor reinerbig Gesunden: den Heterozygotenvorteil. Unter den Nachkommen heterozgoter Eltern leidet – im Einklang mit den Mendel'schen Regeln – ein Viertel an Sichelzellanämie, ein weiteres Viertel ist gesund, die Hälfte ist – wie die Eltern – heterozygot.

Extrachromosomale Vererbung

Gene, die außerhalb des Zellkerns liegen, werden allein oder bevorzugt von der Mutter vererbt, sie folgen einem **matroklinen Erbgang**.

Neben dem Zellkern enthalten auch andere Teile der Zelle Erbmaterial. Auf diesem beruht die plasmatische oder **extrachromosomale Vererbung**. Die **Mitochondrien** (➛ S. 10), kleine Organellen im Cytoplasma, die der Energieproduktion dienen, sowie die **Chloroplasten** der Pflanzen (➛ S. 13), in denen die Fotosynthese stattfindet, besitzen ringförmige DNA-Moleküle. Die Eigenschaften, die in der **cytoplasmatischen DNA** codiert sind, werden eher von der Mutter als vom Vater (also matroklin) weitervererbt, weil Samenzellen und Pollen weniger Cytoplasma enthalten als die Eizelle. Beim Menschen stammen die Mitochondrien ausschließlich von der Mutter, bei der Befruchtung dringt nur der Zellkern der Samenzelle in das Ei ein.

Polygenie und Polyphänie

Sind an der Ausprägung eines Merkmals mehrere Gene beteiligt, so bezeichnet man dies als Polygenie.

Die Beziehung zwischen Genotyp und Phänotyp ist selten so einfach wie in Mendels Versuchen. Meist sind mehrere Gene an der Ausbildung eines Merkmals beteiligt: **polygene Erbgänge**. Zahlenverhältnisse wie 1:4:6:4:1, 2:1, 15:1, 12:3:1 oder 9:7, die sich bei solchen Kreuzungen ergeben, weichen von den üblichen Verhältnissen ab und stimmen trotzdem mit den Mendel'schen Regeln überein.

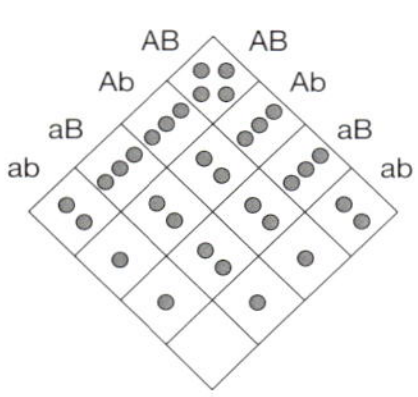

Abb. 77 Bei additiver Polygenie werden quantitative Merkmale von mehreren Genen bestimmt, deren Wirkungen sich addieren.

Quantitative Merkmale wie Körpergröße, Farbtiefe oder Ertrag unterliegen dem Einfluss mehrerer Gene. Bei **additiver Polygenie** wirken mehrere Gene gleichgerichtet auf ein Merkmal, jedes Gen bewirkt eine gewisse Zu- oder Abnahme; zur vollen Ausprägung addieren sich ihre Wirkungen. Wenn jedes Allel A oder B den Ertrag erhöht, nicht aber die Allele a und b, so bringen zwei Gene fünf verschiedene Abstufungen der Merkmalsausprägung hervor, die im Zahlenverhältnis von 1:4:6:4:1 stehen (Abb. 77).

Anders sieht die Kooperation von Genen aus bei **komplementärer Polygenie**. Manche Gene können sich nur dann im Phänotyp auswirken, wenn ein anderes – nicht alleles – Gen anwesend ist. An Rosen kann die Abhängigkeit der Blütenfärbung von zwei Genen aufgezeigt werden. Eine Rose braucht mindestens ein Allel A und ein Allel B, um roten Farbstoff herzustellen; fehlt eines davon, so werden die Blüten weiß. So kann durch Kreuzung zweier reinerbig weißer Rosen eine rote Hybrid-Sorte entstehen, deren Nachkommen im Verhältnis 9:7 rot oder weiß blühen.

Die Erscheinung, dass ein Gen mehrere Merkmale beeinflusst, heißt Pleiotropie oder Polyphänie.

Ebenso häufig wie die Polygenie ist in der Natur **Pleiotropie** oder **Polyphänie** zu finden. Die von Mendel untersuchten Erbsenpflanzen mit weißen Samenhüllen haben rotviolette Blüten und rote Flecke in den Blattachseln, die mit grauen Hüllen blühen dagegen weiß und zeigen keine Flecken. Offensichtlich kontrolliert ein Allelpaar alle drei Merkmale.

Viele Erbkrankheiten manifestieren sich nicht in Form eines einzelnen, klar erkennbaren Merkmals, sondern als Syndrom, als Mosaik vieler kleiner, scheinbar zusammenhangloser Symptome. Ein typisches Beispiel für pleiotrope Genwirkung ist das Marfan-Syndrom (➛ S. 130). Das Allel für dieses Syndrom wird autosomal dominant vererbt. Es bewirkt eine Fehlbildung im Bau der elastischen Fasern des Bindegewebes. Da Bindegewebe ein Baustein fast aller Organsystem des Menschen ist, hat es Auswirkungen auf viele Funktionen des Körpers

Gene und Umwelt

Nicht allein seine Gene formen ein Lebewesen, auch die Umwelt hat einen entscheidenden Einfluss auf den Phänotyp. **Umweltfaktoren** beeinflussen mittelbar und unmittelbar die Wirkung der Gene. So hat jedes Blatt eines Baumes seine eigene Form, Größe und Farbe, obwohl alle dasselbe Erbgut tragen. Um die Wirkung eines Gens beschreiben zu können, muss man alle Umweltfaktoren berücksichtigen, welche die Genwirkung beeinflussen oder ermöglichen.

Die **Variabilität**, das ist die Veränderlichkeit des Phänotyps innerhalb einer Art, hat also verschiedene Ursachen: Sie beruht auf genetischen Unterschieden („*nature* ...") und auf Einflüssen der Umwelt („... *and nurture*"). Der Genotyp legt nicht einen exakt umrissenen Phänotyp fest, sondern eine Reaktionsnorm, das ist die Art und Weise, auf seine Umwelt zu reagieren. Die Umwelt bestimmt, welche Position innerhalb der Reaktionsbreite der Organismus einnimmt. Manchmal ist die Reaktionsbreite sehr eng (z. B. bei der Blutgruppe des Menschen, ➛ S. 131); in anderen Fällen jedoch ist sie weit, so z. B. bei vielen Gestaltmerkmalen.

Durch **Modifikation** passt sich das Individuum seiner Umwelt an. Verschiedene Umweltfaktoren beeinflussen die Größe eines Individuums, z. B.: Nahrung, Temperatur, Licht, Wasser, Platz, Chemikalien, Parasiten. Um Einflüsse der Umwelt auf ein Lebewesen zu untersuchen, arbeitet man mit erbgleichen Individuen, die man durch vegetative Fortpflanzung gewinnt.

Modifikationen sind nichterbliche Abwandlungen des Phänotyps.

Teilt man den Wurzelstock eines Löwenzahns (*Taraxacum officinale*) und setzt die eine Hälfte im Hochgebirge aus, so entwickelt sich daraus eine gedrungene, kleinblättrige, behaarte Pflanze, deren Wurzel tief in den Boden eindringt. Die andere Hälfte, in einer Niederung gepflanzt, bildet große, unbehaarte Blätter, mehrere lange Blütenstiele und einen kurzen Wuzelstock. Diese Modifikationen sind nicht erblich, sie können wiederholt hervorgerufen werden.

Bei fließender Modifikation wird ein Merkmal in Abhängigkeit von der Umwelt stufenlos abgewandelt: Die Nachkommen eines Pantoffeltierchens (*Paramaecium*), das sich durch Zellteilung vermehrt, bilden einen Klon, eine Gruppe erbgleicher Individuen. Die Tiere eines Klons unterscheiden sich trotz Erbgleichheit in vielen Merkmalen, so z. B. in der Länge. Die Maße der Individuen streuen um einen Mittelwert. Trägt man die Häufigkeit gegen die Länge auf, so erhält man eine Zufallskurve oder Binomialkurve.

Die Häufigkeitskurve bei der umschlagenden Modifikation ist zweigipfelig. Eine Chinesische Primel blüht bei Temperaturen unter 30°C weiß, bei höherer Temperatur rot; Zwischenformen gibt es nicht. Die Auslese verschiedener Phänotypen hat keinen Zuchterfolg, wenn die unterschiedlichen Formen lediglich Modifikationen sind. Bei erbgleichen Individuen ist Auslese erfolglos.

Chromosomen und Genkoppelung

Die Cytogenetik beschäftigt sich mit den Chromosomen – ihrer Organisation, ihrer Rolle bei der Vererbung und ihren Veränderungen durch Mutationen. Zellzyklus und Mitose werden im Kapitel „Strukturen und Organellen der Zelle" (➤ S. 13 ff.) behandelt.

Befruchtung und Meiose

Befruchtung und Meiose sind die wesentlichen Vorgänge der Sexualität.

Bei der Befruchtung verschmelzen die Kerne von Ei und Samenzelle miteinander. Jede dieser Zellen besitzt einen einfachen „haploiden" Chromosomensatz. Die befruchtete Eizelle hat einen diploiden Chromosomensatz. Bei der Meiose wird dieser wieder halbiert; damit bleibt die Zahl der Chromosomen über die Generationen konstant.

Die Meiose führt zur Bildung vier haploider Zellen aus einer diploiden Mutterzelle.

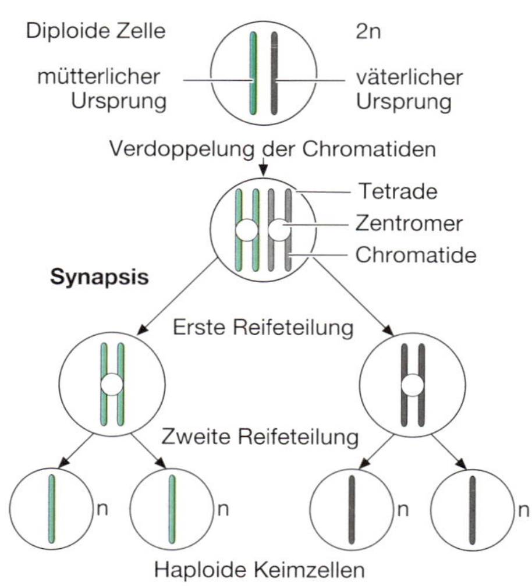

Abb. 78 Meiose einer Zelle mit einem Chromosom im haploiden Satz

Die **Reduktion der Chromosomenzahl** zum haploiden Satz erfolgt durch zwei aufeinander folgende Teilungen. Zu Beginn der ersten Reifeteilung legen sich die homologen Chromosomen paarweise aneinander (Synapsis), Diese Maßnahme sichert, dass die Chromosomen anschließend korrekt auf die Tochterzellen verteilt werden.

Die Chromosomen liegen nun als Tetraden zu vier Chromatiden vor. In der Anaphase 1 werden die homologen Chromosomen als ganze voneinander weggezogen. Nach der ersten Teilung hat jede Tochterzelle einen kompletten

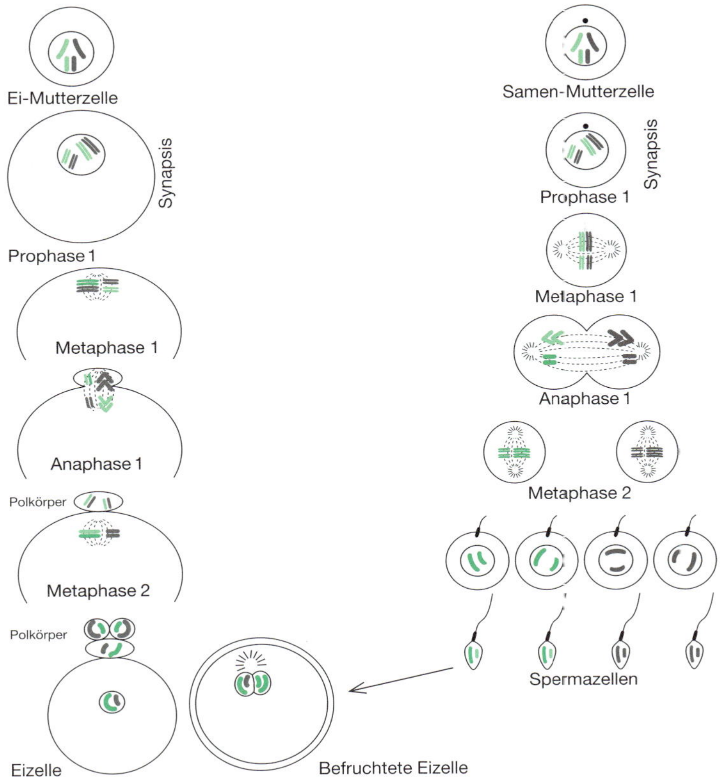

Abb. 79 Bildung von Ei und Samenzellen und Befruchtung

Die Meiose vollzieht sich in zwei Schritten: Die erste Reifeteilung trennt die homologen Chromosomen. Voraussetzung für die gesetzmäßige Aufteilung ist die Synapsis. Die zweite Reifeteilung verteilt die Chromatiden auf die Tochterzellen.

In Eierstock und Hoden entstehen durch meiotische Teilungen die Keimzellen: Eizellen oder Spermien.

haploiden Chromosomensatz. Die zweite meiotische Teilung entspricht einer Mitose, die Schwester-Chromatiden trennen sich und wandern zu den Polen. Im Vergleich zur Mitose (➛ S. 14) sind bei der Meiose die Tochterzellen weder mit der Mutterzelle noch untereinander identisch.

Die **Eibildungszelle** schnürt bei der ersten und zweiten Reifeteilung je einen Polkörper ab. Die Polkörper degenerieren; die Eizelle erhält das gesamte Cytoplasma. Aus der Samenmutterzelle gehen vier gleich große Samenzellen oder **Spermien** hervor. Bei der **Befruchtung** dringen Kern und Zwischenstück der Samenzelle in die Eizelle ein. Die Kerne von Ei- und Spermazelle verschmelzen. Der diploide Chromosomensatz ist wieder hergestellt.

Die Erhöhung der genetischen Variabilität ist die entscheidende Aufgabe der sexuellen Fortpflanzung.

Neben der **Reduktion der Chromosomenzahl** hat die Meiose die Aufgabe, die Gene **neu zu kombinieren**. Dazu tragen drei Prozesse bei: Die **Segregation**: Je eines von zwei homologen Chromosomen gelangt in die Keimzelle; die **Zufallsverteilung**: Die homologen Chromosomen werden zufällig auf die beiden Tochterzellen verteilt; **Crossing-over**: Durch Brüche und anschließende Fusion entstehen mosaikartig aus Stücken der elterlichen Chromosomen zusammengesetzte Chromatiden

Chromosomentheorie der Vererbung

1904: Th. Boveri, W. S. Sutton: Chromosomen sind die Träger der Erbanlagen.

Die Vorgänge bei Befruchtung und Meiose erklären lückenlos die Annahmen Mendels. Aus dieser Übereinstimmung zogen Sutton und Boveri den Schluss: **Die Chromosomen sind die Träger der Erbanlagen.**

Um die Erbgänge erklären zu können, machte Mendel Voraussagen über das Verhalten der Erbanlagen:

1. In Körperzellen ist jede Anlage in doppelter Ausführung vorhanden.
2. Die Keimzellen (Gameten) tragen jede Anlage nur einmal.
3. Bei der Bildung der Keimzellen trennen sich die beiden Anlagen. Nach dem Zufallsprinzip wird die eine oder die andere Anlage weitergegeben.
4. Bei der Befruchtung treffen Anlagen beider Eltern zusammen.

Diese Annahmen setzen voraus, dass die Anlagen ihre Selbständigkeit bewahren, sie verschmelzen nicht miteinander.

Mikroskopische Beobachtungen des Verhaltens der Chromosomen bei Befruchtung und Meiose ergaben:

1. Körperzellen enthalten einen diploiden (doppelten) Chromosomensatz.
2. Keimzellen (Ei- und Samenzellen) haben einen haploiden (einfachen) Chromosomensatz.
3. Bei der Meiose werden die homologen Chromosomensätze aufgetrennt: Jede der Keimzellen erhält ein Chromosom von jedem Paar homologer Chromosomen.
4. Bei der Befruchtung vereinigen sich zwei haploide Chromosomensätze.

Diese Beobachtungen zeigen, dass Chromosomen – auch wenn sie während der Interphase im Zellkern nicht sichtbar sind – als solche erhalten bleiben.

Das Verhalten der Chromosomen in Mitose und Meiose kann die Ergebnisse aus Mendels Versuchen zwanglos erklären.

Die Chromosomentheorie der Vererbung bringt die beiden biologischen Disziplinen der Genetik und der Zytologie zusammen. Sutton und Boveri erklärten diese Übereinstimmungen durch die Annahme, dass die Chromosomen die Träger der Gene sind.

Nach der Chromosomentheorie der Vererbung kann die dritte Mendel'sche Regel, nach der Gene unabhängig voneinander vererbt werden, nicht uneingeschränkt gelten. Sie trifft nur für die Gene zu, die auf unterschiedlichen Chromosomen liegen. Der amerikanische Genetiker Morgan und seine Mitarbeiter zeigten in umfangreichen Versuchsreihen, dass die Gene auf den Chromosomen hintereinander aufgereiht sind und dass Gene eines Chromosoms gekoppelt weitergegeben werden.

Genkoppelung

1907: Morgan führte cytogenetische Versuche an *Drosophila melanogaster* durch.

Thomas Hunt Morgan führte seine Versuche an der Taufliege *Drosophila melanogaster* durch, die seither ein klassisches Versuchstier der Genetiker ist. Ihre besonderen Vorzüge sind:

- Der Entwicklungszyklus dauert nur zwei Wochen.
- Die Zahl der Nachkommen ist groß.
- Die Zucht ist einfach, billig und Platz sparend.
- Die Geschlechter sind leicht zu unterscheiden (Abb. 80).
- Es gibt viele leicht erkennbare Merkmalspaare (Abb. 81 bis 85).

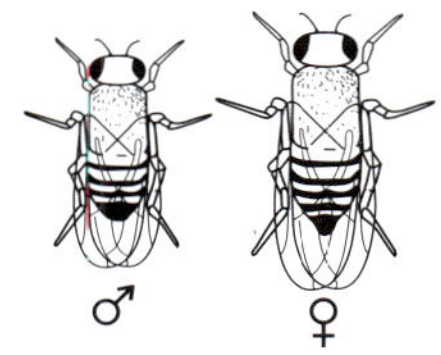

Abb. 80 Männchen und Weibchen von *Drosophila* sind leicht zu unterscheiden.

Allele von aus der Natur eingefangenen Taufliegen werden allgemein als „Wildtyp" bezeichnet. Abweichende Allele (Mutanten) benennt man nach einem charakteristischen Merkmal, z. B.: *white* (w) = weiße Augen, *cinnabar* (cn) = zinnoberrote Augen, *vestigial* (vg) = Stummelflügel. Allele, die gegenüber dem Wildtyp rezessiv sind, symbolisiert man durch Kleinbuchstaben: w, cn, vg; entsprechende Allele des Wildtyps werden durch ein + Zeichen unterschieden: w^+, cn^+, vg^+ oder einfach „+". Dominante Allele werden mit Großbuchstaben benannt: B, D, Cy, zugehörige Wildallele als B^+, D^+, Cy^+.

Gene, die auf unterschiedlichen Chromosomen liegen, werden unabhängig voneinander vererbt.

Weibchen mit zinnoberroten Augen (cn/cn) und normalen Flügeln (cu^+/cu^+) wurden gekreuzt mit Männchen die rote „wildfarbene" Augen (cn^+/cn^+) und nach oben gedrehte Flügel (cu/cu) haben. Der Erbgang bestätigt die Mendel'schen Regeln: Die F1-Generation ist uniform, Augenfarbe und Flügelform der Wildform dominieren. Die F2 spaltet im Verhältnis von 9 : 3 : 3 : 1 auf.

Chromosomen im haploiden Satz:

Drosophila	4
Erbse	7
Mais	10
Mensch	23
Hund	78

Die Regel von der Neukombination der Gene gilt aber nicht uneingeschränkt: Wenn Wildtyp-Männchen mit Weibchen gekreuzt werden, die schwarz (b = black) und stummelflügelig sind (vg = vestigial), ist die F1 uniform (Abb. 81).

Kreuzt man die Bastardmännchen der F1-Generation mit stummelflügeligen Weibchen (Rückkreuzung), so entstehen nur zwei verschiedene Formen: Tiere des Wildtyps (wildfarben und langflügelig) und Doppelmutanten (schwarz, kurzflügelig) im Verhältnis von 1 : 1! Nach der

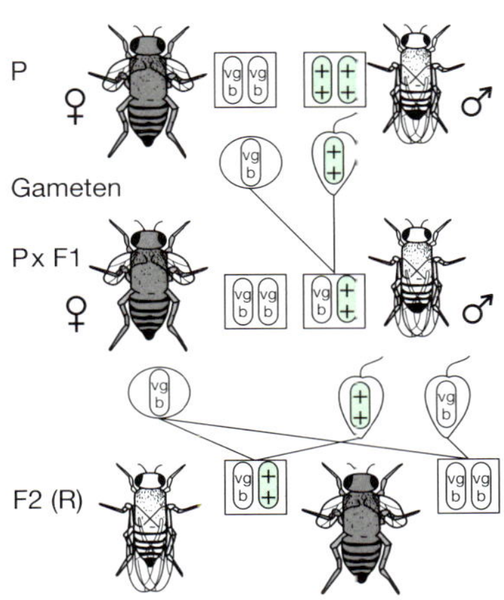

Abb. 81 Erbgang gekopelter Gene

Die **Unabhängigkeitsregel** gilt nur eingeschränkt: Gene, die auf demselben Chromosom liegen, werden gekoppelt vererbt.

dritten Mendel'schen Regel hätte man vier verschiedene Phänotypen erwartet. Morgan erklärte die Ergebnisse durch Annahme einer Koppelung von Genen: Die Gene vg und b bzw. vg^+ und b^+ liegen auf demselben Chromosom. Daher werden sie gemeinsam, als Block weitergegeben.

Die Entdeckung der Koppelungsgruppen bestätigt die **Chromosomentheorie der Vererbung**.

Solche gemeinsam vererbte Gruppen von Merkmalen nennt man **Koppelungsgruppen**. Die Zahl der durch Kreuzungsversuche ermittelten Koppelungsgruppen entspricht genau dem haploiden Chromosomensatz. *Drosophila* weist vier Koppelungsgruppen auf und hat entsprechend vier Chromosomen im haploiden Satz.

Crossing-over

Nicht immer werden Gene, die auf *einem* Chromosom liegen, gekoppelt vererbt. Der folgende Versuch zeigt, dass die Koppelung manchmal durchbrochen wird:

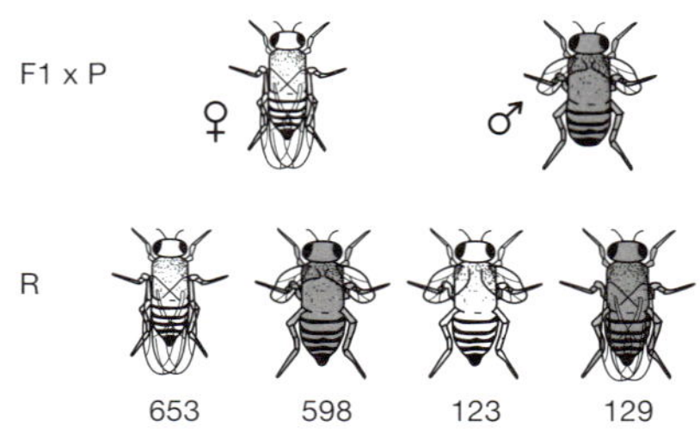

Abb. 82 Ergebnis eines Rückkreuzungsversuchs.

Bastardweibchen – hervorgegangen aus der Kreuzung schwarzer stummelflügeliger mit Wildtyp-Fliegen – wurden mit schwarzen stummelflügeligen Männchen gekreuzt. Die Kreuzung ist reziprok zu der in Abb. 81 dargestellten. Das Ergebnis sieht jedoch anders aus:
In der Rückkreuzungsgeneration gleichen 83 % der Nachkommen den Fliegen der P-Generation: Sie entsprechen der Wildform oder sind schwarz und kurzflügelig. Sie haben ihre Gene gekoppelt vererbt. Aber 17 % der Tiere sind Rekombinanten: Sie sind wildfarben und kurzflügelig *oder* schwarz mit normalen Flügeln! Die Zahlenverhältnisse der Rückkreuzungsgeneration entsprechen *nicht* den Mendel'schen Regeln!

Zur Erklärung des Versuchsergebnisses machte Morgan die Annahme, dass die Koppelung der Gene nicht stabil ist. Es gibt **Koppelungsbrüche** und nachfolgende **Fusion** über Kreuz. Den Mechanismus dieses Bruchstückaustauschs nannte er Crossing-over.

Das Zahlenverhältnis der Phänotypen mit und ohne Crossing-over ist ein Maß für den Abstand zweier Gene und es ist möglich, auf diesem Weg Chromosomenkarten anzulegen.

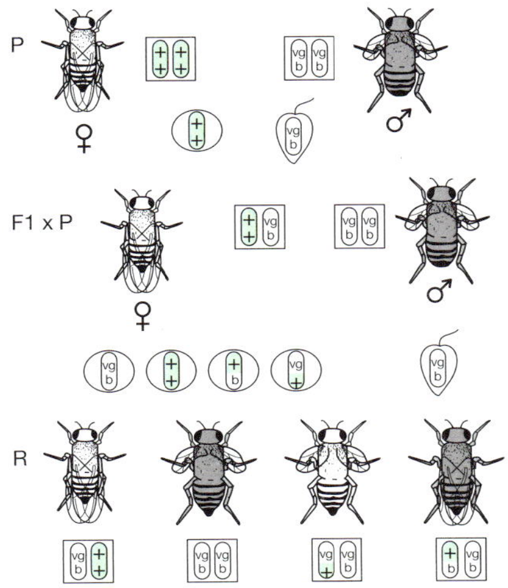

Abb. 83 Erbgang gekoppelter Gene mit Crossing-over-Rückkreuzung.

Crossing-over durchbricht die Genkoppelung.

Das Crossing-over konnte auch mikroskopisch nachgewiesen werden: Bei der mikroskopischen Untersuchung der Meiose erkennt man in der späten Prophase Chiasmata, das sind Überkreuzungen von Nicht-Schwester-Chromatiden homologer Chromosomen. An diesen Chiasmata findet der Bruchstückaustausch statt.

Crossing-over schafft neue Merkmalsverknüpfungen.

Crossing-over vergrößert die Zahl unterschiedlicher Gen-Kombinationen und trägt daher zur Variabilität von Populationen bei. Genkoppelung und Crossing-over gibt es auch beim Menschen.

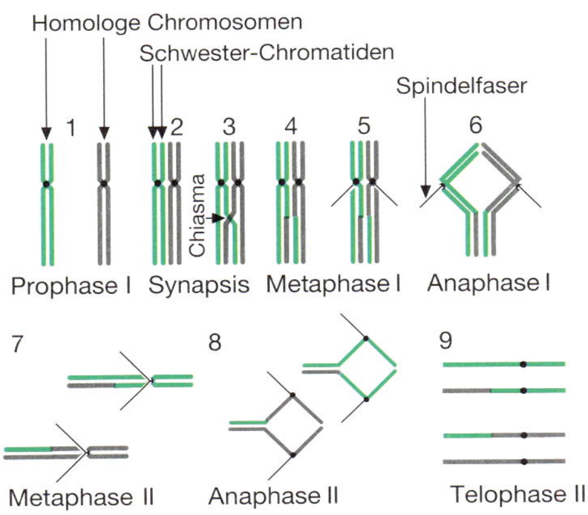

Abb. 84 Auftreten von Chiasmata während der Meiose

Chromosomenkarten

1911: Thomas Hunt Morgan veröffentlicht die erste Genkarte.

Genkarten oder Chromosomenkarten sind Lagepläne der Gene auf einem Chromosom. Sie werden durch statistische Auswertung der Austauschhäufigkeiten ermittelt.

Die Entfernung zweier Gene wird in Morgan-Einheiten gemessen. Eine Austauschhäufigkeit von 1% entspricht einer Morgan-Einheit.

Morgansche Genlokalisationstheorie: Die Austauschhäufigkeit zwischen zwei Genen hängt vom Abstand der betreffenden Gene auf dem Chromosom ab.

Genkarten gibt es von vielen Pflanzen und Tieren und vom Menschen; viele wurden mit Methoden der Molekularbiologie ermittelt.

Chromosomenkarten zeigen …

- welche Gene auf einem Chromosom liegen;
- in welcher Reihenfolge diese angeordnet sind und
- wie groß die Abstände zwischen den Genen sind.

Die Lageverhältnisse der Gene entlang des Chromosoms kann man mit entsprechend geplanten Kreuzungsexperimenten ermitteln.

Die Gene sind auf dem Chromosom linear – wie Perlen auf einer Schnur – aufgereiht. Jedes von ihnen nimmt einen festen Ort ein, den Genlokus. Diesen Ort bestimmt man durch Beobachtung der Crossing-over-Häufigkeit. Morgan formulierte folgende Annahme:

Je häufiger ein Crossing-over zwischen zwei Genen eines Chromosoms erfolgt, desto größer ist der Abstand zwischen diesen Genen.

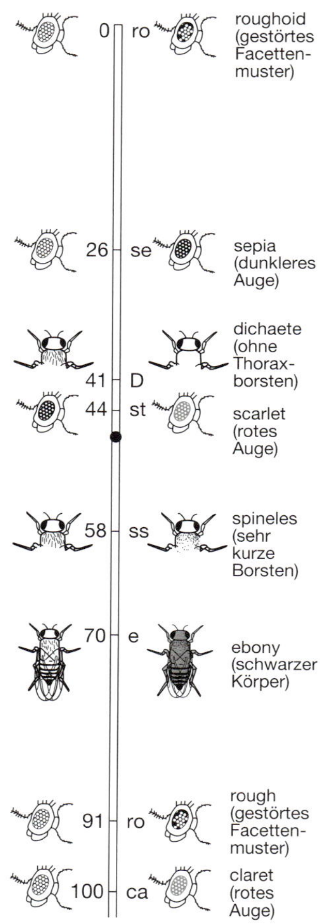

Abb. 85 Chromosomenkarte von *Drosophila melanogaster*

Die Häufigkeit der Rekombination zwischen zwei Genen hängt also von ihrem Abstand auf dem Chromosom ab. Voraussetzung ist, dass sich das Crossing-over sich mehr oder weniger zufällig irgendwo auf der Länge der Chromosomen ereignet. Bei den Nachkommen, die aus solchen Gameten entstehen, zeigt sich das Crossing-over als neue Kombination erkennbarer Merkmale. Je mehr Rekombinationsereignisse stattfinden, desto größer ist der Anteil der Nachkommen mit neuen Merkmalskombinationen. In dem auf S. 90 (Abb. 81) wiedergegebenen Kreuzungsexperiment werden die Gene b/b^+ und vg/vg^+ in 17% der Nachkommen voneinander getrennt: Die Crossing-over-Häufigkeit ist 17%; der Abstand der Gene auf dem Chromosom beträgt also 17 Einheiten. Diese Einheiten bezeichnet man als Morgan-Einheiten.

Die Dreipunktanalyse erlaubt Aussagen über die Reihenfolge und den Abstand verschiedener Gene auf einem Chromosom. Dabei werden zwei *Drosophila*-Stämme gekreuzt, die sich in drei Anlagen derselben Koppelungsgruppe unterscheiden. So wurden in Kreuzungsexperimenten die Ausprägungen von Körperfarbe (b^+/b) und Augenfarbe (pr^+/pr) weniger oft rekombiniert als Augenfarbe und Flügelform (vg^+/vg). Viel häufiger werden Körperfarbe und Flügelform neu kombiniert. Aus diesem Ergebnis kann man Reihenfolge und Entfernung der Gene erschließen. Durch Züchterfleiß konnten die Austauschhäufigkeiten vieler Gene erfasst, statistisch ausgewertet und kartiert werden.

Eine genauere **Kartierung der Chromosomen** ermöglichen Riesenchromosomen (polytäne Chromosomen), die in den Speicheldrüsen von *Drosophila* auftreten. Durch Röntgenstrahlen werden Chromosomenbrüche ausgelöst. Deren Lage kann an Riesenchromosomen identifiziert werden. Dann ermittelt man durch Kreuzungsversuche, welche Gene durch die Deletion verlorenen gingen. Diese Gene werden dem verlorenen Chromosomenbereich zugeordnet. Der Vergleich der so ermittelten Chromosomenkarte mit der aus den Austauschwerten gewonnenen Karte zeigt, dass die Abstände in Morgan-Einheiten die Entfernungen zwischen den Genen nicht exakt wiedergeben. Die Crossing-over-Häufigkeiten einzelner Chromosomenabschnitte sind verschieden.

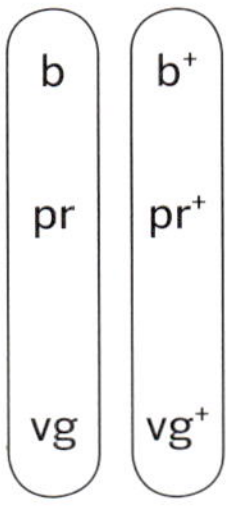

Abb. 86 Ergebnis einer Dreipunktanalyse

Genom- und Chromosomenmutation

Wenn die komplizierten Verteilungsvorgänge der Mitose und der Meiose gestört werden, kommt es zu Veränderungen der Zahl oder der Architektur der Chromosomen – zu **Mutationen**. Solche Ereignisse sind selten, werden aber durch Bestrahlung oder manche Chemikalien hervorgerufen.

Genmutationen sind Druckfehler im genetischen Text (➤ S. 117).

Genommutationen – numerische Aberrationen – ändern die Chromosomenzahl.

Man ordnet die Mutationen drei verschiedenen Typen zu:

Genommutationen ändern die Zahl der Chromosomen.

Chromosomenmutationen ändern die Architektur einzelner Chromosomen.

Genmutationen führen zur Entstehung neuer Allele.

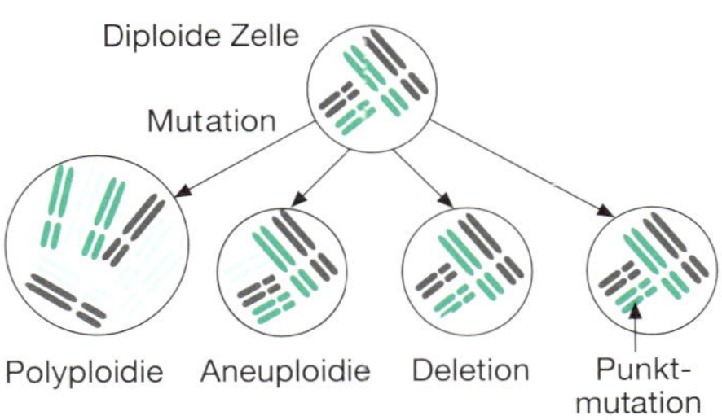

Abb. 87 Verschiedene Mutationen

Ist der ganze Chromosomensatz vervielfacht, so liegt **Polyploidie** vor. Polyploide Zellen haben viele Chromosomensätze. Im Pflanzenreich ist die Polyploidie weit verbreitet. Bei **Autopolyploidie** sind homologe Chromosomensätze mehrfach vorhanden. Pflanzen kalter Zonen haben oft viele Chromosomensätze. Polyploidie führt oft zur Vergrößerung der Pflanzen: „Gigas-Wuchs". Polyploidisierung kann durch Behandlung mit Colchizin oder durch einen Kälteschock ausgelöst werden. **Allopolyploide** Pflanzen verfügen über zwei oder mehr nicht homologe Chromosomensätze (Abb. 88): In der Pflanzenzucht werden Artbastarde hergestellt, die anschließend mit Colchizinbehandlung polyploidisiert werden: Jostabeeren haben den Chromosomensatz der schwarzen Johannisbeere und den der Stachelbeere. Saatweizen ist allohexaploid: In ihm sind die Chromosomensätze

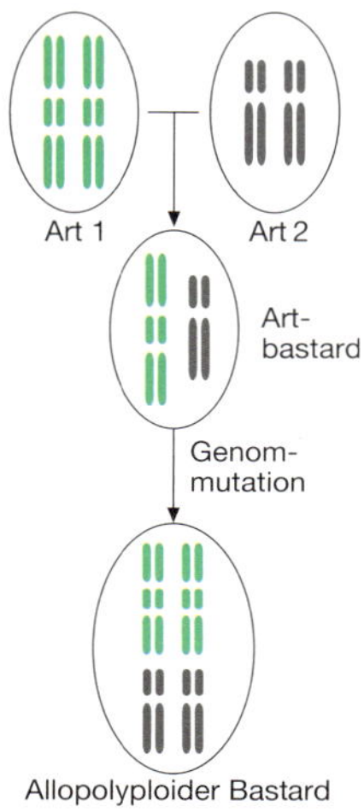

Abb. 88 Entstehung einer allotetraploiden Art.

von drei verschiedenen Gräsern vereinigt. Bei Tieren ist Polyploidie selten. Menschen haben polyploide Zellen in einzelnen Geweben. *Drosophila* hat in der Speicheldrüse Zellen mit **Riesenchromosomen**, (polytäne Chromosomen) die aus Tausenden von Chromatiden bestehen.

Polytänisierung vervielfacht die Zahl der Chromatiden pro Chromosom.

Wenn einzelne Chromosomen fehlen oder überzählig sind, spricht man von **Aneuploidie** (→ S. 133 u. S. 135).

Bei **Chromosomenmutationen** bleibt die Zahl der Chromosomen erhalten, aber ihr Bau ist verändert. Chromosomenmutationen entstehen durch Crossing-over an nicht homologen Stellen von Chromosomen: **„Illegitimes Crossing-over“**. Vier Typen struktureller Aberrationen werden unterschieden:

Deletion: Ein Chromosomenstück geht verloren. Bei terminaler Deletion (Abb. 87) fehlt ein Stück am Ende des Chromosoms, bei interkalarer Deletion fällt ein Abschnitt in der Mitte aus. Neugeborene mit einer Deletion am Chromosom Nr. 5 schreien wie junge Katzen und bleiben in ihrer körperlichen und geistigen Entwicklung zurück. Sie leiden am *Cri-du-chat*-Syndrom (Katzenschreisyndrom). Verliert ein Chromosom ein Stück an jedem Ende, so können sich die Bruch-Enden zu einem Ring vereinigen.

Inversion: Ein Bruchstück bricht aus dem Chromosom heraus und wird umgekehrt wieder eingebaut.

Translokation: Ein Chromosomenstück wird an einer anderen Stelle des gleichen oder eines anderen Chromosoms eingebaut (→ S. 133).

Duplikation: Ein Chromosomenstück wird verdoppelt (→ Steuerung und Evolution, S. 103).

Vererbung und Geschlecht

Geschlechtsbestimmung

Zwitter erzeugen sowohl Eizellen als auch männliche Keimzellen.

Fast alle Blütenpflanzen sind Zwitter. Männliche und weibliche Geschlechtsorgane sind in der Zwitterblüte vereinigt. Der Stempel, das weibliche Geschlechtsorgan, beherbergt im Fruchtknoten die Eizellen. Die Staubblätter sind die männlichen Organe, sie stellen den Blütenstaub her. Auch Weinbergschnecken und Regenwürmer sind Zwitter. Die Keimdrüse der Schnecken ist eine Zwitterdrüse, die Spermien und Eier herstellt. Regenwürmer dagegen haben Ovarien und Hoden in verschiedenen Körperabschnitten.

Der Sternwurm *Bonellia viridis* ist ein Beispiel für phänotypische Geschlechtsbestimmung: Seine Larven sind geschlechtlich undifferenziert. Sie werden zu Weibchen, wenn sie sich frei im Meerwasser entwickeln; sie werden zu Männchen, wenn sie sich an einem weiblichen Artgenossen festsetzen. Pheromone (Botenstoffe) des Weibchens lösen die Entwicklung zum Männchen aus.

Bei den meisten Tieren ist das Geschlecht mit dem Chromosomensatz verknüpft. Es wird durch das Vorkommen oder das Fehlen bestimmter Chromosomen bestimmt.

Bei der Taufliege *Drosophila melanogaster* besitzen Männchen und Weibchen neben drei Paaren homologer Autosomen zwei Geschlechtschromosomen (Heterosomen oder Gonosomen): Weibchen haben zwei homologe X-Chromosomen (hellgrün), Männchen haben ein X- und ein Y-Chromosom (dunkelgrün). Die Weibchen-determinierenden Gene liegen in den X-Chromosomen, die Männchen-bestimmenden auf den Autosomen. Anders als beim Menschen spielt das Y-Chromosom keine Rolle. *Drosophila*-Männchen bilden zwei Typen von Gameten: Spermien mit dem X-Chromosom und Spermien mit einem Y-Chromosom. Sie sind **heterogametisch**. Die Weibchen bilden nur einen Typus von Eizellen: Sie sind **homogametisch**. Bei der Befruchtung wird das Geschlecht festgelegt: Es ist entscheidend, von welchem Typ von Samenzelle das Ei befruchtet wird.

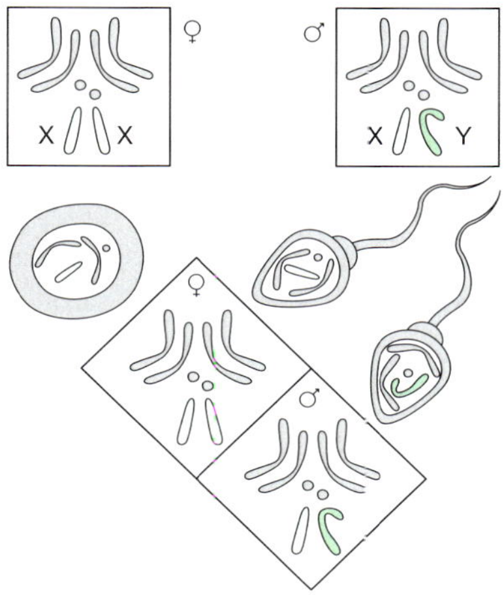

Abb. 89 Vererbung des Geschlechts bei *Drosophila melanogaster*

Gonosomale Erbgänge

1910: Thomas Hunt Morgan entdeckt den geschlechtsgekoppelten Erbgang.

Thomas Hunt Morgan machte 1910 ein berühmt gewordenes Experiment mit Fruchtfliegen, bei dem er den geschlechtsgekoppelten Erbgang entdeckte. Zunächst kreuzte er reinerbige Wildtyp-Weibchen mit reinerbigen Männchen eines weißäugigen Stammes. Die Tiere der ersten Filialgeneration waren, wie erwartet, uniform. Sie hatten alle die roten Augen des Wildtyps.
Die Nachkommen in der zweiten Tochtergeneration spalteten im Verhältnis von 3 : 1 auf: Alle Weibchen hatten rote Augen. Die Männchen hatten zur Hälfte rote, zur anderen Hälfte weiße Augen.
Ganz andere Ergebnisse bringt die reziproke Kreuzung: Wildtyp-Männchen wurden mit reinerbig weißäugigen Weibchen gekreuzt. Die F1-Bastarde sind nicht uniform: Während die Weibchen den Phänotyp des Wildtyps haben, sind alle Männchen weißäugig. Die Nachkommen der F2-Generation spalten im Verhältnis 1 : 1 auf. Dieses Spaltungsverhältnis gilt sowohl für die Weibchen als auch für die Männchen.

Der Erbgang der weißen Augenfarbe bei Drosophila widerspricht Mendels Regeln.

Der Erbgang der weißen Augenfarbe entspricht nicht Mendels Regeln:

1. Die Bastarde in der F1-Generation sind nicht immer uniform, ein Widerspruch zur ersten Mendel'schen Regel, der Uniformitätsregel.

2. Die reziproken Ansätze haben entgegen der Reziprozitätsregel nicht das gleiche Ergebnis.
3. Die Augenfarbe wird nicht unabhängig vom Geschlecht vererbt. Dies widerspricht der dritten Mendel'schen Regel, der Unabhängigkeitsregel.

Der Erbgang der weißen Augenfarbe führte Morgan zur Annahme geschlechtsgebundener Gene:

Das Gen für weiße Augenfarbe ist auf dem X-Chromosom lokalisiert. Das Y-Chromosom trägt kein entsprechendes Gen. Weil *Drosophila*-Weibchen zwei X-Chromosomen besitzen, haben sie die Gene, die auf dem X-Chromosom lokalisiert sind, doppelt. Männchen haben nur ein X-Chromosom, besitzen daher von den Genen des X-Chromosoms nur *ein* Allel. Sie sind hemizygot.

Bei der Kreuzung von Wildtyp-Weibchen mit weißäugigen Männchen sind in der P-Generation die Weibchen homozygot für das Wildallel w^+. Sie geben allen Nachkommen eines ihrer X-Chromosomen und damit das Allel w^+ weiter. Die Männchen sind hemizygot. Das Y-Chromosom trägt kein Allel für die Augenfarbe. Die Männchen geben ihren Töchtern das X-Chromosom mit dem Allel w, den Söhnen das Y-Chromosom, das kein Allel für die Augenfarbe trägt.

In der F1 sind die Weibchen heterozygot (w^+/w), die Männchen hemizygot ($w^+/-$) Die Weibchen der F1 bilden zwei verschiedene Gametentypen: w^+ und w. Auch die Männchen bilden verschiedene Gameten: Die Gameten mit dem X-Chromosom tragen das Allel w^+, die Gameten mit dem Y-Chromosom haben kein entsprechendes Allel. Alle Weibchen der F2 bekommen vom Vater mit dem X-Chromosom das Allel w^+, von der Mutter erhalten sie eines der beiden Allele w^+ oder w. Da w^+ dominant ist über w, sind sie alle rotäugig. Die Männchen der F2 erhalten vom Vater des leere Y-Chromosom, ihr Phänotyp richtet sich also nach dem Allel, das sie von der Mutter erhalten: Das ist zur Hälfte w^+, zur Hälfte w.

Alle Querverweise im Überblick:

Aneuploidie: S. 94 ➤ S. 133 und S. 135
Blutgruppe: S. 85 ➤ S. 131
Chloroplasten: S. 84 ➤ S. 13
Duplikation: S. 94 ➤ Steuerung und Evolution S. 103
Genmutationen: S. 93 ➤ S. 117
Hämoglobin A: S. 83 ➤ S. 52
Marfan-Syndrom: S. 85 ➤ S. 130
Mitochondrien: S. 84 ➤ S. 10
Mitose: S. 87 ➤ S. 14
Translokation: S. 94 ➤ S. 133
Zellzyklus und Mitose: S. 86 ➤ S. 13 ff.

Zusammenfassung:

Klassische Genetik und Cytogenetik

Genetik oder Vererbungslehre ist das Teilgebiet der Biologie, das sich mit der Erbinformation beschäftigt. Die Genetik untersucht alle Aspekte der Erbinformation: ihren Bau, ihre Vermehrung, Änderung, Weitergabe, Kombination und ihre Realisation.

Die Klassische Genetik befasst sich mit der Weitergabe des Erbguts von einer Generation zur nächsten und sucht Gesetzmäßigkeiten, nach denen Merkmale weitergegeben werden.

In einfachen Kreuzungsexperimenten mit Erbsen konnte Mendel zeigen, mit welchen Gesetzmäßigkeiten Genotypen weitergegeben werden und wie dadurch die Phänotypen bestimmt werden. Die von Mendel entdeckten Vererbungsregeln beruhen auf der Beobachtung vieler Individuen aus verschiedenen Generationen. Sie konnten auf andere Lebewesen übertragen werden, haben allgemeine Gültigkeit und lassen Vorhersagen für andere Erbgänge zu.

Mendel wählte geeignete Versuchsobjekte für Vererbungsversuche aus. Die Ergebnisse und vor allem die Schlussfolgerungen Mendels gelten als Ausgangspunkt der modernen Genetik. Nach Mendels Erbfaktorenhypothese sind es nicht die Merkmale selbst, die von den Eltern auf die Nachkommen übertragen werden. In den Keimzellen, den Bindegliedern zwischen den Generationen, sind nur die Baupläne für die Merkmale enthalten. Diese Baupläne nennen wir Erbfaktoren oder Gene. Ein Erbfaktor für ein Merkmal kann in verschiedenen Zuständen – Allelen – vorliegen.

Die Gültigkeit der Mendel'schen Regeln wurde für zahlreiche Pflanzen- und Tierarten bestätigt. Man fand aber auch Ausnahmen und suchte sie zu deuten. So sind nicht alle Merkmale frei miteinander kombinierbar, sondern einige sind gekoppelt, sie werden gemeinsam vererbt: sie liegen jeweils auf demselben Chromosom. Auch geschlechtsgebundene Erbgänge folgen nicht Mendels Regeln: Bei vielen Tieren sind die Männchen hemizygot, sie tragen also nur ein Allel eines Gens.

Es gibt einen Zusammenhang zwischen der Weitergabe der Chromosomen von Generation zu Generation und den Mendel'schen Regeln. Durch die Reduktion der Chromosomenzahl bei der Meiose bleibt die Menge der Erbinformation in jeder Generation gleich groß, auch wenn bei der Befruchtung zwei Geschlechtszellen miteinander verschmelzen.

Die Regeln der Vererbung und der Mutation bilden einen Grundpfeiler des Evolutionsgedankens.

Die **Molekulargenetik** befasst sich mit der Struktur und der Funktion der Nukleinsäuren DNA und RNA; sie untersucht, wie Gene aufgebaut sind, wie die genetische Information vervielfältigt (Replikation) und gelesen wird und, wie sie zum Aufbau von Proteinen und anderen Genprodukten genutzt wird.

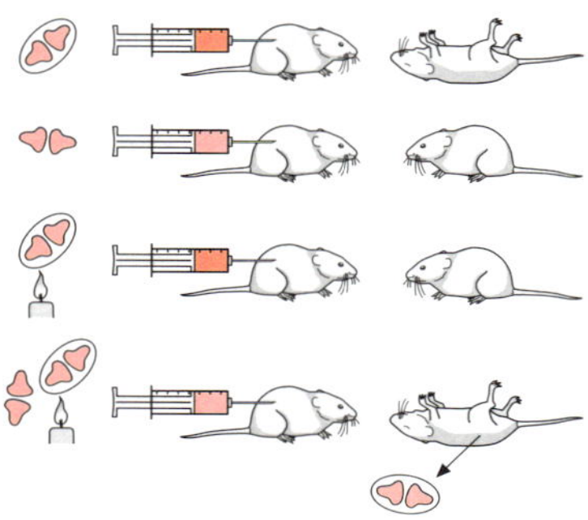

Fred Griffith transformiert Bakterien. → **S. 101**

Oswald Avery identifiziert den „transformierenden Faktor“ als DNA. → **S. 101**

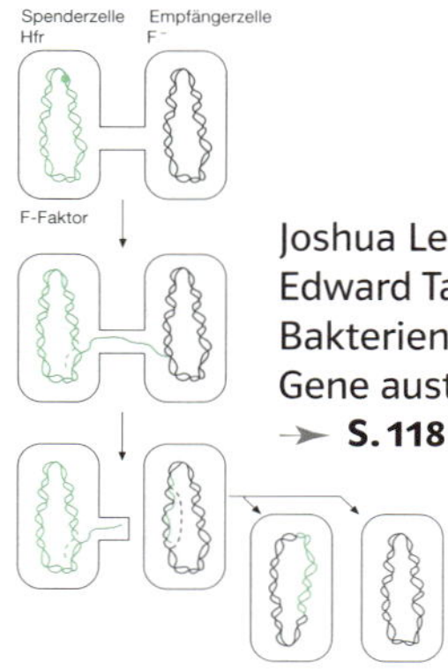

Joshua Lederberg, Edward Tatum: Bakterien können Gene austauschen. → **S. 118 f.**

Erwin Chargaff entdeckt, dass DNA gleiche Mengen an A und T besitzt, bzw. C und G enthält. → **S. 103**

$$[A] = [T]$$
$$[G] = [C]$$

1871	1928	1944	1941	1946	1952
Entdeckung der DNA	Genetische Transformation	DNA ist Erbmaterial	Ein Gen – ein Enzym	Konjugation bei Bakterien	Grundlagen des DNA-Moleküls

Friedrich Miescher entdeckt im Eiter „Nuklein“, das aus C, H, O, N und P besteht. → **S. 102**

George Beadle, Edward Tatum: Bei einer Folge voneinander abhängiger Stoffwechselschritte wird jede Reaktion von einem Enzym katalysiert. → **S. 113**

Rosalind Franklins Röntgenbilder zeigen, dass das DNA-Molekül eine doppelte Spirale ist. → **S. 104**

MOLEKULARE GENETIK

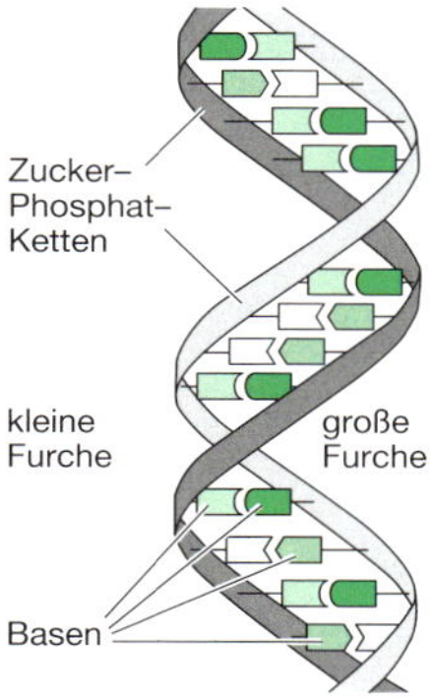

Im DNA-Modell von Francis Crick und James Watson sind zwei Nukleotid-Stränge zu einer Doppelschraube um eine gemeinsame Achse gewunden. → **S. 104**

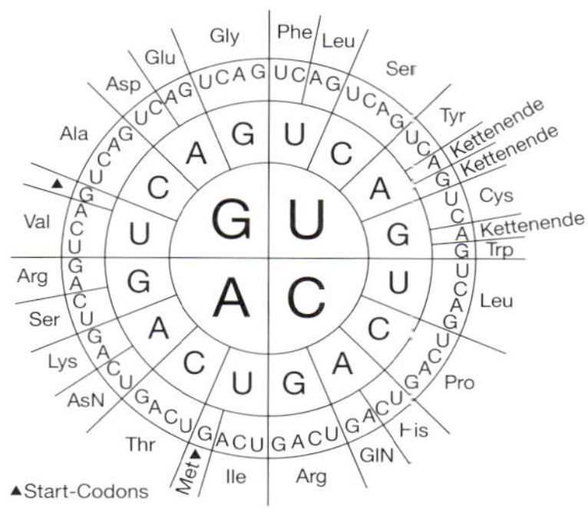

Heinrich Matthaei, Marshall Nirenberg: Der genetische Code ist die Regel, nach der die in Nukleinsäuren befindlichen Codons in Aminosäuren übersetzt werden. → **S. 110 ff.**

Luc Montagnier, Françoise Barré-Sinoussi und Robert Gallo zeigen, dass das HI-Virus AIDS verursacht. → **S. 122**

1953	**1958**	**1961**	**1961**	**1961**	**1983**
Doppelhelix	**Semikonservative Replikation der DNA**	**Transkription von mRNA**	**Der genetische Code**	**Genregulation**	**HIV verursacht AIDS**

Matthew Meselson und Frank Stahl beweisen die semikonservative Replikation der DNA. → **S. 107 ff.**

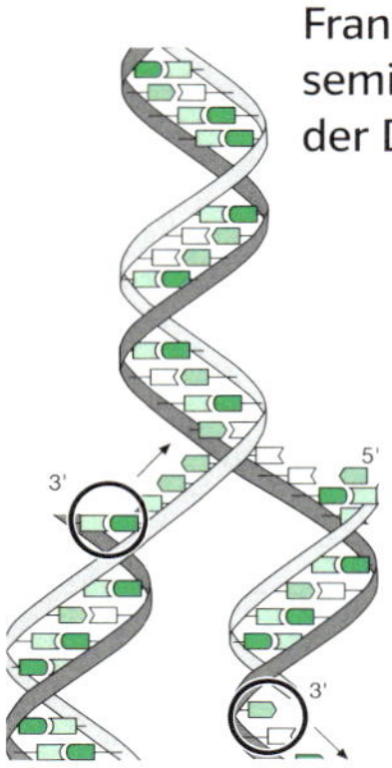

Zur Herstellung eines Proteins wird zunächst eine Kopie der Erbinformation hergestellt. → **S. 109**

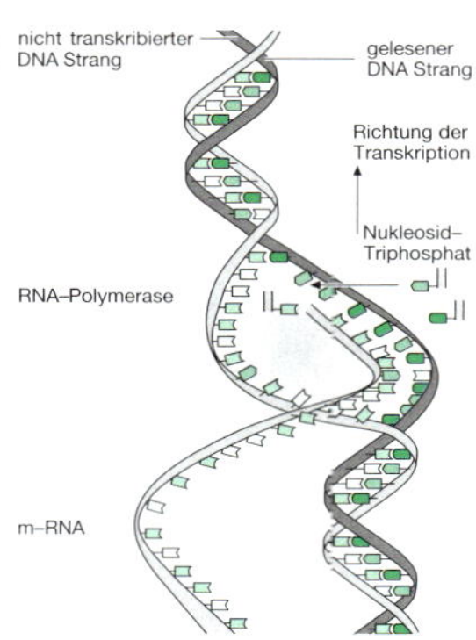

François Jacob und Jacques Monod entwerfen ein Modell zur Genregulation. → **S. 114 f.**

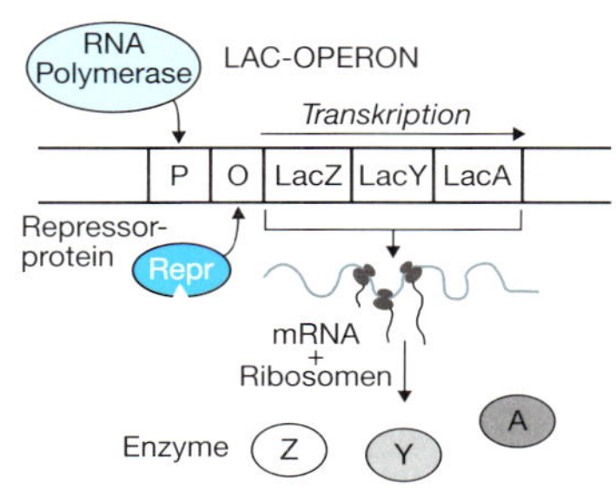

Molekulare Genetik

In diesem Kapitel erfahren Sie:

- DNA ist der Speicher genetischer Information.
- Experimente von Griffith und Avery zeigten, dass DNA das Erbmaterial ist.
- Watson und Crick entwarfen das DNA-Modell der Doppelhelix.
- Meselson und Stahl bewiesen die semikonservative Replikation der DNA.
- Die Proteinbiosynthese erfolgt durch die Schritte Transkription und Translation.
- Der genetische Code ist die Regel, nach der Basen-Tripletts in Aminosäuren übersetzt werden.
- Die Proteinbiosynthese kann auf der Ebene der Transkription reguliert werden.
- Eukaryonten haben Mosaikgene; Introns und Exon wechseln sich ab.
- Genmutationen entstehen durch Tausch, Verlust oder Einschub von Nukleotiden.
- Reparaturenzyme korrigieren Schäden der DNA.
- Krebs entsteht durch Mutation von mindestens zwei verschiedenen Genen.
- AIDS wird durch eine Infektion mit dem Retrovirus HIV verursacht.

DNA als Speicher genetischer Information

Die Entdeckung der DNA

Bis 1944 ist die Natur des Erbmaterials unbekannt.

Lange blieb es ein Geheimnis, auf welche Weise die Information zum Bau und Betrieb eines Lebewesens gespeichert wird. Bis 1944 nahmen die meisten Wissenschaftler an, Proteine könnten die Grundlage des Erbmaterials sein. Es waren vor allem zwei Befunde, die dafür sprachen: Der Zellkern besteht zu einem großen Teil aus Proteinen – und man ging davon aus, dass sich die Erbinformation im Zellkern befindet. Zweitens waren Proteine die einzigen Moleküle, von denen man annahm, dass sie groß und kompliziert genug seien, um den Bauplan des Lebens zu speichern; schließlich können in Proteinen zwanzig verschiedene Aminosäuren in beliebiger Reihenfolge angeordnet sein – ähnlich wie die Buchstaben in einem Buch.

Erst in den 50er Jahren entdeckten Biologen, dass das Programm des Lebens in der Desoxyribonukleinsäure (DNS = DNA) niedergelegt ist. Mit einem eleganten Experiment an Bakterien der Art *Streptococcus pneumoniae* wies Oswald Avery zweifelsfrei nach, dass die DNA Träger der Erbinformation ist. Diese Entdeckung begründete die moderne Molekulargenetik. Zwar waren die meisten Wissenschaftler noch über viele Jahre skeptisch; erst nach Averys Tod wurden seine Erkenntnisse allgemein anerkannt.

DNA als Erbsubstanz

1928: Griffith transformiert Bakterien.

Die Grundlage für den Nachweis, dass DNA die Erbsubstanz ist, bildete der Transformationsversuch von Fred Griffith:

Fred Griffith infizierte Mäuse mit Bakterien verschiedener Stämme.

Pneumokokken des Stammes S haben eine Schleimkapsel. Sie verursachten eine Lungenentzündung und töteten die Mäuse.

R-Pneumokokken ohne Schleimkapsel sind wenig virulent und töten die Mäuse nicht.

Die Injektion hitzegetöteter S-Pneumokokken ist ungefährlich.

Eine Doppelinfektion mit hitzegetötetem S-Stamm und lebenden Bakterien des R-Stammes ist tödlich. Aus dem Blut der Mäuse isolierte er lebende S-Pneumokokken!

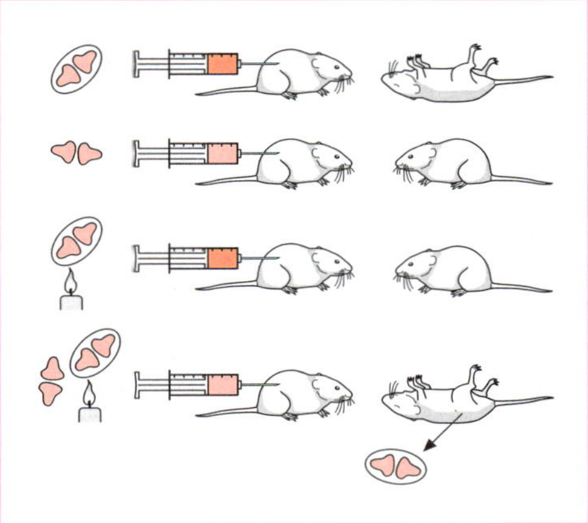

Abb. 90 Die Versuche von Griffith

Ergebnis: R-Pneumokokken können bei Anwesenheit von toten S-Kokken in S-Kokken „transformiert" werden: Offensichtlich gibt es einen Stoff, der die Eigenschaft der Kapselbildung übertragen kann, ein „transformierendes Prinzip".

1944: Avery zeigt, dass DNA das transformierende Prinzip ist.

Oswald Avery zeigte, dass das „transformierende Prinzip" nicht aus Proteinen, sondern aus DNA besteht. Er führte Transformationsversuche in vitro durch und bewies damit, dass DNA die Schleimbildung der Pneumokokken vererbt.

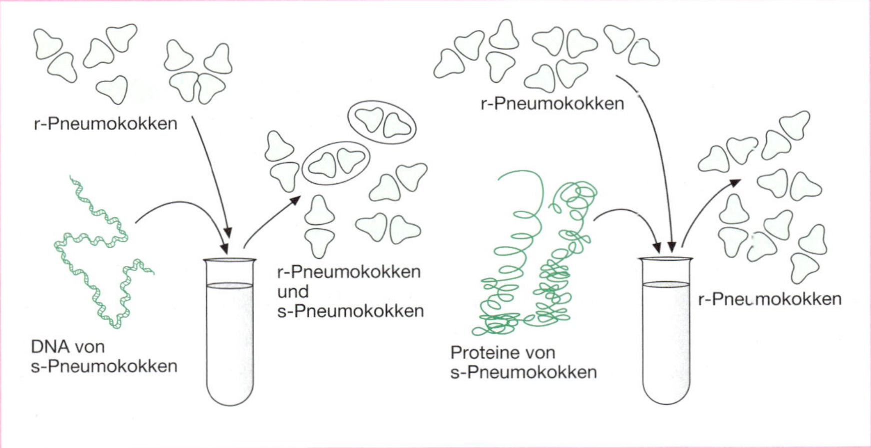

Abb. 91 Averys Versuche zur Transformation von Pneumokokken

R-Pneumokokken werden mit DNA des S-Stammes zusammengegeben: Ein Teil der Bakterien bildet Schleimkapseln!

R-Pneumokokken werden mit Proteinen aus Pneumokokken des S-Stammes zusammengegeben: Es gibt keine Transformation.

1952: Hershey und Chase beweisen, dass DNA das Erbmaterial der Phagen ist.

DNA ist das universelle Erbmaterial.

Andere Versuche und Beobachtungen bestätigten, dass das Ergebnis Averys auf alle Lebewesen und auf alle Vererbungsvorgänge übertragen werden kann. So wiesen Hershey und Chase nach, dass Bakteriophagen nur ihre DNA in Bakterien injizieren, um diese zu veranlassen, neue Phagen zu bilden. DNA ist also die universelle Erbsubstanz.

Bausteine der DNA

1871: Miescher entdeckt die DNA.

Schon im Jahr 1871 isolierte Friedrich Miescher in Tübingen DNA aus Eiterzellen. Als er die Proteine der Zellen mit Pepsin auflöste, schrumpften die Zellkerne, aber sie blieben erhalten. Die Elementaranalyse des zurückbleibenden Stoffes ergab eine Zusammensetzung aus C, O, H, N und P. Weil der Stoff sauer reagiert und im Zellkern (lat. *nucleus*) vorkommt, nannte er ihn „Nukleinsäure".

DNS ist die Abkürzung für **D**esoxyribo-**N**uklein-**S**äure. International ist die Abkürzung **DNA** für *deoxyribonucleic acid* üblich.

Um ihn von der später entdeckten Ribonukleinsäure abzugrenzen, erhielt er den Namen „Desoxyribonukleinsäure" abgekürzt DNS – international ist die Abkürzung DNA für *deoxyribonucleic acid* üblich. Die Funktion der Nukleinsäuren aber blieb lange Zeit unklar.

Ein DNA-Molekül ist sehr groß, es enthält Tausende von Atomen. Glücklicherweise ist das große Molekül aus wenigen, recht einfachen Bausteinen zusammengesetzt. Durch Hydrolyse wird DNA in sechs verschiedene Komponenten zerlegt:

Sechs Komponenten bauen ein DNA-Molekül auf: Phosphorsäure, Desoxyribose, Cytosin, Thymin, Adenin und Guanin.

- die **Phosphorsäure** (H_3PO_4) bzw. ihr Anion, das Phosphat (PO_4^{3-}).
- den Zucker Desoxyribose. **Desoxyribose** ist eine Pentose, also ein Zucker mit fünf Kohlenstoffatomen. Im Gegensatz zur Ribose (Abb. 92) fehlt der Desoxyribose am Kohlenstoff-Atom 2 ein Sauerstoffatom.
- und vier verschiedene **Stickstoffbasen**: Die beiden Pyrimidinbasen Cytosin (C) und Thymin (T) bestehen jeweils aus einem Ring, Adenin (A) und Guanin (G) bestehen aus zwei kondensierten Ringen, sie sind Purinbasen.

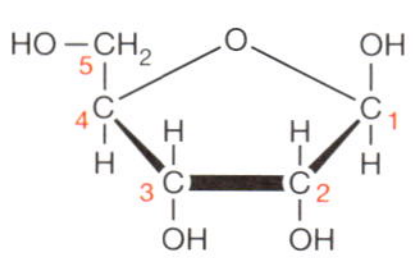

β-D-Ribose

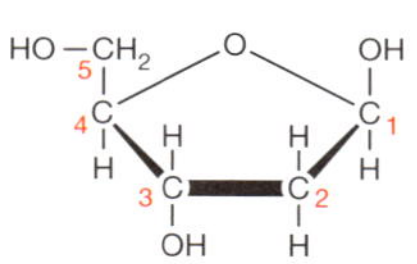

2-desoxy-β-D-Ribose

Abb. 92 Ribose und Desoxyribose sind Pentosen.

Die Base Adenin und der Zucker reagieren unter Wasserabspaltung zu einem **Nukleosid**: dem Desoxy-Adenosin. Die Base ist dabei immer am C1-Atom des Zuckers gebunden. Das Nukleosid Desoxy-Adenosin reagiert – wieder unter Abspaltung von Wasser – mit einem Phosphorsäure-Molekül zum **Nukleotid**. Die Phosphorsäure wird an das C5-Atom des Zuckers gebunden: Aus der Base Adenin entsteht so ein Desoxyadenosinmonophosphat – kurz dAMP. Auf dem gleichen Weg entstehen aus den anderen drei Basen die drei anderen Nukleotide Desoxyguanosinmonophosphat (dGMP), Desoxycytidinmonophosphat (dCMP) und Desoxythymidinmonophosphat (dTMP). Diese Nukleotide sind die Monomere – die Buchstaben – aus denen die DNA aufgebaut ist.

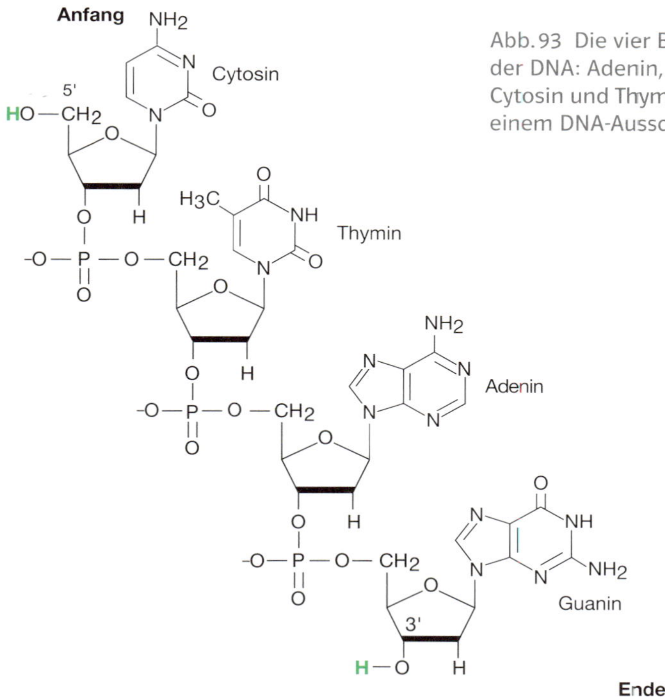

Abb. 93 Die vier Basen der DNA: Adenin, Guanin, Cytosin und Thymin in einem DNA-Ausschnitt

Je eine Phosporsäure, ein Zucker und eine Base bilden ein Nukleotid, das Monomer bzw. einen Buchstaben der DNA.

Das DNA-Modell

In der Mitte des 20. Jahrhunderts hatte man über die DNA schon eine ganze Reihe von Informationen, die allerdings noch kein zusammenhängendes Bild ergaben:

DNA ist ein Polymer aus vielen Nukleotiden.

1. Es war bekannt, dass im DNA-Molekül viele Nukleotide zu langen, unverzweigten Ketten verbunden sind (Abb. 93).
2. Dem Rückgrat des Strangs lässt sich eine Richtung zuordnen; die Kette ist also polar: Von oben nach unten fährt man vom 5' zum 3'-Atom des Zuckers, von unten nach oben vom 3' zum 5'-Atom!
3. Erwin Chargaff trennte die DNA durch Säurehydrolyse auf und untersuchte den Basengehalt. Er zeigte, dass die vier Basen in Bakterien, Hefen, Rindern und Menschen in wechselnden Mengenverhältnissen vorkamen,

Herkunft	A	T	G	C
Mensch	30,3	30,3	19,5	19,9
E.coli	23,9	23,9	26,0	26,9
Mycobacterium	16,2	16,4	33,7	33,7
Phage T7	26,0	26,0	24,0	24,0

Tab. 3: Verhältnisse der vier Basen in der DNA verschiedener Organismen.

> *Es ist jedoch bemerkenswert – ob es mehr als Zufall ist, lässt sich noch nicht sagen –, dass bei allen bisher untersuchten Desoxyribonukleinsäuren die molaren Verhältnisse der gesamten Purine zu den gesamten Pyrimidinen und ebenso die des Adenins zu Thymin und des Guanins zum Cytosin nicht weit von eins entfernt ist.*
> *Erwin Chargaff*

dass aber jede DNA genau gleichviel Adenin wie Thymin enthält und gleichviel Cytosin wie Guanin (Tab. 3).

Jede DNA enthält gleichviel Adenin wie Thymin und gleichviel Cytosin wie Guanin.

4. Maurice Wilkins und Rosalind Franklin untersuchten die Struktur von DNA-Kristallen mit Hilfe von Röntgenstrahlen. Die Symmetrie der Beugungsmuster spiegelt die Symmetrie des Moleküls wieder. Die Auswertung der Diagramme offenbarten, dass die DNA schraubenartig aufgewunden ist. Daten für Dichte, Durchmesser und Ganghöhe zeigten, dass es sich um eine doppelte Schraube handelt.

Das DNA-Molekül gleicht einer doppelten Schraube.

Auf diese Forschungsergebnisse gründeten James Watson und Francis Crick 1953 ihr DNA-Modell. Sie bauten maßstabsgetreue Molekül-Modelle von Nukleotiden und schafften es schließlich sie so zusammenzufügen, dass sie mit den chemischen und den kristallographischen Daten übereinstimmten.

1953: Das Watson-Crick-Modell der DNA zeigt, dass die räumliche Struktur der DNA einer Doppelhelix entspricht, einer Spirale von zwei Strängen, die sich schraubenförmig umeinander winden. Eine Kette aus Zucker und Phosphat bildet das Rückgrat der DNA.

Nach dem Watson-Crick-Modell sind im DNA-Molekül zwei Nukleotid-Stränge zu einer Doppelschraube oder **Doppelhelix** umeinander gewunden. Das Molekül ähnelt einer verdrillten Strickleiter. Die Holme dieser Leiter sind lange Ketten, in denen sich Zucker- und Phosphatmoleküle abwechseln. Die Zucker- und Phosphatmoleküle sind durch Phosphodiester-Bindungen aneinander gebunden. Die Anordnung der Atome im **Rückgrat** beider Ketten ist in entgegengesetzter Richtung gleich. Die beiden Ketten besitzen also eine gegenläufige Polarität. Gleichgültig, welches Ende nach oben gehalten wird, das Molekül sieht immer gleich aus.

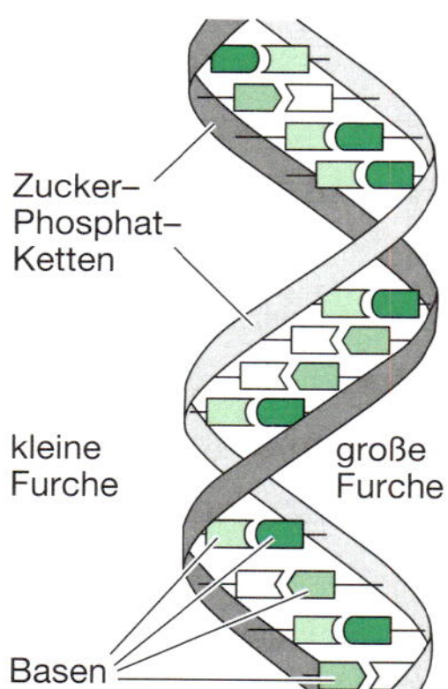

Abb. 94
Die Doppelhelix

Die Sprossen der Leiter werden von den Basen gebildet. An jedem Zuckermolekül hängt eine Base. Die Basen weisen in das Innere der Helix und verbinden die beiden Ketten miteinander. Alle zehn Basenpaare einmal umrunden sich die Stränge. Es entsteht eine rechtsgewundene Spirale; die Doppelhelix hat also dasselbe Gewinde wie eine Schraube. Der Durchmesser der Doppelwendel beträgt 2 nm, der Abstand zwischen benachbarten Nukleotiden 0,34 nm, die Länge einer Schraubenwindung beträgt 3,4 nm. Die beiden Stränge sind um etwa 3/8-Windungen gegeneinander versetzt, so ziehen an den Flanken der Doppelhelix eine breite und eine schmale Furche entlang. Diese Beschreibung gilt für die B-Form der DNA, die in wässriger Lösung die stabilste Form ist.

Basenpaarungen

In der Doppelhelix stehen sich die Basen der beiden Stränge gegenüber. Je zwei gegenüberliegende Basen bilden untereinander Wasserstoffbrücken aus: Gestalt und Ladungsverteilung der Moleküle lassen jeweils nur eine Möglichkeit der Paarung zu: Cytosin auf dem einen Strang kann nur mit Guanin auf dem anderen Strang und umgekehrt, Adenin auf dem einen Strang nur mit Thymin auf dem anderen Strang und umgekehrt „Strickleitersprossen" oder Basenpaare bilden.

Komplementäre Basen paaren sich: Adenin paart sich mit Thymin, Guanin mit Cytosin.

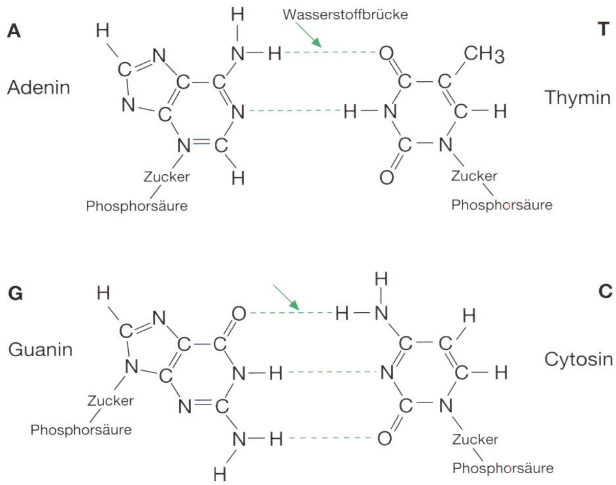

Abb. 95
Adenin und Thymin sind durch zwei, Guanosin und Cytosin durch drei Wasserstoffbrücken verbunden.

Zwei zueinander passende Basen liegen sich in der Doppelhelix stets gegenüber, man bezeichnet sie als komplementär. Weil jeweils ein großes Molekül, eine Purin-Base, einem kleinen, der zugehörigen Pyrimidinbase, gegenübersteht, sind die Sprossen der Leiter immer gleich lang.

Daher können wir aufgrund der Basenpaarungsregeln, wenn die Sequenz eines Stranges bekannt ist, die Basenfolge im zweiten Strang ableiten.

Die Basen sind es, die für die Verbindung der beiden Stränge verantwortlich sind. Sie können nämlich untereinander Wasserstoffbrücken ausbilden, die die beiden Fäden zu einem Doppelstrang verbinden. Wasserstoffbrücken sind schwache chemische Bindungen, die durch die elektrostatische Anziehung zwischen einem polarisierten Wasserstoffatom und einem Sauerstoff- oder Stickstoffatom zustandekommen. Ihre Formen und Ladungen lassen jeweils nur eine Möglichkeit der Paarung zu: Zwischen Adenin und Thymin bilden sich zwei, zwischen Guanin und Cytosin drei Wasserstoffbrücken.

Wasserstoffbrücken verbinden polarisierte Wasserstoffatome mit einem Stickstoff- oder Sauerstoffatom.

Bei der A-T-Paarung findet man zwei Wasserstoffbrücken, bei der C-G-Paarung sind es drei.

Die Abfolge der Basen im DNA-Molekül wechselt so unregelmäßig wie die der Buchstaben in einem Buch und es ist diese Reihenfolge, die jedem Gen seine spezifische Bedeutung gibt.

Die Abfolge der Basen ist zwar in allen Zellen eines Individuums die gleiche, aber sie unterscheidet sich von Lebewesen zu Lebewesen. Alle Vorgänge des

Körpers werden durch die Basensequenz gesteuert. Mit dem Vier-Buchstaben-Alphabet der DNA ist die gesamte genetische Information aller Lebewesen verschlüsselt: Die DNA wird daher oft als „Molekül des Lebens" bezeichnet.

Die Abfolge der Basen in der DNA ist das biologische Erbe aller Lebewesen.

Die Gesamtinformation der menschlichen DNA, das menschliche Genom, besteht aus etwa $3{,}5 \times 10^9$ Nukleotidpaaren. Das Human-Genom-Projekt, ein gigantisches Forschungsvorhaben, bemüht sich um die Aufklärung der DNA-Sequenz des gesamten menschlichen Genoms (➤ S. 153).

Chromosomen

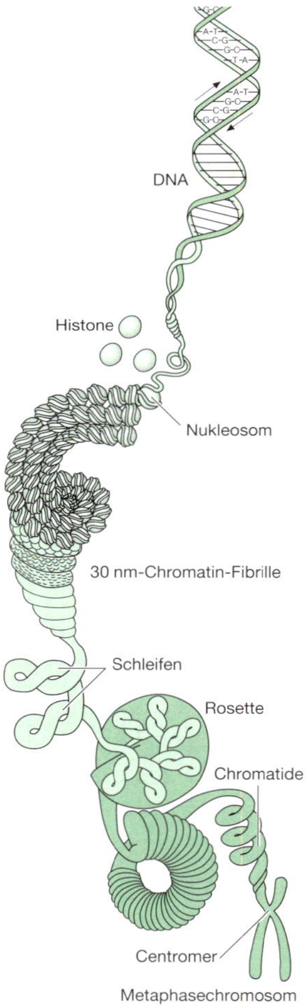

Abb. 96 Aufbau eines Metaphasechromosoms

Viren (➤ S. 121) enthalten ein fadenförmiges DNA-Molekül. Bei Bakterien (➤ S. 118) ist das DNA-Molekül zur einem Ring geschlossen. Seine Länge ist – gemessen an den Dimensionen der Zelle – geradezu ungeheuerlich. Das Chromosom eines 5µm großen Bakteriums ist etwa 60µm lang. Daneben können noch kleinere zirkuläre DNA-Moleküle vorkommen, sogenannte Plasmide.

In Eukaryontenzellen (➤ S. 9) ist die DNA in Chromosomen organisiert. Jedes Chromosom enthält ein einziges DNA-Molekül. Dieses ist mit basischen Proteinen, den **Histonen**, vergesellschaftet und bildet das **Chromatin**. Grundbaustein des Chromatins ist das Nucleosom: Die DNA-Doppelhelix wickelt sich zweimal um einen Kern aus Histonproteinen. Ein kleineres Histonmolekül versiegelt als Plombe die DNA-Windungen. Aneinandergereihte Nucleosomen sind zu Spulen aufgewickelt. Es entsteht eine Spirale von etwa 30 nm Durchmesser: das Solenoid. Die Solenoide bilden Schleifen von rund 200 nm Länge.

Organellen der Eukaryonten, nämlich Mitochondrien (➤ S. 10) und Plastiden (➤ S. 12), enthalten ebenfalls DNA, die ihrem Ursprung nach prokaryontische DNA ist und eine zirkuläre Struktur hat. Die gesamte DNA einer Zelle bzw. eines Lebewesens bezeichnet man als **Genom**.

Die Vermehrung der DNA

Das DNA-Molekül trägt die einzigartige Möglichkeit zur identischen Replikation in sich; es kann sich selbst exakt verdoppeln.

Die genetische Information ist in der Doppelhelix zweifach vorhanden. Kennt man die Basensequenz eines Stranges, so kann man auch die Basenfolge des anderen Stranges angeben. Dieser Sachverhalt wird bei der Verdoppelung der DNA ausgenützt: Ein Strang ist die Vorlage für die Bildung des anderen.

Die Doppelspirale windet sich auf.

Die beiden Stränge weichen auseinander, eine Replikationsgabel entsteht.

Jeder Arm dient als Matrize für einen neuen Tochterstrang: Freie Nukleotide heften sich jeweils an die komplementäre Base.

Die Basen werden miteinander verknüpft und bilden einen neuen Strang.

An jedem der beiden Einzelstränge wird ein komplementärer neuer Strang synthetisiert. So entstehen zwei exakte Kopien des ursprünglichen Moleküls.

Die Replikation wird durch das Enzym DNA-Polymerase katalysiert. Substrate der Polymerase sind – neben dem DNA-Strang – die vier Desoxynukleosidtriphosphate. Die Nukleotide liegen im Protoplasma als Triphosphate vor: dATP (desoxy-Adenosin-Triphosphat), dGTP, dCTP und dTTP. Sie tragen zunächst also drei Phosphatgruppen an jedem Zuckermolekül.

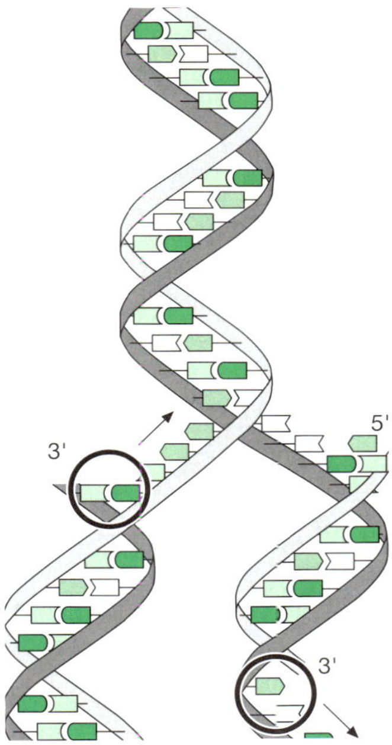

Abb. 97 Die Replikation der DNA

Die Verdoppelung der DNA beruht auf der Komplementarität der beiden Stränge der Doppelhelix.

Die hohe Genauigkeit, mit der die DNA-Replikation erfolgt, ist auf die hohe Substratspezifität der DNA-Polymerase zurückzuführen. Diese wandert an der DNA-Matrize entlang und heftet an jedes Nukleotid ein neues Nukleotid mit der komplementären Base. Passende Nukleotide werden – unter Abspaltung von Diphosphat – an den entstehenden Strang gebunden. Danach prüft das Enzym, ob das eingefügte Nukleotid korrekt ist. Ist dies nicht der Fall, so wird es wieder entfernt.

Die DNA-Polymerase kann sich nur vom 3'-Ende des Strangs in Richtung auf das 5'-Ende zu bewegen. An einem der Stränge, dem Leitstrang, wandert sie in der Richtung der sich öffnenden Replikationsgabel und baut dabei einen fortlaufenden Tochterstrang auf. Am Folgestrang wandert die Polymerase in Gegenrichtung, sie bewegt sich von der Replikationsgabel weg. Der Tochterstrang wird hier diskontinuierlich, Stück für Stück, gebildet. Das Enzym DNA-Ligase fügt die Teilstücke, die Okazaki-Fragmente, zu einem durchgehenden Strang zusammen.

Die Replikation der DNA beginnt bei Eukaryonten gleichzeitig an zahlreichen Stellen, die Replikationsursprünge sind über die Chromosomen verteilt.

Nachweis der semikonservativen Replikation

Nach dem DNA-Modell von Watson und Crick erwarten wir eine semikonservative Verdoppelung der DNA: Die Doppelhelix konserviert beim Verdoppeln einen der beiden Stränge und bildet den zweiten neu.

1958: Meselson und Stahl beweisen die semikonservative Replikation der DNA.

Die experimentelle Bestätigung dieser Annahme erbrachten die Biologen Meselson und Stahl in einem klassischen Experiment. Sie hatten die Idee, neue und alte DNA durch unterschiedliche Dichte zu kennzeichnen.
Sie kultivierten Bakterien der Art *E.coli* auf einem Medium, dessen einzige Stickstoffquelle das schwere Stickstoff-Isotop ^{15}N enthält. Die DNA dieser Bakterien (^{15}N-DNA) ist dichter als die normaler Bakterien.
Einen Teil dieser Bakterien übertrugen sie in ein Medium mit normalem Stickstoff (^{14}N) und entnahmen nach einer Teilung eine Probe.
Nach der zweiten Teilung in diesem Medium wurde wieder eine Probe entnommen.

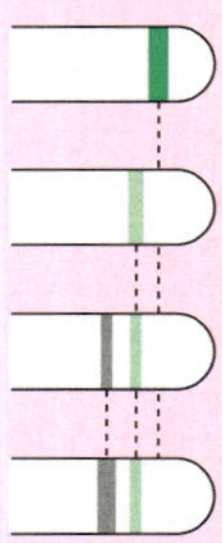

Abb.98 DNA-Banden verschiedener Dichte nach der Dichtegradienten-Zentrifugation

Die DNA wird isoliert, mit einer CsCl-Lösung vermischt und in einer Ultrazentrifuge zentrifugiert (Dichtegradienten-Zentrifugation).
DNA-Proben aus Bakterien, die im Medium mit ^{15}N wuchsen, sammeln sich nahe dem Boden: Die DNA ist schwer. Alle Moleküle enthalten ^{15}N.
Bakterien, die eine Teilung im leichten Medium machten, ergeben ein höher gelegenes Band: Die DNA besteht aus einem schweren (alten) und einem leichten (neuen) Strang.
Nach zwei Teilungen im leichten Stickstoff trennt sich die DNA in zwei Bänder auf: Die Hälfte der Bakterien hat leichte, die andere Hälfte hat halbschwere DNA. Nach drei Teilungen ist das obere Band dichter, das mittlere dünner: Drei Viertel aller Bakterien haben leichte DNA-Moleküle.

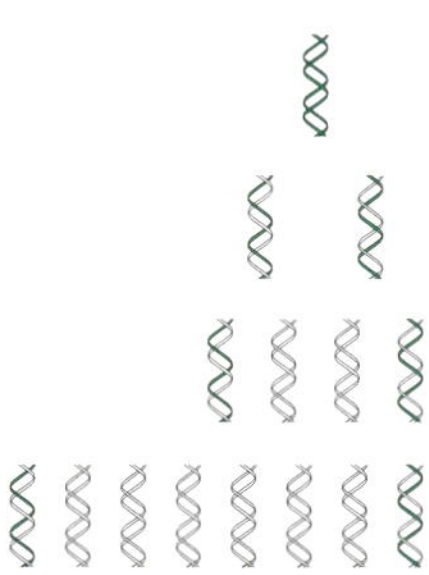

Abb. 99 Deutung der Ergebnisse des Versuchs von Meselson und Stahl

Die Ergebnisse stimmen mit den Erwartungen des Watson-Crick-Modells für die semikonservative Replikation der DNS überein.

Proteinbiosynthese

Zur Herstellung eines Proteins wird zunächst eine Kopie der Erbinformation im Zellkern hergestellt (mRNA); man bezeichnet diesen Schritt als Transkription. Diese Kopie wird aus dem Kern exportiert. Der zweite Schritt, die Translation, findet im Cytoplasma statt. Die Ribosomen (→ S. 10) übersetzen die Bauanleitung und bauen die Proteine entsprechend dieser Anleitung zusammen. Der Umweg über eine Botensubstanz hat den Vorteil, dass die DNA im Zellkern geschützt bleibt.

Transkription: Synthese der mRNA

Das Wort Transkription stammt vom lateinischen *transcribere* und bedeutet umschreiben. Zuerst wurde die Transkription bei Prokaryonten erforscht, dort ist ihr Ablauf auch besonders einfach:

Die **Phasen der Transkription** sind: Initiation, Elongation, Termination.

Zur Initiation heftetet sich ein Enzym, die RNA-Polymerase, an die DNA. Der Bereich an den die RNA-Polymerase bindet, wird als Promotor bezeichnet. Der Promotor ist ein kurzer DNA-Bereich (ca. 50 Basenpaare), der vor jedem Gen liegt und von der RNA-Polymerase erkannt wird. Hat sich das Enzym an den Promotor angeheftet, so löst es eine Reaktionsfolge aus, die den DNA-Doppelstrang entdrillt. So werden die Einzelstränge zum Ablesen verfügbar. Bei der Transkription wird nur einer der beiden DNA-Stränge – der codogene Strang – abgelesen. Von diesem wird eine komplementäre einzelsträngige mRNA hergestellt, die in ihrem Informationsgehalt dem zweiten, nicht abgelesenen DNA-Strang entspricht. Die Bausteine der RNA, die Ribonucleotide, werden von der Zelle zur Verfügung gestellt.

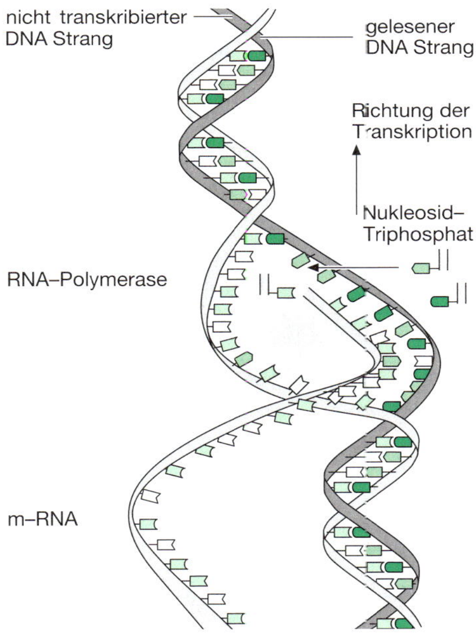

Abb. 100 Transkription: Synthese der mRNA

Vorsicht: Der Begriff „codogener Strang“ wird in der Literatur unterschiedlich definiert! Hier ist der „template-“ oder Matritzen-Strang gemeint

Bevor die angelagerten Ribonukleotide zu einem mRNA-Strang verknüpft werden, prüft die RNA-Polymerase, ob die Basenpaarungen exakt sind. Die Transkription ist abgeschlossen, wenn die RNA-Polymerase ein Terminationssignal am Ende des Gens erreicht. Dieses bewirkt das Ablösen der RNA-Polymerase von der DNA.

Transkription und Prozessierung bei Eukaryonten

Bei Eukaryonten werden nur bestimmte Bereiche der DNA in Proteine übersetzt.

In Eukaryonten-Zellen, also bei Pflanzen, Tieren und Pilzen, verläuft die Transkription etwas anders: Eukaryonten haben Mosaik-Gene. Diese enthalten die genetische Information für ein Protein meist nicht in zusammenhängender, sondern in gestückelter Form.

Ein DNA-Bereich, der in der fertigen mRNA noch zu finden ist, ist ein Exon; DNA-Abschnitte, deren Transkripte beim Spleißen entfernt werden, nennt man Intron.

Im Zellkern wird ein Stück der DNA in schneller Folge von vielen RNA-Molekülen abgelesen. Diese Primär-Transkripte – oder prä-mRNAs – werden noch im Zellkern bearbeitet; sie werden zerschnitten und neu zusammengesetzt. Der Vorgang wird als *splicing* oder Spleißen bezeichnet. In der fertigen mRNA tauchen nur bestimmte Abschnitte der abgelesenen DNA, die Exons, wieder auf. Der Rest, das sind die Introns, wird ausgeschnitten und abgebaut. Durch alternatives Splicing können aus demselben DNA-Abschnitt unterschiedliche mRNA-Moleküle entstehen. Schließlich erhält die RNA am 5'-Ende eine Kappe (*cap*); am 3'-Ende wird eine Poly-Adenosin-Sequenz (Poly-A-Schwanz) angehängt. Erst durch diese Bearbeitung (*processing*) entsteht die reife mRNA. An Proteine gebunden verlässt die mRNA durch eine Kernpore den Zellkern und wird auf den Ribosomen zur Eiweißsynthese abgelesen.

Die Translation: Synthese des Proteins

Das Wort Translation stammt vom lateinischen *transferre* (Partizip Perfekt *translatum*) und bedeutet „übertragen". Und genau das machen die Ribosomen: Sie übertragen die Codonfolge auf der mRNA in die Aminosäurefolge im Protein.

Dazu braucht man, neben der mRNA und den Ribosomen, auch Aminosäuren, Bausteine der Proteine (➛ S. 50). Viele Aminosäuren kann die Zelle in ihrem Stoffwechsel aufbauen, einige sind aber essentiell, d. h. die Zelle kann sie nicht selbst herstellen; sie müssen mit der Nahrung aufgenommen werden. Die Aminosäuren werden mittels eines für jede Aminosäure spezifischen „Verbindungsmoleküls", der Transfer-RNA (tRNA), zu den Ribosomen transportiert. Diese Verbindungsmoleküle haben ihren Namen daher, dass sie die Aminosäure, mit der sie am einen Ende verbunden sind, indirekt mit der mRNA in Kontakt bringen. Bei zweidimensionaler Darstellung ähneln sie einem Kleeblatt.

Ein mRNA-Molekül kann mehrere Male hintereinander zur Translation benutzt werden, d. h. von einem mRNA-Molekül können mehrere identische Proteinmoleküle synthetisiert werden.

Das Ribosom kann man sich wie eine Perle vorstellen, durch welche die mRNA wie eine Schnur" gezogen wird. Innerhalb der Perle warten die tRNA-Moleküle mit den 20 verschiedenen Aminosäuren. Auf der Gegenseite der Aminosäurebindestelle tragen die tRNAs das **Anticodon**: Anticodons bestehen aus Basentripletts, die komplementär zu den mRNA-Codons sind. Beim Einfädeln der mRNA gelangt als erstes das **Startcodon AUG** ins Ribosom. Die tRNA, die das UAC trägt, kann mit der mRNA paaren. Auf der anderen Seite trägt dieses Verbindungsmolekül die Aminosäure Methionin, die entsprechend dem genetischen Code durch das Startcodon AUG codiert wird. Damit ist der Leserahmen für die mRNA festgelegt, d. h. sie ist jetzt in Tripletts bzw. Codons gerastert.

Im nächsten Schritt wandert die mRNA ein Stück weiter. Das nächste passende tRNA-Molekül, das die zum Codon auf der mRNA passende Aminosäure trägt, kann über die Basenpaarung seinen Platz einnehmen. Die Aminosäuren der beiden Verbindungsmoleküle befinden sich jetzt direkt nebeneinander und werden von einem Enzym, das im Ribosom aktiv ist, verknüpft. Dieser Vorgang wird solange wiederholt, bis alle Codons auf der mRNA nacheinander von Verbindungsmolekülen mit ihren Anticodons besetzt und die entsprechenden Aminosäuren zum **Protein** verknüpft worden sind. Während die Aminosäurekette wächst, lösen sich die Verbindungsmoleküle vom anderen, bereits fertigen Ende wieder ab. Wenn sich die mRNA soweit durch das Ribosom bewegt hat, dass sie auf ein Terminationscodon an ihrem Ende stößt, wird die Translation beendet, denn für diese Codons existieren keine Verbindungsmoleküle. Die fertige Aminosäurekette faltet sich am Ende zu einer dreidimensionalen Struktur auf, es entsteht das biologisch aktive Protein.

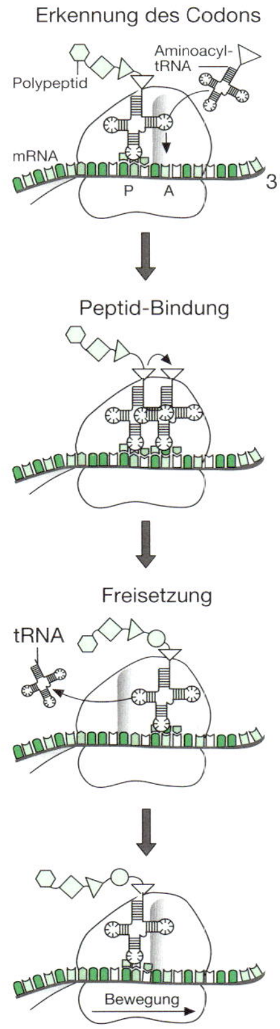

Abb. 101
Translation: ein Elongationszyklus

DNA und RNA

RNA und DNA unterscheiden sich in mehreren Aspekten:

- RNA enthält statt der Desoxyribose den Zucker Ribose.
- Die Base Thymin ist durch Uracil ersetzt. Uracil hat dieselben Paarungseigenschaften wie Thymin.
- RNA ist einsträngig, sie bildet keine Doppelhelix.
- RNA-Moleküle sind kleiner und beweglicher als DNA-Moleküle.
- Ein DNA-Molekül wird so alt wie eine Zelle, RNA ist kurzlebiger.

An der Proteinbiosynthese sind drei verschiedene Typen von RNA-Molekülen beteiligt: Die mRNA (*messenger RNA* = Boten-RNS) trägt den Bauplan für ein Protein aus dem Zellkern in das Cytoplasma. Ribosomen, die Protein-Fabriken der Zelle sind teils aus Protein, teils aus RNA aufgebaut. Ribosomale RNS oder rRNA macht bis zu 90 % des RNA-Gehalts einer Zelle aus. tRNA-Moleküle (*transfer-RNA* = Überträger-RNS), transportieren die Aminosäuren und übersetzen die Information der mRNA in eine Aminosäuresequenz. Alle drei RNA-Sorten werden im Zellkern an der DNA hergestellt.

Der genetische Code

Die Information der DNA liegt in Form einer linearen Basensequenz vor – Proteine bestehen aus einer linearen Folge von Aminosäuren. Ein Zusammenhang zwischen der Basensequenz und der Aminosäuresequenz liegt daher nahe. Tatsächlich ist in der DNA-Sequenz die Abfolge der Aminosäuren im zugehörigen Protein codiert. Die Beziehung zwischen der Reihenfolge der Basen in der DNA und der Folge der Aminosäuren im Protein nennt man den genetischen Code.

Da in der DNA nur vier Typen von Nukleotiden vorkommen, während die Proteine aus 20 verschiedenen Aminosäuren zusammengesetzt sind, kann nicht jeweils ein Nukleotid eine Aminosäure festlegen. Auch Kombinationen aus zwei Nukleotiden könnten höchstens 16 ($4^2 = 16$) Aminosäuren codieren. Der Code mußte also aus Einheiten von jeweils mindestens drei Nukleotiden bestehen. Die Reihenfolge dieser Dreiergruppen, Tripletts oder Codons genannt, bestimmt die Anordnung der Aminosäuren im Polypeptid.

- Der genetische Code ist ein Triplett-Code: Die Basen werden in Dreiergruppen (= Tripletts) gelesen. Jedes Triplett codiert eine Aminosäure.
- Der genetische Code ist nicht überlappend: Benachbarte Tripletts codieren für benachbarte Aminosäuren.
- Der genetische Code ist kommafrei: Jedes Nukleotid ist Teil eines Codons.
- Der genetische Code ist degeneriert: 61 Tripletts codieren für 20 verschiedene Aminosäuren. Für einige Aminosäuren steht also mehr als ein Codon.
- Der genetische Code ist universell. Bei fast allen bekannten Organismen haben die Codons dieselbe Bedeutung.

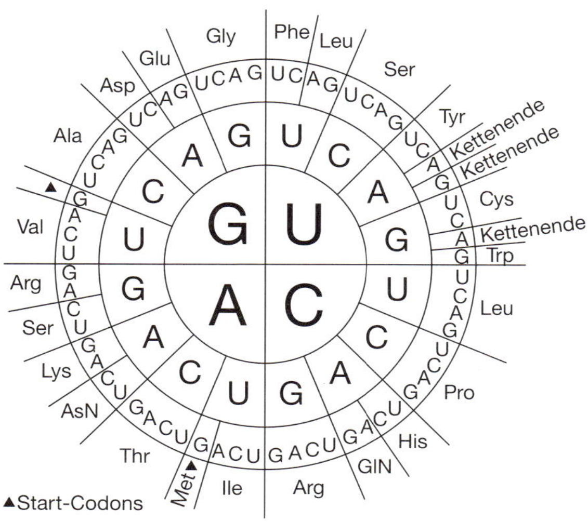

Abb.102 Die Code-Sonne wird von innen nach außen gelesen.

Die eleganteste Darstellung des genetischen Codes ist die Code-Sonne. Sie zeigt, in welche Aminosäure ein bestimmtes Triplett übersetzt wird. Die Code-Sonne ist von innen nach außen zu lesen. Die mRNA wird in der Richtung von 5' nach 3' hergestellt und in dieser Richtung auch übersetzt. In der Code-Sonne stehen innen die Basen des 5'-Endes des mRNA-Codons, außen die des 3'-Endes. Alle 64 Codons werden genutzt. 61 können bestimmten Aminosäuren zugeordnet werden, drei (UAA, UAG und UGA) dienen als Stoppsignal für den Abbruch der Proteinsynthese, eines (AUG) steht für die Aminosäure Methionin und ist Startsignal. Daher beginnen alle Polypeptidketten zunächst mit Methionin, das später meist abgespalten wird.

Gen und Genwirkkette

Der Genbegriff hat sich in der Geschichte der Genetik gewandelt: Mendels Genbegriff kann man durch die Formel „Ein Gen → ein Merkmal“ wiedergeben. Morgan zog aus Kreuzungsversuchen an Taufliegen den Schluss, dass ein Gen einen kleinen Abschnitt eines Chromosoms (→ S. 92) darstellt.

Die „Ein-Gen-ein-Enzym-Hypothese“ – die Annahme, dass jedes Gen seine Wirkung durch die Codierung eines Enzyms entfaltet – erwies sich als eine außerordentlich nützliche Arbeitshypothese.

Beadle und Tatum bestätigten 1940 die Beziehung von Genwirkung und Enzymaktivität durch Untersuchungen an dem Schimmelpilz *Neurospora crassa*. Dieser Pilz kann auf einem einfachen, einige Salze und Vitamine enthaltenden Nährboden (= Minimalmedium) kultiviert werden. Mit Hilfe von Röntgenstrahlen erzeugten sie Mutanten, die nicht auf Minimalmedium, wohl aber bei Zusatz verschiedener Aminosäuren wachsen. Durch gezielte Variation des Nährstoffangebots kamen sie verschiedenen genetischen Defekten auf die Spur: Mutante 1 wächst, wenn Arginin *oder* eines der Zwischenprodukte Citrullin *oder* Ornithin zugegeben wird. Mutante 2 braucht Arginin *oder* Citrullin. Die Mutante 3 wächst nur bei Zugabe von Arginin. Die Ergebnisse wurden in ein Schema gebracht, aus dem der Biosyntheseweg des Arginins ablesbar ist. Der Syntheseweg führt unter Beteiligung mehrerer Enzyme von einer Vorstufe über Ornithin und Citrullin zum Arginin: Vorstufe → Ornithin → Citrullin → Arginin. Der Stoffwechselweg zum Arginin ist bei jeder der drei Mutanten an einer anderen Stelle unterbrochen. Bei Mutation eines Gens fällt jeweils ein Enzym aus. Jeder dieser Schritte wird durch ein Enzym katalysiert, das wiederum durch ein Gen codiert ist. Also ist ein Gen verantwortlich für die Herstellung eines Enzyms.

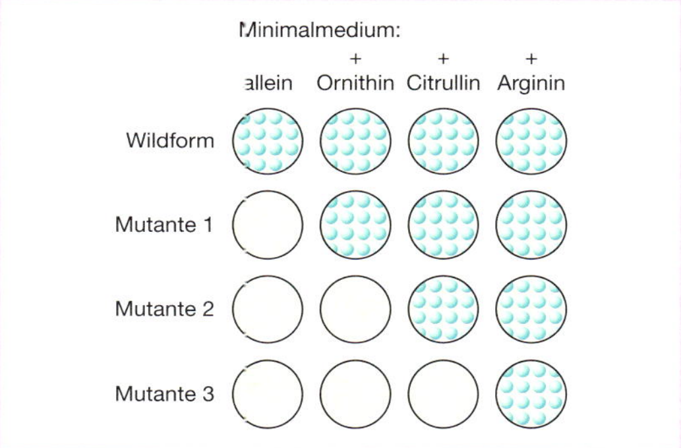

Abb. 103 Die Versuche von Beadle und Tatum

Die allgemeinere Definition ist die „Ein-Gen-ein-Polypeptid“-Definition: Ein Gen ist ein Abschnitt der DNA, der die Aminosäuresequenz einer Polypeptidkette codiert oder genauer: Ein Gen besteht aus einem abgegrenzten DNA-Stück, das in verschlüsselter Form die Anweisung für die Synthese eines bestimmten Polypeptids enthält. Heute gilt ein Gen als eine Gruppe von DNA-Abschnitten, die zusammen die Information für ein spezifisches Genprodukt codieren. Dabei kann es sich um ein Polypeptid oder um ein RNA-Molekül handeln.

Nach der „Ein-Gen-ein-Enzym-Hypothese“ trägt jedes Gen die Information für ein Enzym:
Ein Gen → ein Enzym!

Aus praktischen Gründen verwendet man heute den Genbegriff ohne rigide Abgrenzung.

Folgen gengesteuerter Stoffwechselreaktionen sind Genwirkketten.

Die Ausbildung eines Merkmals wird meist nicht durch ein einziges Enzym, sondern durch eine Genwirkkette gesteuert: Dabei sind mehrere enzymatisch kontrollierte Reaktionen hintereinandergeschaltet: Hinter jedem Enzym steht ein Gen, das dieses Enzym codiert.

Regulation

Alle Zellen eines Lebewesens gehen durch fortgesetzte Teilung aus einer befruchteten Eizelle hervor. Alle Zellen – bis auf wenige Ausnahmen – enthalten die gleichen Gene. Trotzdem wird das Hämoglobin nur in den roten Blutkörperchen, das Insulin nur in den ß-Zellen der Bauchspeicheldrüse hergestellt. Die Information für die Synthese der beiden Proteine hat aber jede Zelle des Körpers. Warum produziert sie diese Substanzen nicht?

In einer Zelle sind nur wenige Gene gleichzeitig aktiv.

Die Aktivität von Genen kann reguliert werden. Gene können an- und abgeschaltet oder in ihrer Aktivität reguliert werden. Entsprechend wird ein Protein gebildet, nicht gebildet, oder mehr oder weniger davon wird produziert. Einen Ansatzpunkt zur Regulation der Genaktivität in einer Zelle bilden die Promotoren, die Bindestellen für die RNA-Polymerase. Wenn auf ein Signal hin ein Promotor freigegeben wird, so kann die Polymerase binden und eine mRNA herstellen. Wird dagegen der Promotor blockiert, so wird dieses Gen nicht in mRNA umgeschrieben. Für die Entwicklung eines Organismus ist es notwendig, dass die Aktivität einzelner Gene exakt aufeinander abgestimmt wird, damit die erforderlichen Proteine zum richtigen Zeitpunkt und in der benötigten Menge zur Verfügung stehen.

1961: Die Genetiker François Jacob und Jaques Monod stellen ein Modell für die Regulation der Gen-Aktivität beim Bakterium *E.coli* vor.

François Jacob und Jacques Lucien Monod entwickelten das Operon-Modell für die Regulation der Genaktivität bei Bakterien:

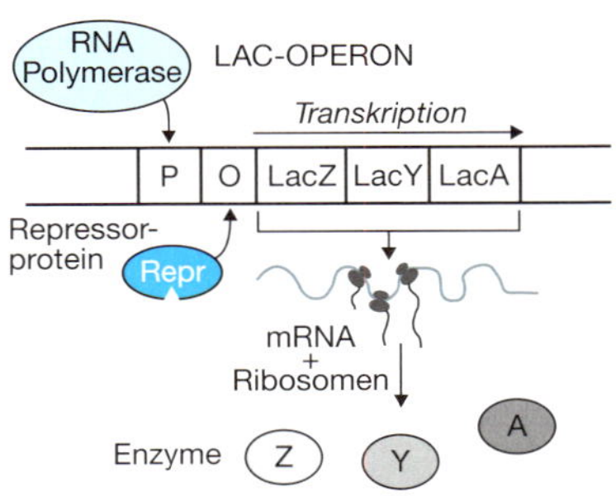

Abb. 104 Gene und Genprodukte des Lac-Operons im Jacob-Monod-Modell

Nach dem Modell von Jacob und Monod wird die Aktivität der Gene auf der Ebene der Transkription reguliert. Neben dem Struktur-Gen (z. B.: LacZ), das für ein Enzym (➛ S. 36) codiert, liegt ein DNA-Abschnitt, den man als Promotor (P) bezeichnet. Dort heftet sich die RNA-Polymerase, das Enzym für die RNA-Synthese, an die DNA und beginnt mit der Transkription. Zwischen Promotor und Struktur-Gen liegt oft noch ein weiterer Abschnitt, der Operator (O), an den sich ein Protein, der Repressor, anlagern kann, der die Transkription blockiert. Bestimmte Substanzen in der Zelle können dafür sorgen, dass sich der Repressor vom Operator löst, so dass das Gen aktiv wird. Häufig werden mehrere Struktur-Gene gleichzeitig reguliert. Ein solches System aus Promotor, Operator und mehreren Strukturgenen heißt **Operon**. Das Repressor-Protein wird von einem Gen codiert, das man **Regulator** nennt.

Ein Operon ist die Einheit der Transkription.

Das Lac-Operon von *E.coli* ist ein Modellbeispiel für die Regulation abbauender Stoffwechselvorgänge. Nur wenn dem Bakterium Laktose (Milchzucker) angeboten wird, stellt es die drei Enzyme Z, Y und A für den Abbau der Laktose her. Diese Enzyme werden durch die Gene LacZ, LacY und LacA codiert, die nebeneinander auf dem Chromosom liegen. Zusammen mit dem Promotor- und dem Operator-Gen bilden sie das Lac-Operon.

Wenn Laktose in die Zelle aufgenommen wird, bindet sie an den Lac-Repressor (I) und ändert dessen Form so, dass er von der DNA abfällt. Jetzt kann die RNA-Polymerase auf der DNA entlang wandern; die drei Struktur-Gene werden abgelesen und übersetzt, die gebildeten Enzyme verarbeiten die Laktose.

Ist die Laktose verbraucht, so nimmt der Repressor seine ursprüngliche Konformation ein und bindet sich an den Operator. Die RNA-Polymerase kann zwar noch an den Promotor binden, sich aber nicht mehr bewegen. Die Transkription unterbleibt, die Enzyme Z, Y und A werden nicht hergestellt. Laktose-abbauende Enzyme werden also nur in Anwesenheit von Laktose hergestellt

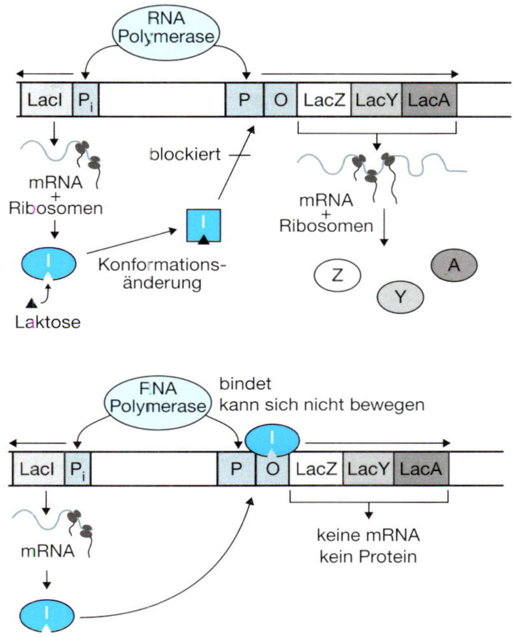

Abb. 105 Substrat-Induktion bei der Regulation des Laktoseabbaus.

Oben: In Anwesenheit von Laktose (▲) werden abbauende Enzyme hergestellt.

Unten: Ohne Laktose werden keine Enzyme gebildet.

Es gibt noch eine Bedingung, die erfüllt sein muss, bevor der Laktose-Abbau eingeleitet wird: Die nächstliegende Energiequelle für *E.coli* ist Glucose (➛ S. 53). Gibt man einem Bakterium sowohl Glucose als auch Laktose, so stoppt es den Abbau der Laktose. Das Lac-Operon wird nur dann aktiv, wenn Laktose die einzige Energiequelle ist.

In Eukaryonten hat jedes Gen seine Promotoren und Operatoren; auch Introns und Sequenz-Wiederholungen spielen eine Rolle bei der Genregulation.

Wenn das Substrat einer Reaktion – hier die Laktose – die Bildung der beteiligten Enzyme induziert, spricht man von Substrat-Induktion.

Epigenetik

Die **Epigenetik** befasst sich mit Eigenschaften, die vererbt werden, aber nicht in der DNA-Sequenz festgelegt sind. Neben dem genetischen Code, der Basensequenz der DNA, gibt es epigenetische Codes, die die Expression der Gene – das Ablesen der genetischen Information – dauerhaft beeinflussen. Dabei werden

In jeder Zelle gibt es ein epigenetisches Muster aktiver und inaktiver Gene.

Gene an- und abgeschaltet. So entstehen durch epigenetische Prägung (*epigenetic imprinting*) Expressionsmuster, die es den Zellen ermöglichen, auf Umweltveränderungen zu reagieren, ohne dass die DNA geändert wird. Die individuelle epigenetische Prägung beeinflusst Entwicklung, Wachstum und Verhalten eines Lebewesens. Prägungsfehler können zu einem Funktionsverlust der Gene und dadurch zu charakteristischen Krankheitsbildern, z. B. zur Entstehung von Krebs, führen.

Die epigenetischen Marker stecken nicht in den Buchstaben der DNA selbst, sondern auf ihr: Es sind chemische Anhängsel, die entlang der Doppel-Helix oder auf den Histonen verteilt sind. Die wichtigste epigenetische Veränderung ist die Methylierung von Cytosin-Basen der DNA (➛ S. 103), also das Anhängen von Methylgruppen an Basen der DNA. Spezielle Enzyme, Methyltransferasen, versehen die Base Cytosin an bestimmten Stellen im Genom mit einer Methylgruppe (CH_3-Gruppe), es entsteht Methylcytosin. Sind hiervon regulatorische DNA-Abschnitte betroffen, so ändert sich die Lesbarkeit eines Gens. Die Umwandlung des Cytosins kann wieder rückgängig gemacht werden.

Die Modifikation der DNA mit Methylgruppen führt zum Abschalten von Genen.

Die **Methylierung von DNA-Basen** hat verschiedene biologische Funktionen. Bei Bakterien dient die Methylierung der Markierung der zelleigenen Erbsubstanz, um sie von Virus-DNA unterscheiden zu können. Bei Eukaryonten dient die Methylierung der Markierung von aktiven und inaktiven Bereichen der DNA. Der Methylierungsgrad ist ein wichtiges Maß für die Häufigkeit, mit der das zugehörige Gen transkribiert wird.

Durch unterschiedliche DNA-Methylierungsmuster in den männlichen und weiblichen Keimzellen können mütterliche und väterliche Allele unterschieden werden. Bei manchen Genen wird nur das mütterliche oder väterliche Allel genutzt. Diese Prägung scheint eine notwendige Voraussetzung für eine normale Embryonalentwicklung zu sein, sie entscheidet, welche Eigenschaften vom Vater bzw. von der Mutter zur Ausprägung kommen.

Das Epigenom ist das epigenetische Muster des Genoms, das zwischen verschiedenen Zelltypen variiert und sie unterscheidet.

Einige Forscher nehmen an, dass das Epigenom für die Entwicklung des Organismus so wichtig ist wie die DNA selbst. Die größte Überraschung aber ist, dass das Methylierungsmuster bei der Zellteilung weitergegeben wird. Während der Replikation der DNA sind bestimmte Cytosin-Basen am alten DNA-Strang methyliert, während der neugebildete Strang nicht methyliert ist. Ein Enzym methyliert anschließend jedes Cytidin in einem halbmethylierten Paar. So werden epigenetische Signale nicht nur von einer Zelle an ihre Tochterzellen, sondern auch von den Eltern an ihre Kinder weitergegeben.

Epigenetische Ursachen werden für die immensen Schwierigkeiten im Zusammenhang mit der Stammzelltherapie und dem Klonen (➛ S. 141) verantwortlich gemacht.

Mutation und Krebs

Punktmutationen

Die identische Replikation der DNA läuft sehr präzise ab, trotzdem können sich gelegentlich Fehler einschleichen, so dass der neugebildete DNA-Abschnitt veränderte Nucleotide enthält. Solche „Druckfehler" im genetischen Text, die zur Entstehung neuer Allele in einem Genort führen, nennt man Punkt- oder Genmutationen.

Fehler bei der Replikation oder der Weitergabe des Erbguts nennt man Mutation. Hat sich eine Mutation ereignet, so wird sie Bestandteil des Erbguts.

Mutationen gehören zu den wichtigsten Erscheinungen in der Natur, sie ermöglichen die **Evolution**, die Weiterentwicklung des Lebendigen (→ Steuerung und Evolution, S. 103). Der Mensch macht sich Mutationen zur **Züchtung** von Kulturpflanzen und Nutztieren zunutze. Die meisten Mutationen sind allerdings für das betroffene Lebewesen **schädlich**, denn die Funktion eines komplexen Systems wird durch Zufallsveränderungen eher beeinträchtigt als verbessert. Allerdings sind Mutationen in der Regel rezessiv (→ S. 79), so dass ihre Wirkung nur dann zum Tragen kommt, wenn sie homozygot vorliegen.

Der einfachste Fall einer Genmutation ist ein einfacher **Basenaustausch**. Mutiert eine Nucleotidsequenz, die ein bestimmtes Polypeptid codiert, kann sich in diesem Molekül eine Aminosäure verändern und durch einen solchen Wechsel können sich die Eigenschaften des betreffenden Proteins tiefgreifend wandeln. So unterscheiden sich z. B. die Hämoglobinmoleküle von Personen mit Sichelzellanämie (S. 83) von gesunden Menschen nur in einer einzigen Aminosäure. Beim Hämoglobin S ist in der ß-Globinkette die Aminosäure Nr. 6 ausgetauscht, statt Glutaminsäure steht Valin. Ursache dieser Erbkrankheit ist die Veränderung einer einzigen Base im Hämoglobin-Gen. Drastischer als Basenaustauschmutationen wirken sich **Rastermutationen** aus. Sie verändern das Leseraster der RNA bei der Translation.

Mutagene Strahlen und Chemikalien können Mutationen auslösen.

Spontane Mutationen sind selten. Die Mutationsrate eines Gens liegt bei $10^{-5}-10^{-6}$ pro Generation. Hohe Temperaturen steigern die Mutationshäufigkeit. Röntgen- und Teilchenstrahlen und verschiedene Chemikalien können Mutationen auslösen.

Mutationen in Keimzellen werden an die Nachkommen weitergegeben und können bei diesen eine Erbkrankheit bedingen. Mutationen in Körperzellen (somatische Mutationen) sind an der Zellalterung und an der Bildung von Tumoren beteiligt. In den fünfziger Jahren des vergangenen Jahrhunderts gelang es Pauling, mit der Strukturaufklärung des Sichelzellhämoglobins (→ S. 83) erstmals die molekularen Grundlagen einer Erbkrankheit auf der Ebene des Genprodukts zu entschlüsseln.

Mutationen sind bleibende, d. h. vererbbare Änderungen des Erbguts.

Reparaturenzyme und Tumorbildung

Die Reparatur von Mutationen ist lebenswichtig.

Schäden in der DNA – ausgelöst durch Faktoren der Umwelt oder durch Fehler bei der Transkription – kommen sehr häufig vor, trotzdem sind Mutationen recht selten. Das kommt daher, dass die Fehler meist korrigiert werden, bevor sie Schäden in der Zelle anrichten. Zellen verfügen über eine Reihe von Reparaturenzymen, die Fehler finden und reparieren können.

Enzymkomplexe erkennen fehlerhafte Stellen der DNA. Endonukleasen hydrolisieren die Phosphodiesterbindungen (Bindungen zwischen Desoxyribose und Phosphorsäure) im fehlerhaften Abschnitt und entfernen die veränderte Nukleotidsequenz. Die Lücke im DNA-Einzelstrang wird durch eine DNA-Polymerase wieder mit komplementären Basen zum Doppelstrang ergänzt. Die DNA-Polymerase ist ein selbst-korrigierendes Enzym, es erkennt die von ihr falsch eingebauten Nukleotide, entfernt sie wieder und baut die passenden ein.

Proto-Onkogene sind Gene, die in jeder Körperzelle vorkommen und das Zellwachstum und die Zellteilung fördern. Eine Punktmutation kann ein im Erbgut vorhandenes Proto-Onkogen in ein Onkogen verwandeln, so können chemische Karzinogene (z. B. Bestandteile des Teers) und Strahlen Onkogene entstehen lassen. Die UV-Strahlung als Begleiter des Sonnenlichts ist an der Entstehung des Sonnenbrandes beteiligt und für die Entwicklung von Hautkrebs verantwortlich. Die Aufgabe von Tumorsuppressorgenen ist es, den Zellzyklus nach einer Schädigung anzuhalten, damit eine DNA-Reparatur ausgeführt werden kann. So wird verhindert, dass Mutationen an Tochterzellen weitergegeben werden.

Nach der „Zwei-Treffer-Hypothese" sind Mutationen in Proto-Onkogenen sowie in Tumorsuppressorgenen erforderlich, damit Krebs entsteht.

Nach dem Zwei-Treffer-Modell sind Mutationen in beiden Arten von Genen erforderlich, damit ein Krebs entsteht: Wenn Proto-Onkogene zu Onkogenen mutiert sind **und** Tumorsuppressorgene beschädigt wurden, kann das Zellwachstum außer Kontrolle geraten. Krebszellen teilen sich unkontrolliert, überschreiten die Grenzen ihres Gewebes, sie können ihr Gewebe verlassen und Metastasen bilden. Bei Trägern einer ererbten Mutation ist die Anfälligkeit für Krebserkrankungen erhöht.

Ein **Tumor** ist eine massive Ansammlung von Zellen, die auf eine Gründerzelle zurückgehen.

Auch Tumorviren können eine Zelle zur Krebszelle transformieren.

Bakterien und Viren

Bakterien und Parasexualität

Für Genetiker ist die Erforschung der Bakterien (→ S. 15) informativ, weil ihr Erbmaterial einfach gebaut und organisiert ist und weil sie leicht zu kultivieren sind. In Bezug auf ihren Stoffwechsel sind die Bakterien die vielseitigste und variabelste Gruppe von Organismen: Unter ihnen gibt es aerobe und anaerobe, Saprophyten (➛ Steuerung und Evolution, S. 126), Symbionten (➛ Steuerung und Evolution, S. 157), Parasiten (➛ Steuerung und Evolution, S. 159), chemosynthetisch und fotosynthetisch aktive Arten. Nach der Form unterscheidet man Kokken, Stäbchen, Kommabakterien und Spirillen.

Bakterien kennen keine Sexualität – es gibt weder Meiose noch Befruchtung. Doch sie können durch parasexuelle Prozesse Erbmaterial austauschen. Auf mehreren Wegen wandern Teile der Erbsubstanz DNA sogar zwischen unterschiedlichen Bakterienarten.

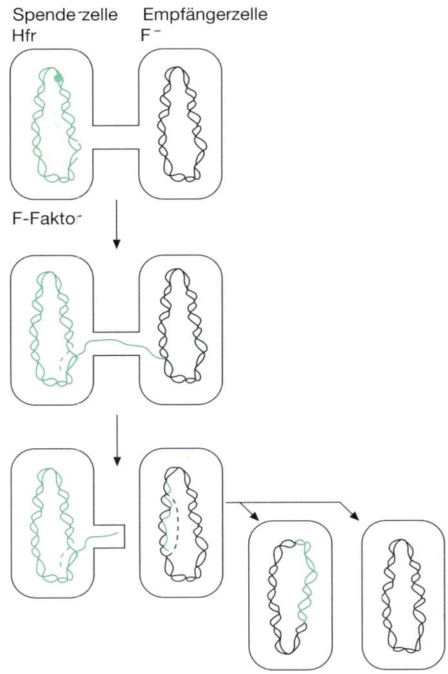

Abb. 106
Konjugation von Bakterien

Lederberg und Tatum isolierten zwei Mangelmutanten von *E. coli*: Der Stamm *arg* kann Histidin, aber kein Arginin herstellen, Stamm *his* produziert Arginin, aber kein Histidin. Sie mischten Kulturen dieser beiden Stämme. Nach einiger Zeit fanden sie, dass Nachkommen aus dieser Mischkultur auf Minimalmedium wuchsen; sie konnten also sowohl Arginin als auch Histidin herstellen. Diese Fähigkeiten gaben sie an ihre Nachkommen weiter: Sie hatten Erbmaterial ausgetauscht.

1946: Joshua Lederberg und Eward L. Tatum entdecken **Gentransfer** bei *E. coli*.

Bei der **Konjugation** wird DNA von einem Donor- auf ein Rezeptor-Bakterium übertragen. Bakterien mit F-Plasmid, einem kleinen DNA-Ring, sind Donoren (F^+); Zellen ohne dieses Plasmid (F^-) sind Rezeptoren.

F^+-Zellen können im direkten Zellkontakt F-Plasmide an F^--Zellen weitergeben: Sexduktion. Die F^--Zelle wird zur F^+-Zelle.

Baut eine F^+-Zelle ihr F-Plasmid in ihr Chromosom ein, so wird sie zur Hfr-Zelle (*High Frequency of Recombination*). Hfr-Zellen geben bei der Konjugation ihr Chromosom ganz oder teilweise an das F^--Bakterium weiter: Zwei Bakterien (Hfr und F^-) legen sich aneinander. Die Hfr-Zelle bildet über ein Pilum eine Plasmabrücke, ein Strang ihres Chromosoms öffnet sich. Das Chromosom beginnt sich an der Schnittstelle zu verdoppeln. Der Tochterstrang wandert zur F^--Zelle und ersetzt in der Empfänger-Zelle den homologen Abschnitt des alten Strangs. Wenn sich die Empfängerzelle teilt, erhält eine der Tochterzellen die ursprüngliche Genaustattung der Empfängerzelle (hier $a^-b^-c^-$), die andere ist eine Rekombinante ($a^+b^+c^+$).

Sexualität ist gekennzeichnet durch Meiose und Befruchtung. Genetische Rekombination **ohne** Meiose und Befruchtung bezeichnet man als **Parasexualität**.

Auch Phagen können Gene von einem Bakterium zum anderen übertragen. Die Übertragung von Bakterien-DNA durch Bakteriophagen (S. 121) bezeichnet man als **Transduktion**.

Bei der **Konjugation** wird Erbmaterial einer Spenderzelle auf eine Empfängerzelle übertragen.

Antibiotika und Resistenz

1928: Sir Alexander Fleming entdeckt das Penicillin.

Antibiotika sind Stoffwechselprodukte von Schimmelpilzen und Bakterien, die schon in geringer Konzentration Bakterien oder Pilze töten oder deren Wachstum hemmen, Menschen und Tiere aber weniger belasten. Breitband-Antibiotika sind gegen viele verschiedene Erreger wirksam, andere haben nur ein enges Wirkungsspektrum.

- **Penicillin** und **Vancomycin** hemmen den Aufbau der Zellwand (➤ S. 13).
- **Rifampicin** stört die RNA-Synthese (➤ S. 109).
- **Mitomycin** hemmt die DNA-Synthese (➤ S. 107).
- **Streptomycin** stört die Bindung zwischen tRNA und mRNA im Ribosom (➤ Translation, S. 110 f.).
- **Tetracycline** verhindern die Bindung der Aminoacyl-tRNA an die Ribosomen (➤ Translation, S. 110 f.).
- **Chloramphenicol** hemmt den Einbau von Aminosäuren in die Peptidkette (➤ Translation, S. 110 f.).

Immer mehr Bakterienstämme sind resistent gegen ein Antibiotikum, manche sogar gegen eine ganze Reihe verschiedener Antibiotika. Sie entwickeln ganz unterschiedliche Resistenzmechanismen: Strukturen der Zelle verändern sich so, dass das Antibiotikum nicht mehr angreifen kann oder gar nicht in die Zelle gelangt, Zielmoleküle werden im Überschuss hergestellt oder durch andere ersetzt oder das Antibiotikum wird enzymatisch zerstört.

Antibiotikaresistenz ist ein gravierendes medizinisches Problem und eine Gefahr für die öffentliche Gesundheit.

Resistente Keime entstehen zufällig durch Mutation und Rekombination. Auch in natürlichen Populationen gibt es resistente Bakterien. Die Antibiotika wirken als Selektionsfaktoren (➤ Steuerung und Evolution, S. 106). Hauptursache für den starken Anstieg resistenter Mikroorganismen ist deren Selektion durch zu häufige und sorglose Anwendung in der Humanmedizin, durch Futterzusätze in der Landwirtschaft und vorbeugende Behandlung in der Tiermedizin.

Resistenzgene liegen oft auf Plasmiden. Resistenzplasmide sind in der Medizin und in der Gentechnik von außerordentlich großer Bedeutung.

Manche Resistenzen werden im Bakterienchromosom übertragen. Die meisten Resistenzgene liegen auf Plasmiden. Weil Plasmide in großer Zahl vorhanden sind, können die Enzyme, die ein Antibiotikum unwirksam machen, schnell in großer Menge hergestellt werden. Plasmide können Gene von anderen Plasmiden oder vom Chromosom übernehmen. Dabei sind Resistenzgene nicht artspezifisch. Durch Plasmidtransfer werden sie auch über Artgrenzen hinweg übertragen.

Viren

Viren sind kleine Zellparasiten. Sie sind durch vier Eigenschaften charakterisiert:

1. Viren sind sehr klein (<400 nm). Sie sind nur im elektronenmikroskpischen Bild erkennbar.
2. Viren sind intrazelluläre Parasiten. Viele von ihnen sind Krankheitserreger. Grippe, Masern, Röteln, Polio, Tollwut und AIDS sind Beispiele für Infektionskrankheiten, die durch Viren hervorgerufen werden. Manche Viren enthalten Onkogene = Krebsgene.
3. Viren fehlt ein eigener Stoffwechsel, sie führen ein „geborgtes Leben".
4. Viren enthalten nur eine Art von Nukleinsäure, entweder DNA oder RNA. Die Nukleinsäure ist von einer Proteinhülle umgeben.

Viren sind Zellparasiten aus einer Portion Nukleinsäure, die in eine Proteinhülle verpackt ist.

Viren borgen sich ihren Stoffwechsel von einer Zelle.

Eine zentrale Rolle bei der Entwicklung der Molekularbiologie spielen die Bakteriophagen, das sind Viren, die sich nur in Bakterien vermehren. Zu den bestuntersuchten Viren gehören die T-Phagen von *E. coli*. Der Phage T2 besteht aus einem Kopf von etwa 100 nm Durchmesser. Die Proteinhülle des Kopfes umschließt ein DNA-Molekül, das etwa 200 000 Basenpaare lang ist. Der Schwanzteil besteht aus einem hohlen Stift, der von einer kontraktilen Scheide umgeben wird. Am Ende befindet sich eine mit Spikes besetzte Platte. Sie bildet zusammen mit den sechs Schwanzfäden einen Haftapparat.

Außerhalb von Zellen zeigen Viren keine Lebenserscheinungen wie Stoffwechsel, Wachstum oder Vermehrung. Zu seiner Vermehrung dringt ein Virus – oder seine Erbsubstanz – in eine Zelle ein und bringt deren Stoffwechsel dazu, neue Viren zu bilden. Dabei sind Viren streng wirtsspezifisch.

Der virulente Phagen-Zyklus umfasst fünf Phasen:

1. Adsorption: Der Phage heftet sich an ein Rezeptorprotein auf der Oberfläche eines Bakteriums.
2. Injektion: Durch den Schwanz dringt Phagen-DNA in das Bakterium ein. Die Hülle bleibt außerhalb der Zelle.
3. Latenzphase, etwa 25 min: Bakterien-DNA wird aufgelöst, Phagen-DNA wird vermehrt, Phagen-Proteine werden hergestellt.
4. Zusammenbau (*Self-assembly*): DNA und Proteine des Phagen lagern sich zu neuen Phagen zusammen.
5. Lyse: Wenn genügend neue Viren gebildet sind, zerfällt die Wirtszelle und setzt die neuen Phagen frei, die wieder Bakterien infizieren können.

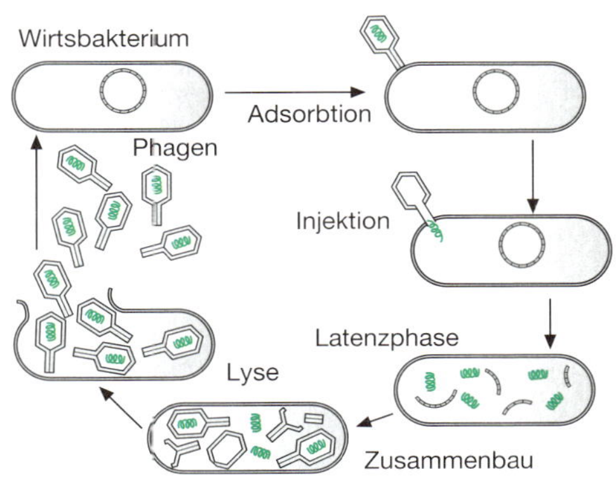

Abb. 107 Der virulente Phagenzyklus

Nicht jeder Phage wird sofort nach dem Eindringen in eine Zelle virulent, manche treten zunächst in einen lysogenen Phagenzyklus ein: Der Phage λ (lambda) ist ein temperenter Phage. Er kann sein Erbgut ins Chromosom seines Wirtsbakteriums einbauen lassen und so zum Prophagen werden. Die Phagen-DNA ist von Bakteriengenen nicht zu unterscheiden. Teilt sich das Bakterium, so wird die Phagen-DNA mitkopiert. Ein induzierendes Signal, z. B. UV-Strahlen, kann den Phagen dazu bringen, in den lytischen Zyklus einzutreten (Induktion).

In das Bakterienchromosom integrierte Phagen bezeichnet man als **Prophagen**. Bakterienzellen, die einen Prophagen beherbergen sind **lysogene Bakterien**.

Weil Viren sich den Stoffwechsel ihrer Wirte ausleihen, trifft ein Angriff auf sie zwangsläufig die Wirtszellen. Substanzen, welche die Vermehrung der Viren hemmen, blockieren auch den Stoffwechsel der Zelle. Eine Bekämpfung von Viren durch Antibiotika ist also nicht möglich.

Das HI-Virus

AIDS ist eine Immunschwäche-Krankheit, die auf die Infektion mit dem HI-Virus zurückzuführen ist. (➛ S. 183). Der Erreger kommt in zwei Typen (HIV-1 und HIV-2) und zahlreichen Untergruppen vor.

HIV ist eine Kugel mit einem Durchmesser von 100 nm und dem Gewicht von 1pg. HIV ist ein Retrovirus; sein Erbmaterial ist RNA. Das Nukleocapsid enthält zwei RNA-Moleküle (9749 Nukleotide) als Erbmaterial und das Enzym Reverse Transkriptase. Das Virus ist von einer Membran umhüllt, aus der Proteinnoppen wie Stacheln herausragen. Das Kürzel gp 120 bezeichnet ein Glykoprotein der Masse 120 000 u.

Das Virus lässt sich von menschlichen Zellen vermehren:

1. Adsorption: Das Virus lagert sich an.
2. Infektion: Das Nukleocapsid wird in die Zelle eingeschleust.
3. Reverse Transkription: Die RNA wird mit Hilfe der Reversen Transkriptase in ein RNA-DNA-Hybrid umgeschrieben.
4. Replikation: Die DNA wird zum Doppelstrang ergänzt.
5. Integration: Die DNA – das Provirus – wird in das Genom der Zelle eingebaut. Dort kann es lange stumm sein.
6. Transkription und Translation: In einigen Zellen werden die Gene des HIV aktiviert. RNA und Virus-Proteine werden gebildet.
7. Zusammenbau: Proteine und neugebildete Virus-RNA werden zu neuen Viren zusammengebaut.
8. Abschnürung: Die Viren knospen aus den Zellen aus.

Bei der Reversen Transkription ist der normale Informationsfluss der Zelle „DNA → RNA → Protein“ teilweise umgekehrt.

Alle Querverweise im Überblick:

Bakterien: S. 106 ➤ S. 118
Bakterien: S. 118 ➤ S. 15
Bakteriophage: S. 119 ➤ S. 121
Chromosom: S. 113 ➤ S. 92
Cytosin-Basen der DNA: S. 116 ➤ S. 103
DNA-Synthese: S. 120 ➤ S. 107
Enzym: S. 114 ➤ S. 36
Eukaryontenzelle: S. 106 ➤ S. 9
Genom: S. 106 ➤ S. 153
Glucose: S. 115 ➤ S. 53
HI-Virus: S. 122 ➤ S. 183
Klonen: S. 116 ➤ S. 141
Mitochondrien: S. 106 ➤ S. 10
Mutationen und Evolution: S. 117 ➤ Steuerung und Evolution, S. 103
Parasiten: S. 119 ➤ Steuerung und Evolution, S. 159
Plastiden: S. 106 ➤ S. 12
Proteine: S. 110 ➤ S. 50
Rezessive Genwirkung: S. 117 ➤ S. 79
Ribosomen: S. 109 ➤ S. 10
RNA-Synthese: S. 120 ➤ S. 109
Saprophyten: S. 119 ➤ Steuerung und Evolution, S. 126
Selektionsfaktoren: S. 120 ➤ Steuerung und Evolution, S. 106
Sichelzellanämie, Sichelzellhämoglobin: S. 117 ➤ S. 83
Symbionten: S. 119 ➤ Steuerung und Evolution, S. 157
Translation: S. 120 ➤ S. 110 f.
Viren: S. 106 ➤ S. 121
Zellwand: S. 120 ➤ S. 13

Zusammenfassung:

Molekulare Genetik

Unser biologisches Erbe ist eine gewaltige Folge von Nukleotiden in den DNA-Molekülen der Chromosomen. Es hat bis in die Mitte des vergangenen Jahrhunderts gedauert, bevor den Erbfaktoren eine stoffliche Basis zugeordnet werden konnte. Avery und Mitarbeiter wiesen durch ihre Experimente im Jahr 1944 erstmals nach, dass Desoxyribonukleinsäure für die Übertragung vererbbarer Eigenschaften verantwortlich ist. Andere Experimente bestätigten dieses Ergebnis. Viele Erkenntnisse der Genetik wurden durch Untersuchung von Bakterien und Viren gewonnen.

Die Aufklärung der DNA-Struktur gelang den Wissenschaftlern James D. Watson und Francis Crick im Jahr 1953 durch die Interpretation von Daten, die eine Reihe von Forschern in jahrelanger Arbeit angesammelt hatten. Diese Errungenschaft läutete gemeinsam mit den Experimenten von Avery das Zeitalter der modernen Genetik ein. Die strukturellen Besonderheiten der DNA wurden sofort als zentrale Grundlage der Vererbung erkannt. Die DNA liegt als spiralig gewundener Doppelstrang vor, dessen Einzelstränge über eine Vielzahl von Wechselwirkungen zusammengehalten werden. Trennt man die beiden Stränge voneinander, dann kann jeder Einzelstrang durch Aneinanderfügen von Nukleotiden wieder zu einem Doppelstrang ergänzt werden. Aufgrund vorgegebener strikter Paarungsregeln entspricht dieser Doppelstrang exakt dem Ausgangs-DNA-Molekül.

In den 70er Jahren des letzten Jahrhunderts konnten Wissenschaftler klären, wie die Erbinformation in der DNA gespeichert ist. Die DNA verwendet die Nukleotide wie die Buchstaben eines Alphabets. Der Abfolge der Nukleotide in einem DNA-Strang kommt eine entscheidende Bedeutung zu. Weil die Buchstaben in der DNA aus drei aufeinanderfolgenden Nukleotiden bestehen, werden sie als Tripletts bezeichnet. Die Reihenfolge der Tripletts in der DNA bestimmt letztlich über Gestalt und Funktion der Proteinmoleküle in einer Zelle. Die Proteine wiederum setzen die Information der Gene um und sind für die Merkmalsausprägung der Individuen verantwortlich. Speicherung und Weitergabe genetischer Information garantieren die Kontinuität der Lebewesen.

Der zentrale Begriff der Genetik ist das Gen. Unter einem Gen versteht man einen Abschnitt auf der DNA, der ein Protein oder ein anderes Genprodukt definiert. Die Aktivität der Gene kann reguliert werden. Regulation sorgt dafür, dass Zellen auf schwankende Umweltfaktoren reagieren und dass zum korrekten Zeitpunkt im richtigen Gewebe in den richtigen Zellen die notwendigen Gene aktiviert werden.

Eine besondere Eigenschaft der Nukleinsäuren ist die Mutabilität. Störungen des Replikationsvorganges treten relativ häufig auf, fallen meistens aber nicht sonderlich ins Gewicht, weil Reparatursysteme der Zelle ständig aktiv sind und Veränderungen der DNA wieder rückgängig machen. Manchmal kommt es aber doch zu Veränderungen der DNA, die die Reperaturenzyme nicht entdecken oder die sie nicht rückgängig machen können. Solche Veränderungen der DNA heißen Mutationen. Mutationen sind oft harmlos, manche wirken sich negativ auf ihre Träger aus, teils sind sie tödlich für die Zellen. In Körperzellen können sie Krebs verursachen, in Fortpflanzungszellen führen sie zu Erbkrankheiten. In vielen Fällen wird eine Disposition zu Erkrankungen vererbt. Andererseits stellen Mutationen die Basis für die Evolution und damit die Quelle für die Mannigfaltigkeit der Organismen.

Mendels Regeln gelten auch bei Menschen.
Aber die **Humangenetik** arbeitet mit besonderen Methoden.

Das **Karyogramm** stellt die Metaphase-Chromosomen einer Zelle dar. ➛ **S. 132**

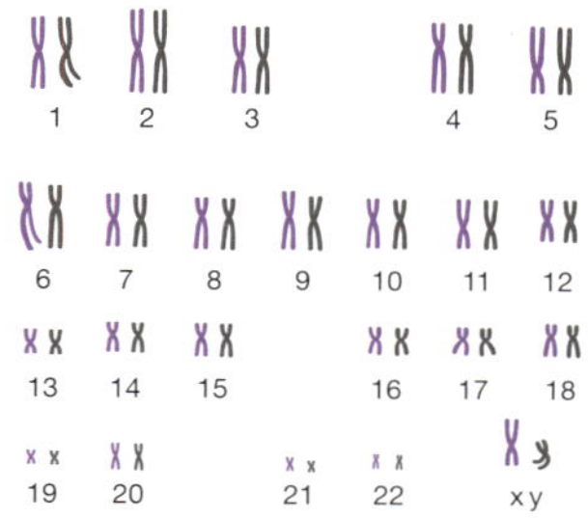

Geordnetes Karyogramm eines Mannes

Die Untersuchung eineiiger Zwillinge lässt Rückschlüsse auf das Verhältnis von Genen und Umwelteinflüssen und auf epigenetische Prägung zu. ➛ **S. 129**

Genommutationen sind Abweichungen von der Chromosomenzahl 46. ➛ **S. 133 + 135**

Zwillingsforschung	Stammbäume und Erbgänge	Karyogramm	Genommutationen	Geschlechtsdetermination

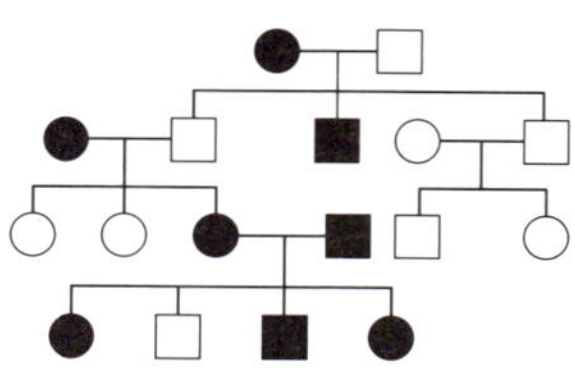
Stammbaum eines dominanten Merkmals

Die Weitergabe von Merkmalen über mehrere Generationen lässt Rückschlüsse auf Erbgänge und Erbanlagen zu. ➛ **S. 130 f.**

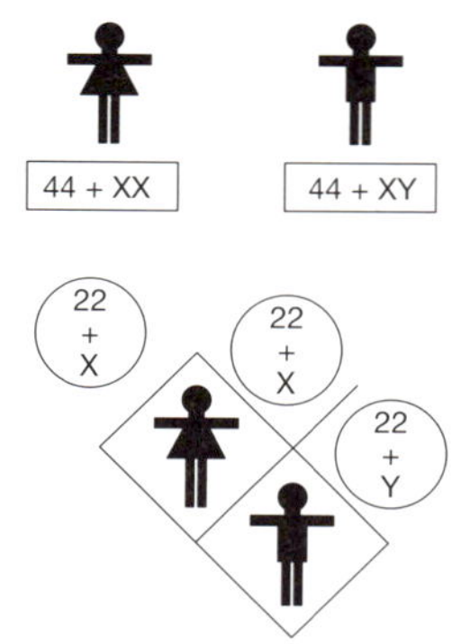

Das chromosomale Geschlecht eines Menschen wird bei der Befruchtung festgelegt. ➛ **S. 134**

HUMANGENETIK

Genetische Familienberatung gibt Auskunft über das Risiko des Auftretens einer Erbkrankheit. → **S. 138**

Klonen ist Fortpflanzung ohne Sexualität. Klonen erzeugt genetisch identische Lebewesen oder Gewebe. → **S. 141 f.**

Gonosomaler Erbgang	**Genetische Beratung**	**Diagnostik**	**Klonen**

Gene, die auf dem X-Chromosom liegen, folgen nicht der Reziprozitätsregel. → **S. 136**

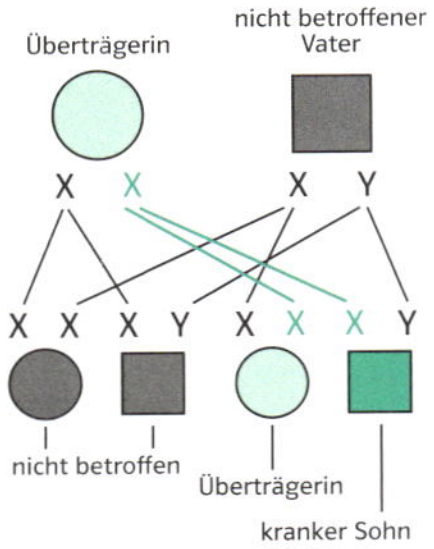

Heterozygotentest und pränatale Diagnostik ermöglichen frühe Diagnose und Therapie einer Erbkrankheit. → **S. 139**

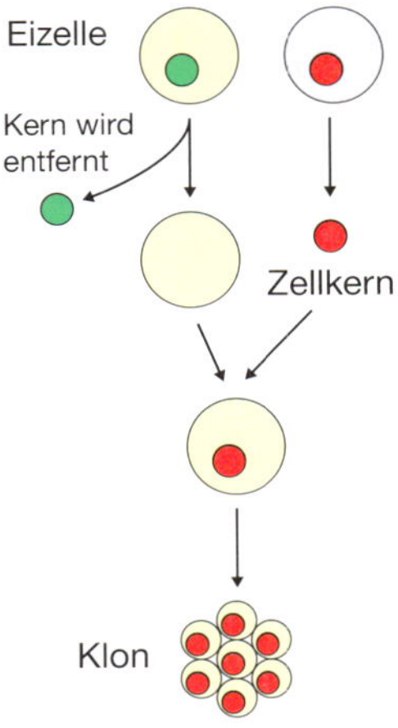

Humangenetik

In diesem Kapitel erfahren Sie:

- Die Vererbung beim Menschen folgt denselben Regeln wie bei Tier und Pflanze.
- Die Humangenetik stellt andere Fragen und arbeitet mit besonderen Methoden.
- Zwillingsforschung gibt Aufschluss über die Anteile von Gen und Umwelt.
- Durch Stammbaumanalyse können Erbgänge erkundet werden.
- Das Karyogramm gibt Auskunft über Geschlecht und Chromosomenaberrationen.
- Das Geschlecht wird durch ein Gen auf dem y-Chromosom bestimmt.
- Bluterkrankheit und Rot-Grün-Schwäche werden gonosomal vererbt.
- Eine genetische Beratung beantwortet Fragen im Zusammenhang mit erblich bedingten Erkrankungen oder Entwicklungsstörungen.
- Der Heterozygotentest ermittelt, ob ein gesunder Mensch rezessive Anlagen für Erbkrankheiten trägt.
- Pränataldiagnostik ermöglichte ein frühes Erkennen von Krankheiten.

Methoden der Humangenetik

In der **Humangenetik** gelten die Mendel'schen Regeln.

Für die Menschen gelten dieselben Erbregeln wie für Tiere und Pflanzen. Die Humangenetik unterscheidet sich von der Erbforschung bei Tieren und Pflanzen durch ihre Fragen und Methoden, schließlich sind der Forschung am Menschen ethische und juristische Grenzen gesetzt.

Die Fragen an die Humangenetik und die Methoden unterscheiden sich von denen der Tier- und Pflanzengenetik.

Wichtige Fragestellungen der Humangenetik sind:

- Wie stark sind die Unterschiede zwischen einzelnen Menschen oder zwischen menschlichen Gruppen genetisch bedingt und wie weit beruhen sie auf Einflüssen der Umwelt? *(nature or nurture)*
- Haben Gene Einfluss auf die Intelligenz, besondere Begabungen oder Kreativität?
- Wie und warum entstanden genetische Unterschiede zwischen Individuen und Populationen?
- Welche Bedeutung haben die Gene für die Gesundheit?
- Welche Veranlagungen kann man voraussagen oder früh erkennen, um ihre Auswirkungen unterstützen, verhüten oder rechtzeitig behandeln zu können?

Aus den Fragen ergeben sich die Methoden der Humangenetik. Dazu gehören Untersuchungen von Chromosomen, die DNA-Analyse, biochemische

Untersuchung von Enzymen und Stoffwechselreaktionen, statistische Untersuchungen von Populationen, die Familien- oder Stammbaumforschung und die Zwillingsforschung.

Praktische Aufgaben der Humangenetik sind genetische Diagnose und Beratung, Vaterschaftsgutachten, Familienzusammenführung, Gentherapie und die Eugenik.

Zwillingsforschung

Von der Zwillingsforschung erhofft man sich Antworten auf die Frage: Wie stark wird der Mensch von seinen Anlagen geprägt und wie stark von Einflüssen aus seiner Umwelt? Die Zwillingsforschung ist eine Methode, die Variabilität in einen erblich bedingten und einen umweltbedingten Anteil zu zerlegen.

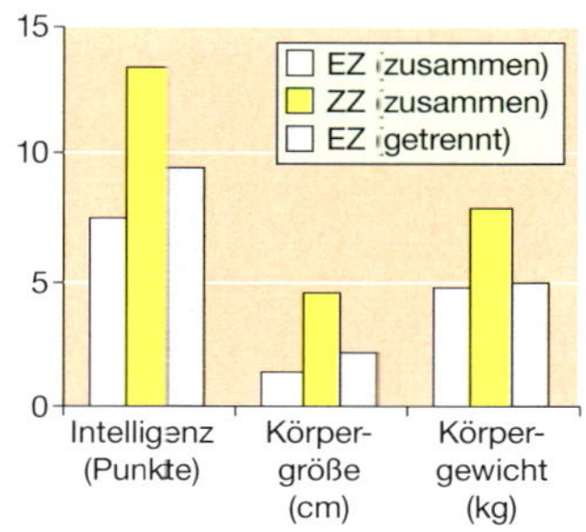

Abb. 108 Gemessene Unterschiede zwischen Zwillingsgeschwistern, die zusammen bzw. getrennt aufgewachsen sind.

Eineiige Zwillinge (EZ) entstehen aus einer einzigen befruchteten Eizelle. Der aus ihr entstehende Keim hat sich in einem frühen Entwicklungsstadium gespalten. EZ haben identische Erbanlagen. Alle Unterschiede, die zwischen ihnen festgestellt werden, beruhen auf Einflüssen der Umwelt. Zweieiige Zwillinge (ZZ) sind gleichaltrige Geschwister. Durch Befruchtung von zwei Eizellen durch zwei Samenzellen entstehen zwei Zygoten. ZZ stimmen in etwa 50 % ihrer Erbanlagen überein.

Eineiige Zwillinge haben das gleiche Erbgut.

EZ zeigen in allen untersuchten Merkmalen eine höhere Übereinstimmung (Konkordanz) als ZZ. Das schlüssigste Experiment, um das anteilige Gewicht von Erbgut und Umwelt zu bestimmen, ist der Vergleich erwachsener EZ, die getrennt aufgewachsen sind, mit ZZ und mit gemeinsam aufgewachsenen EZ. Tests ergaben, dass EZ auch dann sehr hohe Übereinstimmungen zeigen, wenn sie getrennt voneinander aufwuchsen. Fragen zur Intelligenz, zur Lernfähigkeit oder zur sozialen Kompetenz beantworteten sie sehr ähnlich. Geradezu verblüffend sind die Ähnlichkeiten bei Elektroencephalogrammen (EEGs). Erbe und Umwelt lassen sich allerdings nicht in Prozentzahlen gegeneinander aufrechnen. Die Aussage, eine Eigenschaft sei zu sechzig Prozent erblich, bedeutet, dass das Erbgut die wichtigere Erklärung für Übereinstimmungen innerhalb einer Gruppe ist.

Die Zwillingsforschung ermöglicht ein Abschätzen des Erbe-Umweltanteils.

Die Untersuchung eineiiger Zwillinge leistet einen wichtigen Beitrag zur Untersuchung epigenetischer Regulationsmechanismen (➛ S. 115), denn sie unterscheiden sich in den Mustern der Genaktivität und damit auch in ihren Eigenschaften.

Stammbaumforschung

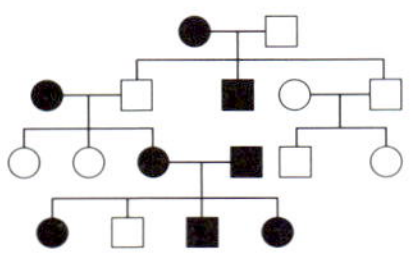

Abb. 109 Stammbaum eines dominanten Merkmals. Frauen werden durch Kreise, Männer durch Quadrate symbolisiert. Träger des untersuchten Merkmals werden durch gefüllte Symbole dargestellt.

Die Stelle der Kreuzungsexperimente nimmt in der Humangenetik die Familienforschung ein. Aus dem Auftreten bestimmter Merkmale und von deren Weitergabe über mehrere Generationen wird auf die Erbgänge und Erbanlagen geschlossen. Die Darstellung erfolgt in Form eines Stammbaums oder einer Ahnentafel. Durch den Vergleich vieler Familien lassen sich Regeln für die Weitergabe von Anlagen feststellen.

Von einem dominanten Merkmal spricht man in der Humangenetik, wenn die Anomalie auch bei heterozygoten Genträgern auftritt. Fehlbildungen von Körperformen werden meist dominant vererbt. Wenn veränderte Proteine neben den normalen eingebaut werden, so ergeben sich oft abgewandelte Strukturen:

Chondrodystrophie ist eine Form des Zwergwuchses, bei der Arme und Beine kurz bleiben, Kopf und Rumpf normale Maße zeigen. Das Gewebe von Zystennieren ist mit flüssigkeitsgefüllten Zysten durchsetzt. Die Vielfingrigkeit (Polydactylie) zeigt sich durch überzählige Finger und Zehen. Kurzfingrigkeit (Brachydactylie) ist durch ein fehlendes oder verkürztes mittleres Fingerglied charakterisiert.

Das Marfan-Syndrom ist ein Beispiel für pleiotrope Genwirkung (➛ S. 84). Das Allel für dieses Syndrom wird autosomal dominant vererbt. Es bewirkt eine Fehlbildung im Bau der elastischen Fasern des Bindegewebes. Da Bindegewebe ein Baustein fast aller Organsysteme des Menschen ist, hat es Auswirkungen auf viele Funktionen des Körpers.

Für Stammbaumanalysen besonders geeignet ist die Untersuchung einzelner, klar erkennbarer Merkmale.

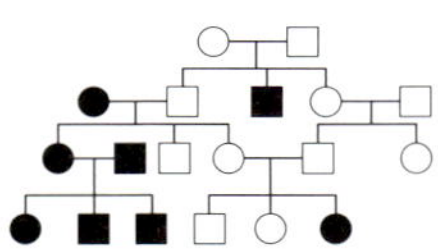

Abb. 110 Stammbaum eines rezessiv vererbten Merkmals. Das Merkmal kann Generationen überspringen.

Familienstammbäume, wie der von Johann Sebastian Bach oder Ludwig Uhland werden manchmal als Beleg für die Erblichkeit besonderer Begabungen angeführt. Die Aussagekraft solcher Stammbäume ist jedoch gering. Es ist nicht möglich, den Erbgang eines oder mehrerer Allele für musikalische Begabung zu verfolgen. Außerdem gibt die Familie nicht nur das Erbgut vor, sie prägt auch die Erfahrungen der Nachkommen. Weil immer beide zusammen wirken, kann ihre Wirkung nicht auseinander dividiert werden.

Stoffwechselkrankheiten werden gewöhnlich rezessiv vererbt. Rezessive Genwirkung heißt, dass das mutierte Gen im heterozygoten Zustand keine feststellbare oder auffällige Wirkung auf den Phänotyp hat. Bei rezessiver Genwirkung (➛ S. 79) können Generationen übersprungen werden.

Cystische Fibrose (CF) oder Mukoviszidose, in Europa die häufigste erbliche Stoffwechselerkrankung, ist gekennzeichnet durch eine Funktionsstörung exkretorischer Drüsen. Ein zäher Schleim behindert die Atemwege und begünstigt bakterielle Infektionen. Bei totaler Farbenblindheit fehlen die Zapfen der Netzhaut vollständig, die Macula ist blind. Phenylketonurie (PKU, ➛ S. 137), Albinismus und Kretinismus beruhen auf unterschiedlichen Störungen des Phenylalanin-Stoffwechsels. Asthma, mehrere Arten von Krebs, Migräne und koronare Herzkrankheiten sind multifaktoriell bedingte Leiden, zu deren Entstehung erbliche Konstitution und Umwelteinflüsse zusammenwirken.

Rezessiv vererbte Merkmale treten oft in der Folge von Verwandtenehen auf. Blutsverwandte haben viele Gene gemeinsam. In Verbindungen zwischen Verwandten ist die Wahrscheinlichkeit, dass beide Partner das gleiche Allel tragen, relativ hoch.

Blutgruppen und Rhesusfaktor

Die roten Blutzellen (Erythrozyten) vieler Menschen tragen auf ihrer Oberfläche Antigene (➛ S. 171). Beim Menschen gibt es die vier Blutgruppen A, B, AB und 0 mit den Untergruppen A_1, A_2, A_1B und A_2B.

Phänotypus	A	B	AB	0
Genotypen	I^AI^A I^Ai^0	I^BI^B I^Bi^0	I^AI^B	i^0i^0

Tab. 4 Zuordnung von Phänotypen und Genotypen der AB0-Blutgruppen.

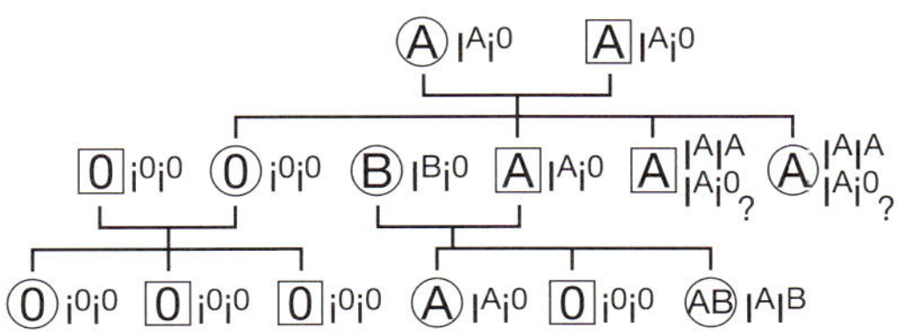

Abb. 111 Erbgang der Blutgruppen in einer Familie über zwei Generationen.

Das AB0-System beruht auf multipler Allelie. Die Blutgruppen des AB0-Systems werden von drei Allelen eines Gens bestimmt. Man unterscheidet die Allele I^A, I^B und i^0. Jeder Mensch besitzt zwei dieser Allele. I^A und I^B sind kodominant (➛ S. 83): Erbt ein Kind ein I^A-Allel und ein I^B-Allel, so sind beide Antigene nachweisbar; die Blutgruppe ist AB. i^0 verhält sich gegenüber den beiden anderen Allelen rezessiv.

Gibt es von einem Gen mehr als zwei Allele, so spricht man von multiplen Allelen.

Bei **Kodominanz** manifestieren sich beide Allele im Phänotyp eines heterozygoten Anlageträgers.

Blutgruppen in %				
Bevölkerung	A	B	AB	0
Deutschland	44	12	5	39
Indien	19	41	9	31
USA – Indianer	76	0	1	23
Peru – Indianer	0	0	0	100

Tab. 5
Häufigkeit der Blutgruppen in ausgewählten Bevölkerungsgruppen.

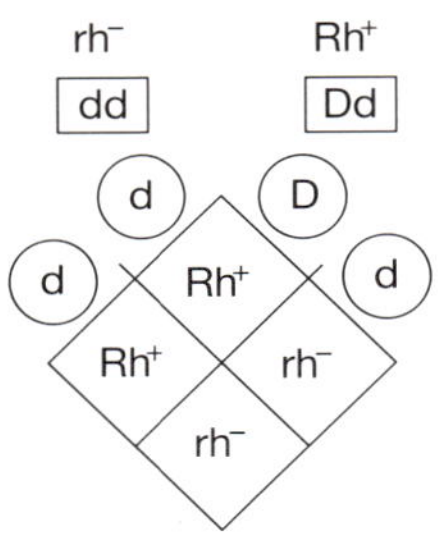

Abb. 112
Vererbung des Rhesus-Faktors

Die Häufigkeit der Blutgruppen in verschiedenen Populationen variiert stark. In auffallend vielen Völkern gibt es viele Menschen mit der Blutgruppe 0.

Der **Rhesusfaktor** D wird monohybrid dominant vererbt. Menschen, die den Faktor besitzen, sind Rh-positiv (Rh^+), ihr Genotyp ist DD oder Dd. Menschen, die den Rhesus-Faktor nicht besitzen sind Rh-negativ (rh^-). Ihr Genotyp ist dd.

Chromosomen und Geschlecht

Karyogramm

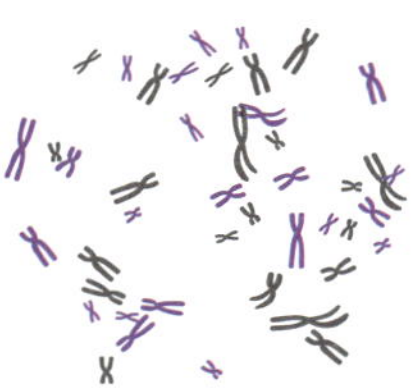

Abb. 113
Ungeordnetes Karyogramm

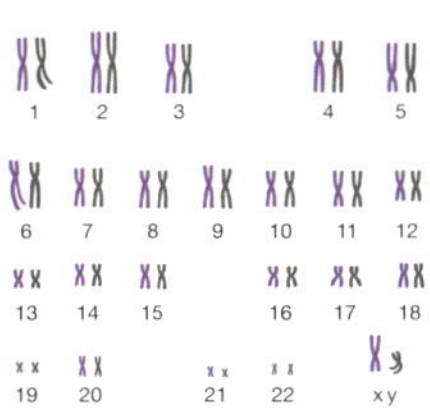

Abb. 114 Geordnetes Karyogramm eines Mannes

Anzahl, Größe und Gestalt der Chromosomen sind für jede biologische Art typisch. Der normale Chromosomensatz des Menschen besteht aus 46 Chromosomen: 44 Autosomen und zwei Gonosomen (XX oder XY).

Im **Karyogramm** werden die Metaphase-Chromosomen zu Paaren geordnet. Die **Autosomen** teilt man nach Größe und Form in sieben Gruppen auf und nummeriert sie der Größe nach durch. Die beiden **Gonosomen** werden gesondert präsentiert. Durch Farbstoffe lassen sich charakteristische Banden anfärben, die jedes Chromosom eindeutig charakterisieren.

Zur Herstellung eines Karyogramms werden einige Tropfen Blut oder Fruchtwasser entnommen, mit einem Kulturmedium versetzt und bebrütet. Wenn die Lymphozyten anfangen sich zu teilen, gibt man Colcemid (früher Colchizin) zu, um die Mitosen im Stadium der **Metaphase** (➛ S. 14) zu unterbrechen. Lässt man die fixierten Lymphozyten tropfenweise auf einen Objektträger fallen, so platzen sie: Die Chromosomen breiten sich auf einer kleinen Fläche aus. Durch verschiedene Färbetechniken können Bandenmuster erzeugt werden, die eine eindeutige Zuordnung der Chromosomen ermöglichen. Fotos der Chromosomensätze werden zerschnitten und zu einem geordneten Karyogramm zusammengefügt.

Das Down-Syndrom

Abweichungen vom normalen Chromosomenbild führen zu Entwicklungsstörungen. Bei **Trisomien** ist ein einzelnes Chromosom dreifach vorhanden. **Trisomie 21** („Mongolismus") ist die häufigste Genommutation (→ S. 93) des Menschen. Das überzählige Chromosom Nr. 21 bedingt Störungen der Embryonalentwicklung, die zum charakteristischen Bild des Down-Syndroms führen. Außer der Trisomie 21 sind noch Trisomie 13 und Trisomie 18 bekannt: Betroffene Kinder sterben im Säuglings- und Kindesalter.

Eine **Trisomie** ist durch ein überzähliges Chromosom charakterisiert.

Symptome des Down-Syndroms
geringe Körpergröße
schräg stehende Achse des Augenlids
zusätzliche Augenfalte
rundlicher Kopf,
flaches Hinterhaupt
flacher Nasenrücken
dicke Zunge,
niedriger Ohransatz,
kurze Finger
Vierfingerfurche in der Handfläche
Lücke zwischen 1. und 2. Zehe
erhöhte Anfälligkeit für Infektionen
verminderte Intelligenz
Herzfehler sind häufig

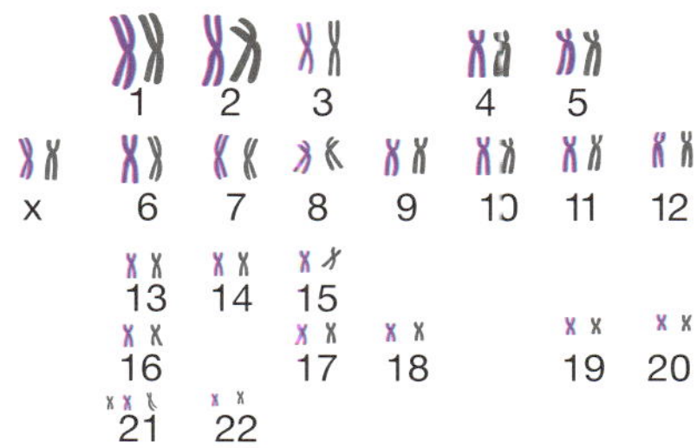

Abb. 115 Karyogramm einer Frau mit Down-Syndrom

Die Wahrscheinlichkeit für die Entstehung einer Trisomie nimmt mit dem Alter zu. Bei Frauen über 35 steigt das Risiko deutlich an. Die Meiose der Frau ist nämlich über viele Jahre in einem Stadium zwischen Synapsis und Meiose I eingefroren – die Chromosomen liegen als Tetraden vor (→ S. 86). Die Trennung der Tetraden wird mit zunehmendem Alter der Frau unzulänglich, so dass gelegentlich zwei homologe Chromosomen in die Eizelle gelangen.

Die Translokationstrisomie ist eine erbliche Form des Down-Syndroms. Dabei ist das 21. mit dem 15. Chromosom verschmolzen und wird gemeinsam mit diesem weitergegeben.

Geschlechtsbestimmung beim Menschen

Bei Menschen ist – wie bei *Drosophila* (➛ S. 95) – das männliche Geschlecht **heterogametisch** (XY, Abb. 116), das weibliche **homogametisch** (XX). Jede Eizelle trägt – neben 22 Autosomen – ein X-Chromosom. Die Samenzellen tragen zur Hälfte ein X-Chromosom, zur andern Hälfte ein Y-Chromosom mit sich.

Das Geschlecht eines Kindes wird bei der Befruchtung festgelegt. Erfolgt die Befruchtung durch eine Spermazelle mit einem X-Chromosom, so entsteht ein Mädchen, wird das Ei durch ein Spermium mit dem Y-Chromosom befruchtet, so bildet sich ein männlicher Keim. Bei der Meiose (➛ S. 86) trennen sich die Geschlechtschromosomen wieder. Jede Eizelle erhält ein X-Chromosom. Die Samenzellen erhalten je zur Hälfte ein X- oder ein Y-Chromosom.

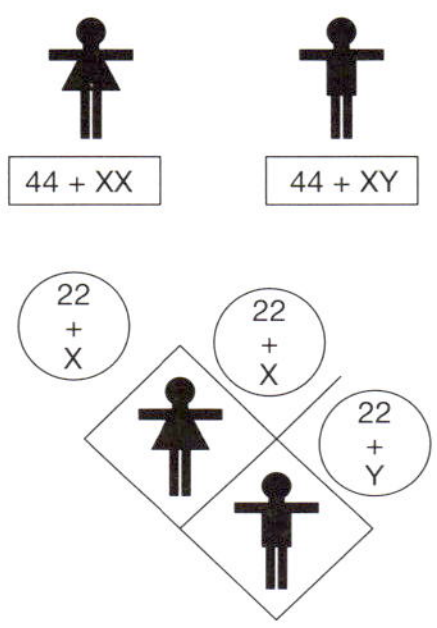

Abb. 116 Frauen haben zwei gleiche, Männer zwei verschiedene Geschlechtschromosomen.

Beim Embryo ist die Entwicklung zur Frau vorprogrammiert. Aus den Gonadenanlagen entstehen Eierstöcke. Die weiblichen Geschlechtshormone übernehmen die weitere sexuelle Differenzierung der Frau. Ist aber in den Zellen des Embryos ein Y-Chromosom vorhanden, so wird nach der sechsten Schwangerschaftswoche die Entwicklung zum Mann eingeleitet. Auf dem Y-Chromosom liegt das Gen **Sry** (*Sex determining region of Y*). Wenn dieses Gen aktiv wird, dann entwickeln sich die Gonadenanlagen zu Hoden. Der Hoden stellt Testosteron her, das die Ausbildung der Geschlechtsorgane und Geschlechtsmerkmale bewirkt.

Auf 100 Mädchen kommen etwa 106 Jungen zur Welt. Offenbar kommen mehr Spermien, die ein Y-Chromosom tragen, zur Befruchtung. Vielleicht sind diese Spermien schneller. Während der Embryonalentwicklung sterben mehr männliche als weibliche Keime. Auch nach der Geburt ist die Sterblichkeit männlicher Säuglinge höher als die von weiblichen.

Jede Zelle einer Frau enthält zwei X-Chromosomen, von denen das eine von ihrer Mutter (Xm), das andere vom Vater stammt (Xp). Nach der Lyon-Hypothese wird ein großer Teil eines der X-Chromosomen inaktiviert. Diese Inaktivierung schon sehr früh in der Embryonalentwicklung erfasst rein zufällig das eine oder das andere Chromosom. Ist die Inaktivierung in einer Zelle eingetreten, so bleibt sie bei allen ihren Tochterzellen erhalten. Das inaktivierte Chromosom ist im Zellkern als Chromatinverdichtung sichtbar. Als **Barr-Körperchen** dient es dazu, das genetische Geschlecht eines Menschen oder menschlichen Gewebes zu bestimmen. Das Barr-Körperchen ist etwa 1 µm groß und stark anfärbbar. Vor Beginn der Meiose wird das inaktive X-Chromosom wieder aktiviert, so dass jede Eizelle ein aktives X-Chromosom erhält.

Zellen von Frauen haben ein Barr-Körperchen.

Mutationen der Geschlechtschromosomen

Das Turner-Syndrom ist die einzige beim Menschen bekannte Monosomie. Frauen mit dem Turner-Syndrom besitzen nur ein X-Chromosom, das zweite Geschlechtschromosom fehlt. Turner-Frauen haben kein Barr-Körperchen. Ihr Genotyp wird mit der Formel *45,X0* beschrieben.

Bei einer **Monosomie** fehlt ein Chromosom.

Das Klinefelter-Syndrom ist eine Trisomie. Der Prototyp ist durch ein überzähliges X-Chromosom charakterisiert. Der Genotyp wird durch die Formel 47, XXY beschrieben. Das Syndrom ist eindeutig durch ein Barr-Körperchen nachzuweisen.

Ullrich-Turner-Syndrom	Klinefelter Syndrom
weiblich	männlich
geringere Körpergröße	groß gewachsen, relativ lange Beine
flügelartig verbreiterter Hals	mäßig entwickelte Brustdrüsen
tiefer Haaransatz im Nacken	kleine äußere Geschlechtsorgane
kleine Ovarien ohne Eizellen	spärliche Achsel- und Schambehaarung.
Ausbleiben der Menstruation	keine Spermien
infantile Geschlechtsorgane	leicht verminderte Vitalität
Brust ohne Drüsengewebe	durchschnittliche Intelligenz
hoher Gonadotropinspiegel	Schwierigkeiten beim Erlernen von Lesen und Schreiben
normale Intelligenz	Antriebsstörungen
Störung des räumlichen Vorstellungsvermögens	

Männer mit einem überzähligen Y-Chromosom (47, XYY) sind meist besonders groß gewachsen, zeigen aber sonst keine charakteristischen Merkmale. Das XXX-Syndrom kommt bei etwa 0,15 % aller Frauen vor. Diese Frauen unterscheiden sich durch ein zweites Barr-Körperchen von anderen Frauen.

Das fragile X-Syndrom ist bei Männern die häufigste erbliche Form von Schwachsinn, bei Frauen kommt es seltener vor. Ein fragiles X-Chromosom hat am Ende des langen Arms eine brüchige Stelle. Die zugrunde liegende Mutation ist eine verlängerte Folge von Triplett-Wiederholungen: Die Basenfolge CGG wiederholt sich nahe der Spitze des X-Chromosoms normalerweise 10- bis 50-mal, beim fragilen X-Chromosom liegt sie über 200-mal vor. Nicht jeder Mensch mit vielen Triplett-Wiederholungen leidet am fragilen X-Syndrom, dieses wird wesentlich häufiger exprimiert, wenn das mutierte Chromosom von der Mutter kommt.

Geschlechtsgekoppelte Vererbung

Männer sind hemizygot für X-gekoppelte Gene.

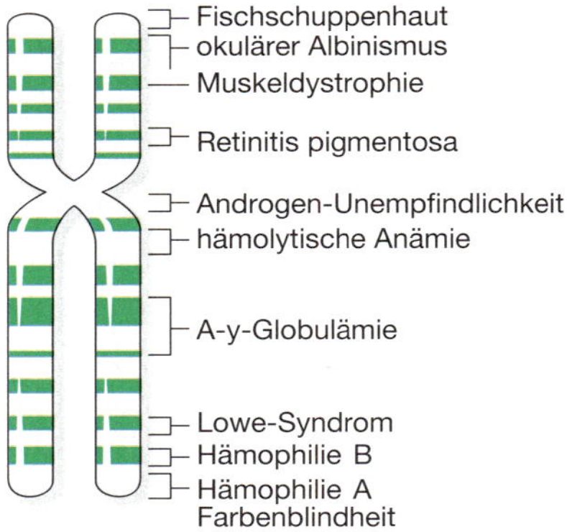

Abb. 117 Erbkrankheiten, deren Allele auf dem X-Chromosom liegen

Die Geschlechtschromosomen des Menschen unterscheiden sich in ihrer Größe: Das **Y-Chromosom** trägt nur wenige, das **X-Chromosom** sehr viele Gene. Auf dem X-Chromosom werden viele Gene für die Ausbildung von Merkmalen weitergegeben, die nichts mit den Geschlechtsunterschieden zu tun haben. Entsprechende Erbgänge werden geschlechtsgekoppelt oder auch X-chromosomal genannt.

Die meisten Gene des X-Chromosoms haben auf dem Y-Chromosom kein Gegenstück. Männer sind für Merkmale, deren Gene auf dem X-Chromosom liegen, **hemizygot** – sie tragen nur *ein* Allel. Sie sind daher häufiger von Erbleiden betroffen als Frauen.

Bluter-Krankheit (Hämophilie A und B), Rot-Grün-Blindheit, Muskeldystrophie und die Vitamin-D-resistente Rachitis werden durch das X-Chromosom weitergegeben.

Die Bluterkrankheit (**Hämophilie**) tritt fast ausschließlich bei Männern auf. Bei Hämophilie A (80 % der Bluter) ist das Gen für das antihämophile Globulin (Gerinnungsfaktor VIII) defekt; bei Hämophilie B ist das Gen für den Christmas-Faktor (Faktor IX) mutiert. Bei beiden ist die Blutgerinnung verzögert. Verletzungen können zu starkem Blutverlust führen und den Träger in Lebensgefahr bringen. Um dies zu verhindern, wird der Gerinnungsfaktor aus gespendetem Blut gewonnen und übertragen. Dabei wurden in den 80er Jahren viele Bluter mit dem HI-Virus infiziert. Heute werden Gerinnungsfaktoren gentechnisch hergestellt (➤ S. 160).

Der Erbgang der Hämophilie A ist charakteristisch für **X-chromosomal rezessiv** vererbte Krankheiten. Vererbung vom Vater auf den Sohn kommt nicht vor. Hämophile Söhne bekommen die Anlage immer von der Mutter, die als Überträgerin oder Konduktorin bezeichnet wird. Überträgerinnen sind heterozygote Träger des Allels. Bei ihnen ist die Aktivität des Gerinnungsfaktors etwa halbiert, die Blutgerinnung verläuft weitgehend normal. Weibliche Hämophile sind sehr selten. Die Bluterkrankheit ist durch ihr Auftreten in europäischen Fürstenhäusern berühmt geworden. Queen Viktoria von England (1819 – 1901) war Überträgerin der Hämophilie. Viele männliche Mitglieder der europäischer Königshäuser waren Bluter.

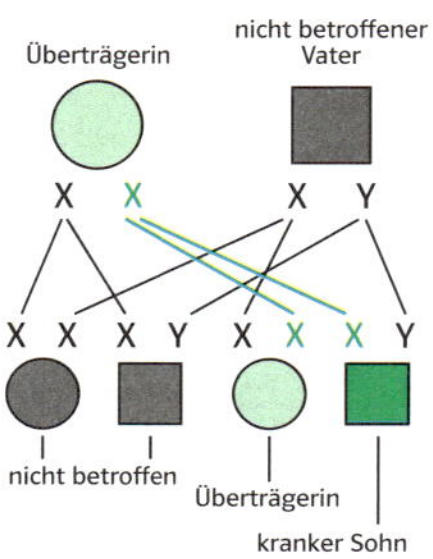

Abb. 118 Schema eines X-chromosomal rezessiven Erbgangs

Den gleichen Erbgang wie die Bluterkrankheit haben die **Rot-Grün-Blindheit** und verschiedene Formen der Rot-Grün-Schwäche. Etwa 5–9 % aller Männer, aber nur 0,25 %–0,5 % der Frauen haben eine Störung des Farbensinns.

Das Merkmal **Vitamin-D-resistente Rachitis**, eine Knochenerkrankung bei Kindern, bei der die Absorption von Kalzium im Darm gestört ist, folgt einem

X-chromosomal dominanten Erbgang. Die Erbanomalie wird vom betroffenen Vater auf alle seine Töchter übertragen, die Söhne sind gesund. Heterozygot betroffene Frauen geben sie an die Hälfte ihrer Töchter und Söhne weiter. Weitere X-chromosomal dominant vererbte Merkmale sind das erbliche Augenzittern, ein erblicher Schmelzdefekt der Zähne und die Fischschuppenhaut.

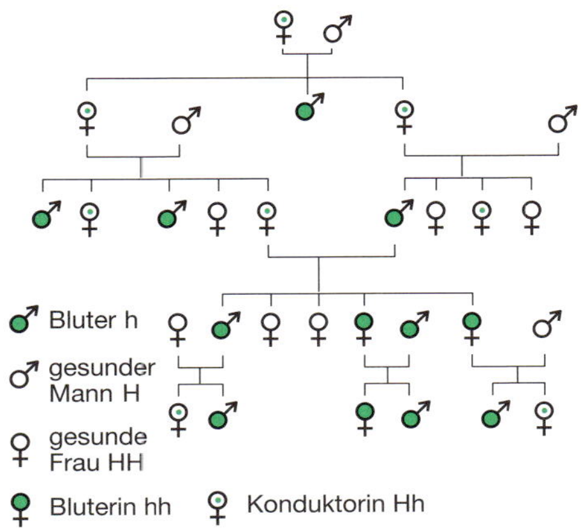

Abb. 119 Stammbaum einer Familie, in der die Bluter-Krankheit auftritt

Angewandte Humangenetik

Diagnose von Erbkrankheiten

Die frühe Diagnose einer Erbkrankheit ist oft von entscheidender Bedeutung für die Lebensgeschichte eines Patienten. Wird die Diagnose früh gestellt und eine Therapie rechtzeitig begonnen, so können viele, in einigen Fällen sogar alle Folgen einer genetischen Belastung abgewendet werden.

Bei Screening-Untersuchungen werden weite Teile der Bevölkerung – im Extremfall alle Neugeborenen – auf bestimmte Erbfaktoren hin untersucht. Die genetische Diagnostik kann geschehen durch

- Phänotyp-Analyse,
- Untersuchung der Zahl und des Feinbaus der Chromosomen,
- biochemische Untersuchungen von Enzymen oder Stoffwechselprodukten,
- durch Bestimmung der Nukleotidsequenz in einem DNA-Abschnitt (→ S. 151),

Als Vorsorgeuntersuchung auf erbliche Risikofaktoren wird Screening eingesetzt, ein systematisches Testverfahren, das aus einer großen Anzahl von Personen Individuen mit bestimmten Abweichungen identifiziert.

Phenylketonurie (PKU) ist eine autosomal rezessiv vererbte Stoffwechselkrankheit. Ab der sechsten Lebenswoche kann die Krankheit durch den Windeltest erkannt werden: Eine mit Eisenchlorid-Lösung getränkte Windel wird durch den Urin betroffener Kinder grün gefärbt. Da die Schädigung des kindlichen Gehirns schon in den ersten Lebenstagen beginnt, ist eine frühere Diagnose wünschenswert. Schon wenige Tage nach der Geburt kann anhand des Guthrie-Tests erkannt werden, ob ein Kind an Phenylketonurie erkranken wird. Dabei wird das Blut des Kindes auf Phenylalanin untersucht. Ist der Test positiv, so wird sofort mit einer Diät begonnen, die arm ist an Phenylalanin. Da Phenylalanin eine essentielle Aminosäure ist, darf sie in der Ernährung nicht ganz fehlen. Wird diese Diät konsequent durchgehalten, so ist sie die einzige Einschränkung im weiteren Leben des Kindes. In Deutschland erfasst ein erweitertes Neugeborenenscreening Phenylketonurie zusammen mit anderen angeborenen und behandelbaren Erkrankungen.

Genetische Familienberatung

Genetische Familienberatung will und kann von Erbkrankheiten betroffenen Familien Leid ersparen.

Bei der genetischen Familienberatung geht es um das **Risiko einer genetischen Erkrankung** in einer Familie.

Eine Beratung ist angezeigt,

- wenn in einer der Familien des Paares Erbkrankheiten vorkommen,
- wenn schon ein Kind mit einem genetisch bedingten Leiden geboren ist und die Frage nach dem Risiko für ein weiteres Kind gestellt wird,
- wenn einer der Partner eine schwere Krankheit hat, die vielleicht genetische Wurzeln hat,
- bei Verwandtenehen, vor allem wenn in der Familie Erbkrankheiten vorkommen,
- bei höherem Alter eines der Partner oder von beiden,
- nach mehreren Fehlgeburten ohne klar definierte Ursache,
- bei möglichen Umweltschäden, z.B. nach lang andauernder Exposition gegenüber mutagenen Strahlen.

Die Familie oder die Person wird in die Lage versetzt, eine Entscheidung zu treffen, die in Übereinstimmung mit ihren ethischen und religiösen Wertvorstellungen steht und zu der sie selbst stehen kann.

Die **Beratungsstelle** kann helfen,

- durch den Hinweis auf Möglichkeiten der Früherkennung und Behandlung,
- durch Aufzeigen zukünftiger Behandlungsmöglichkeiten, wie die Gentherapie,
- durch den Hinweis auf die Schwere des zu erwartenden Erbleidens,
- durch Einstellung auf eine zu erwartende Behinderung und dem Aufzeigen von Möglichkeiten mit dieser Behinderung umzugehen,
- durch Ermöglichung einer Familienplanung,
- durch Beseitigung von Ängsten.

Heterozygotentests

Für eine Reihe von erblichen Stoffwechselstörungen gibt es Heterozygotentests. Aufgabe der Tests ist, heterozygote Träger eines rezessiven Allels zu erkennen.

Aufgabe von Heterozygotentests ist, die heterozygoten Träger eines rezessiven Allels zu erkennen.

Mit Hilfe eines Belastungstests kann man heterozygote Träger einer Anlage für Phenylketonurie erkennen. Der zu prüfenden Person werden 2 mMol Phenylalanin je kg Körpergewicht verabreicht. Vier Stunden später werden Blutproben genommen, das Blutserum wird auf Filterpapier-Plättchen getropft. Dieses Papierplättchen wird auf die Bakterienkultur gelegt. Die Wachstumszone um die Scheibe ist etwa proportional zu deren Gehalt an Phenylalanin. Der Versuch zeigt bei reinerbig Gesunden einen kleinen Hof. Das aufgenommene Phenylalanin ist weitgehend abgebaut. Bei Menschen mit Phenylketonurie ist das Filterpapier mit reichlich Phenylalanin getränkt, die Bakterien zeigen eine große Wachstumszone. Bei Heterozygoten ist das Wachstum der Bakterien deutlich größer als bei Menschen, die kein entsprechendes Allel tragen. Der Abbau des Phenylalanins ging offensichtlich deutlich langsamer vor sich.

Der Test zeigt auch, dass es problematisch ist, hier von einer rezessiven Genwirkung zu sprechen: Heterozygote erweisen sich unter Belastungen als nicht ganz unauffällig, sie unterscheiden sich von homozygot Gesunden.

Auch der Heterozygotentest für Galaktosämie beruht auf der verminderten Enzymaktivität der heterozygoten Genträger, die im Test festgestellt werden kann.

Wenn man weiß, dass beide Eltern heterozygote Anlagenträger sind, so kann mit der Geburt homozygot Betroffener gerechnet werden, Diagnose und Therapie können früh eingeleitet werden.

Pränatale Diagnose

Zur Pränataldiagnostik gehören von außerhalb des Körpers vorgenommene Untersuchungen am ungeborenen Kind, wie die Ultraschalluntersuchung, und invasive Untersuchungen, die im Körper der Schwangeren durchgeführt werden.

Chromosomenaberrationen und viele Stoffwechselerkrankungen können pränatal, also schon vor der Geburt, festgestellt werden. Einige Aussagen sind schon durch die Untersuchung des Blutes der Schwangeren möglich. So gibt eine niedrige Konzentration von Alpha-Fetoprotein im mütterlichen Blut einen Hinweis auf Trisomie 21.

Bei der Amniozentese wird Fruchtwasser aus der Fruchtblase (Amnion) entnommen. Dieses enthält Zellen des Embryos, die in Gewebekultur vermehrt werden können.

Bei der **Amniozentese** punktiert der Arzt die Fruchtblase. Er sticht mit einer weniger als einen mm dicken Kanüle durch Bauchdecke und Gebärmuttermuskulatur hindurch in die Fruchtblase und saugt einige Milliliter Fruchtwasser ab. Um den Fetus nicht zu verletzen, erfolgt der Eingriff unter Sichtkontrolle durch Ultraschall. In der 15. bis 18. Schwangerschaftswoche ist die Gebärmutter der Schwangeren soweit vergrößert, dass Fruchtwasser entnommen werden kann. Das Fruchtwasser enthält in diesem Stadium genügend Zellen des Embryos, die in einer Gewebekultur vermehrt werden können. Eine Frühamniozentese kann schon in der 11. bis 14. Schwangerschaftswoche durchgeführt werden. Die Form der Zellkerne erlaubt eine erste Diagnose. Der Überstand beim Zentrifugieren wird biochemisch untersucht. Nach einer Vermehrung der Zellen in Nährlösung lässt sich eine exakte biochemische Analyse, eine Chromosomenuntersuchung und eine DNA-Analyse durchführen.

Bei der **Chorionbiopsie** wird in der 10. bis 12. Schwangerschaftswoche ein Katheder durch den Gebärmutterhalskanal eingeführt. Aus der Zottenhaut (Chorion), dem Vorläufer der Plazenta, wird Gewebe entnommen und einer Chromosomen- oder DNA-Analyse zugeführt. Eine Amniozentese wird empfohlen

- wenn die Eltern des Kindes über 40 sind,
- wenn die Mutter Überträgerin einer gonosomal vererbten Krankheit ist,
- wenn Geschwister Chromosomenaberrationen oder Missbildungen haben oder
- wenn beide Eltern heterozygote Genträger für ein schweres Erbleiden sind.

Ab der 20. Schwangerschaftswoche kann durch **Nabelschnurpunktion** Blut des Fetus aus der Nabelschnur entnommen werden. Mit Hilfe der pränatalen Untersuchungen können viele Erkenntnisse über den Fötus gewonnen werden: Chromosomenaberrationen und das Geschlecht des Kindes werden am Karyogramm sichtbar. Durch biochemische Untersuchungen lassen sich Stoffwechselkrankheiten wie Galaktosämie nachweisen. Aus den Zellen kann DNA isoliert und auf mutierte Gene untersucht werden. Dies ermöglicht z.B. die Diagnose von Mucoviscidose und Muskeldystrophie. Die Untersuchungen können folgende Befunde erbringen: Bestimmung des Geschlechts durch Nachweis des Barr-Körperchens oder durch das Karyogramm; Feststellung von Chromosomenaberrationen im Karyogramm; Nachweis von Stoffwechselkrankheiten durch biochemische Untersuchungen z.B. Galaktosämie; Nachweis von Erbkrankheiten durch die DNA-Analyse.

Bei der Nabelschnurpunktion wird Blut aus der Nabelschnur entnommen.

Klonen

Klonen (gr.: *klon* = Zweig, Schössling) ist ein Verfahren, das die geschlechtliche Fortpflanzung und somit die Neukombination der Gene umgeht. Durch Klonen werden **genetisch identische Individuen** erzeugt.

Zum Klonen benötigt man eine Eizelle; die entkernt wird und den Zellkern einer Körperzelle, der das Erbgut des zu klonenden Lebewesens enthält. Die Eizelle und der Zellkern werden durch einen Elektroimpuls verschmolzen. Nach einer künstlichen Aktivierung im Reagenzglas beginnt die Eizelle sich zu teilen. Die Zellen werden in Zellkultur vermehrt und können in den Uterus (die Gebärmutter) einer Leihmutter eingepflanzt werden. Dort entwickelt sich der Embryo. Im Tierversuch benötigt man meist mehr als 100 rekonstruierte Embryonen um eine Lebendgeburt zu erzielen.

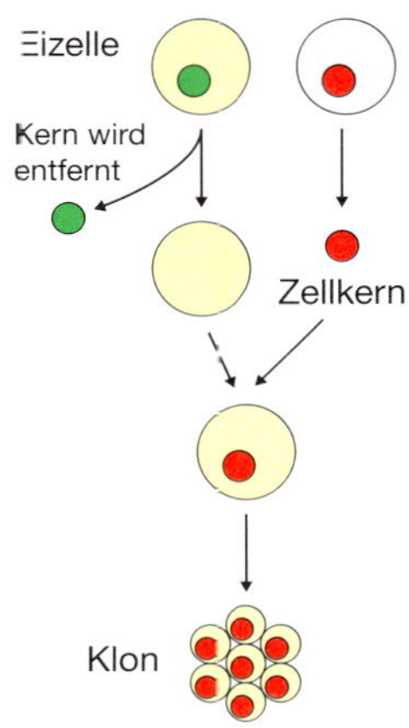

Klonen bezeichnet die Herstellung genetisch identischer Zellen oder Organismen.

Abb. 120 Das Prinzip des Klonens

Der entstehende Organismus stimmt in seinen Kern-Genen mit dem geklonten Individuum überein; die mitochondrialen Gene stammen von der Spender-Eizelle. Klon und Original sind zwar ähnlich, aber nicht identisch; in Tierversuchen sind die Unterschiede zwischen beiden deutlich größer als bei eineiigen Zwillingen.

Unterschieden wird zwischen dem therapeutischen und dem reproduktiven Klonen:

Das **reproduktive Klonen** ist die komplette Herstellung der genetischen Kopie eines Tieres oder eines Menschen zum Zweck der Vermehrung. Das Klonen von Menschen ist bisher allerdings nur eine spekulative Möglichkeit, die wohl nie stattfinden wird.

Beim **therapeutischen Klonen** werden Embryonen zur Entnahme embryonaler Stammzellen hergestellt. Aus der Blastozyste, einem frühen Entwicklungsstadium des Embryos (etwa am 4. bis 8. Tag nach der Befruchtung), werden embryonale Stammzellen entnommen. In diesem Entwicklungsstadium sind embryonale Stammzellen totipotent: Aus ihnen kann jede beliebige Zelle des Organismus entstehen. Fast jede Art von menschlichem Gewebe (Knochen,

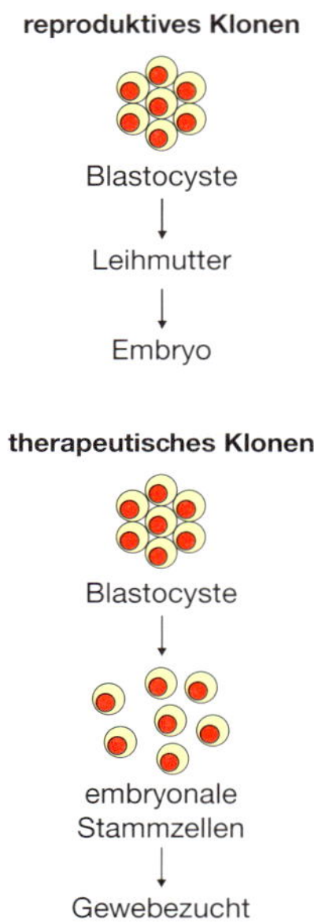

Abb. 121 Reproduktives und therapeutisches Klonen

Knorpel, Nerven, Muskeln) kann daraus gezüchtet werden. Wissenschaftler versprechen sich davon Heilung von Krankheiten wie Alzheimer, Parkinson oder Diabetes. Durch das Klonen aus embryonalen Stammzellen kann die Abstoßungsreaktion vermieden werden, die bei Transplantation von Fremdgewebe auftritt (→ S. 182) – schließlich sind Spender und Empfänger genetisch identisch.

Beide Formen des Klonens sind in Deutschland untersagt. Die UN-Vollversammlung sprach sich für ein weltweites Verbot aller Formen des menschlichen Klonens aus, diese Empfehlung ist jedoch nicht bindend.

Ein anderes Verfahren ist die **Mehrlingsspaltung** oder das Embryosplitting. Ein füher Embryo, der in der Regel durch eine *In-vitro*-Fertilisation entstand, wird in seine Zellen zerlegt, die sich eigenständig weiterentwickeln. Dies geschieht auf natürliche Weise beim Menschen bei der Bildung eineiiger Zwillinge.

Alle Querverweise im Überblick:

Antigene: S. 131 → S. 171
Drosophila melanogaster: S. 134 → S. 95
Epigenetische Regulationsmechanismen: S. 129 → S. 115
Genommutation: S. 133 → S. 93
Gentechnische Herstellung von Gerinnungsfaktoren: S. 136 → S. 160
Kodominanter Erbgang: S. 131 → S. 83
Meiose: S. 134 → S. 86
Metaphase der Mitose: S. 132 → S. 14
Nukleotidsequenz der DNA: S. 137 → S. 151
Phenylketonurie: S. 130 → S. 137
Pleiotrope Genwirkung: S. 130 → S. 84
Rezessive Genwirkung: S. 130 → S. 79
Tetraden: S. 133 → S. 86
Transplantation von Fremdgewebe: S. 142 → S. 182

Zusammenfassung

Humangenetik

Die genetische Forschung beim Menschen muss andere Methoden anwenden als die Erbforschung bei Pflanzen und Tieren. Kreuzungsexperimente kommen aus ethischen Gründen nicht in Frage. Außerdem sind die Generationszeiten bei Menschen sehr lang, die Zahl der Nachkommen ist im Allgemeinen für statistische Untersuchungen zu klein.

Deshalb werden Erbgänge in Stammbäumen untersucht. Damit lässt sich die Vererbung leicht erkennbarer Merkmale mit einfachem Erbgang wie Blutgruppen und Pigmentierung gut verfolgen, auch der Erbgang von Krankheiten wie die Bluterkrankheit oder das Marfan-Syndrom konnte so aufgeklärt werden. Statistische Untersuchungen großer Populationen geben Hinweise auf erbliche Anteile von Erkrankungen, die nur teilweise vom Erbgut mit verursacht werden.

Die Zwillingsforschung liefert Hinweise auf epigenetische Vorgänge – erbliche Regulationsvorgänge. Einflüsse von Erbgut und Umwelt auf bestimmte Eigenschaften können durch die Untersuchung eineiiger Zwillinge eingegrenzt werden.

Die Diagnostik genetischer Krankheiten wird im Labor unter Anwendung molekular- und Cytogenetischer Techniken durchgeführt. Die Analyse von Karyogrammen ermöglicht die Untersuchung von Chromosmenaberrationen. Viele Sachverhalte wurden und werden durch den Einsatz der Gentechnik geklärt. Ziel ist ein tieferes Verständnis für die molekularen Ursachen von Krankheiten. Daraus können sich in Zukunft neue Ansätze für die Diagnostik und Behandlung von Krankheiten ergeben.

Die Determination des Geschlechts erfolgt bei Menschen bei der Befruchtung. Neben den 22 Paaren von Autosomen haben Menschen zwei Geschlechtschromosomen oder Gonosomen: Frauen haben zwei X-Chromosomen; Männer haben ein X- und ein Y-Chromosom und somit unterschiedliche Geschlechtschromosomen (XX/XY-System). Das Y-Chromosom ist deutlich kleiner als das X-Chromosom, es enthält das SRY-Gen, das für die Ausprägung des männlichen Geschlechts erforderlich ist. Durch einen epigenetischen Vorgang wird eines der beiden X-Chromosomen in Zellen der Frau inaktiviert. Erbkrankheiten, die X-chromosomal vererbt werden, treten bei Männern deutlich häufiger auf als bei Frauen.

Die humangenetische Beratung kann helfen, Fragen im Zusammenhang mit erblich bedingten Erkrankungen oder Entwicklungsstörungen zu beantworten. Sie dient der verständlich formulierten fachspezifischen Information von Patienten und ihren Familien über bestehende oder angenommene Risiken, zeigt Möglichkeiten der Diagnose und Therapie auf, wie Heterozygotentest und pränatale Untersuchungen und soll den betroffenen Menschen helfen nach ausgiebigem Abwägen der Möglichkeiten eigenständige Entscheidungen zu treffen.

Das Klonen von Tieren ist eine umstrittene aber häufig praktizierte Methode um erbgleiche Individuen zu erzeugen. Das reproduktive Klonen von Menschen wird einhellig abgelehnt; die Erforschung des therapeutisches Klonens dagegen wird in einigen Ländern intensiv vorangetrieben, in anderen ist sie verboten.

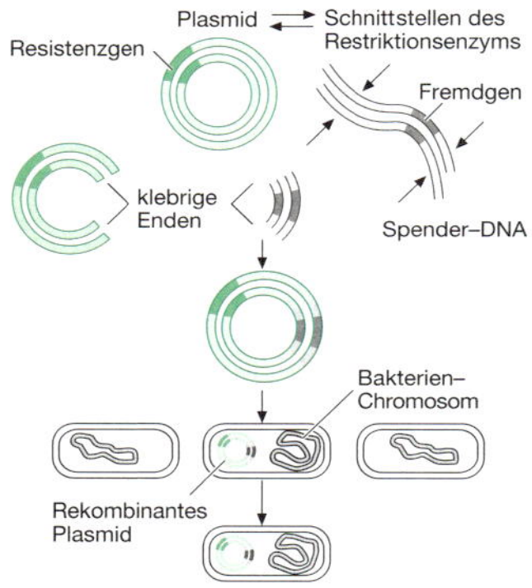

Paul Berg zerschneidet DNA mit einem Restriktionsenzym und verbindet sie mit einer DNA-Ligase wieder. → **S. 157**

Das erste gentechnisch hergestellte Medikament kommt auf den Markt: Insulin für Zuckerkranke. → **S. 159**

mRNA → DNA
Howard Temin David Baltimore: Reverse Transkriptase schreibt RNA in DNA um. → **S. 155**

1962	1970	1971	1977	1980	1982
Restriktionsenzyme	**Reverse Transkriptase**	**Rekombinanter Organismus**	**DNA-Sequenzierung**	**Gentransfer mit Agrobakterien**	**Weiße Gentechnik**

Werner Aber schneidet Erbsubstanz mit Restriktionsenzymen. → **S. 156**

Forscher in Stanford erzeugen ein neu kombiniertes DNA-Molekül aus viraler und bakterieller DNA und bringen es in Bakterien ein. → **S. 159**

Sanger und Kollegen entwickeln eine leistungsfähige Methode zur DNA-Sequenzierung. → **S. 151**

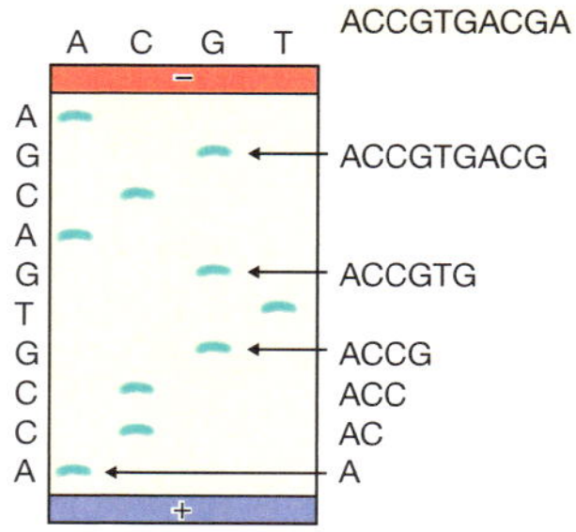

Jeff Schell schleust Gene mit *Agrobacterium tumefaciens* in Pflanzen ein. → **S. 158**

GENTECHNIK

Kary Mullis erfindet die Polymerase-Ketten-Reaktion zur Vermehrung der DNA.
→ **S. 149**

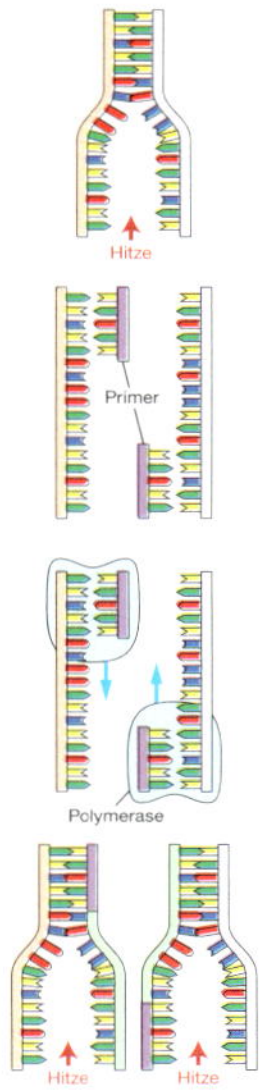

Craig Venter gibt die Entzifferung das Genoms des Bakteriums *Haemophilus influenzae* bekannt. → **S. 153**

Antithrombin aus Ziegenmilch wird als erstes Arzneimittel aus transgenen Tieren zugelassen.

1985	1988	1994	1995	2001	2003	2006
PCR	Transgene Tiere	Grüne Gentechnik	Erstes Genom sequenziert	Abschluss des HUGO	Genom des Menschen	Arznei aus transgenen Tieren

Erstes Patent für ein gentechnisch verändertes Säugetier: Eine transgene Maus dient als Modellorganismus für die Untersuchung von Tumorkrankheiten.

Eine „Rohfassung“ der Basenfolge des menschlichen Genoms liegt vor. → **S. 153**

Das menschliche Erbgut ist vollständig entziffert.
→ **S. 153**

Gentechnik

In diesem Kapitel erfahren Sie:

- Gentechnik ermöglicht die gezielte Veränderung und Übertragung von Erbgut.
- Gentransfer gibt es auch in der Natur.
- Die PCR ermöglicht eine unbegrenzte Vervielfältigung eines DNA-Abschnitts.
- Der genetische Fingerabdruck ermöglicht die Identifizierung von Personen.
- Gensonden ermöglichen eine gezielte Suche nach Genen.
- Durch Herstellung von cDNA werden Intron-freie Gene gewonnen.
- Durch die Antisense-Technik lassen sich Gene ausschalten.
- Restriktionsenzyme und Ligasen ermöglichen das Ausschneiden und Einpflanzen von DNA-Stücken.
- Zur Übertragung von Genen auf andere Organismen benötigt man Vektoren.
- Gentechnik, Gendiagnostik und Gentherapie beim Menschen weisen ethische Aspekte auf.
- Es gibt kontroverse Positionen zur Erforschung und Anwendung der Gentechnik.

Gentechnik und ihre Ziele

Definition der Gentechnik

Zur Gentechnik gehören alle Methoden, die sich mit der Isolierung, Charakterisierung, Vermehrung und Neukombination von Genen beschäftigen. Im Mittelpunkt steht die Isolierung eines Gens aus einem Organismus und seine Vermehrung in einem anderen.

Die Gentechnik (in Anlehnung an das englische *gene technology* auch **Gentechnologie** genannt), ein Teilgebiet der Biotechnologie, befasst sich mit der Isolierung, Charakterisierung und Neukombination von Erbmaterial. Neue Kombinationen von Genen werden hergestellt, indem das Erbgut von lebenden Organismen gezielt verändert wird, vor allem durch Übertragung und Einbau fremden Genmaterials. Dabei können auch Strukturgene und Regulatorgene (➛ S. 114) neu kombiniert werden. Als Produkt entsteht zunächst **rekombinante DNA**. Rekombinante DNA kann in Organismen eingebracht werden, um gentechnisch veränderte Organismen (**GVO**s) herzustellen. Die Methoden der Gentechnik haben zu einem Durchbruch in der biologischen und medizinischen Grundlagenforschung geführt.

Der Begriff Gentechnik umfasst die Methoden zur Veränderung und Neuzusammensetzung von DNA-Sequenzen und das Einbringen dieser DNA in lebende Organismen.

Grundlage der Gentechnik ist die Universalität des genetischen Codes.

Gentechnik wird zur Herstellung neu kombinierter DNA innerhalb einer Art, vor allem aber über Art-Grenzen hinweg verwendet. Wichtigste Grundlage der Gentechnik ist die Universalität des genetischen Codes: Alle Lebewesen benutzen einen genetischen Code.

Nach Anwendungsbereichen unterscheidet man:

- **Grüne Gentechnik** oder Agro-Gentechnik – die Anwendung gentechnischer Verfahren in der Pflanzenzüchtung und die Nutzung gentechnisch veränderter Pflanzen in der Landwirtschaft und im Lebensmittelsektor.
- **Rote Gentechnik** – die Anwendung bei Tieren mit rotem Blut (Wirbeltiere) oder von Zellen aus diesen Organismen, und die Anwendung in der Medizin zur Entwicklung von diagnostischen und therapeutischen Verfahren und von Arzneimitteln.
- **Weiße oder Graue Gentechnik** – die Herstellung von Enzymen oder Feinchemikalien für industrielle Zwecke mit Hilfe gentechnisch veränderter Mikroorganismen.

Grüne Gentechnik betrifft Pflanzen, rote Gentechnik Menschen und Tiere, weiße Gentechnik arbeitet mit Mikroorganismen.

Die Methoden der modernen Fortpflanzungsbiologie (→ S. 141) zählt man nicht zur Gentechnik, allerdings begünstigt die Befruchtung im Reagenzglas und die damit gewonnene Zugänglichkeit der Embryonen die Anwendung gentechnischer Methoden.

Ziele der Gentechnik

Aus den Anwendungsbereichen ergeben sich folgende Ziele der Gentechnik:

1. Die Erforschung, Herstellung und Prüfung von **Medikamenten und Impfstoffen** gegen bisher schwer oder nicht therapierbare Krankheiten.
2. Die Heilung oder Behandlung von **Krankheiten** wie Krebs (→ S. 117), Alzheimer-Syndrom, AIDS (→ S. 183), Arteriosklerose, für die es bisher wenig oder keine Hoffnung gab.
3. Eine schnelle und sichere **Diagnose** von Erb- und Infektionskrankheiten.
4. Untersuchung der Entstehung und Ausbreitung von **Infektionskrankheiten** und Einblick in biochemische Defekte bei **Erbkrankheiten**, so z. B. bei der Cystischen Fibrose (→ S. 130).
5. Die Aufklärung von **Entwicklungsvorgängen und Entwicklungsstörungen**.
6. Die Lösung von quantitativen und qualitativen **Ernährungsproblemen**. Die Züchtung von Kulturpflanzen und Nutztieren ist schon immer auf Qualitätsverbesserung, Ertragssteigerung und Verbesserung der Widerstandsfähigkeit ausgerichtet. Die Gentechnik stellt Methoden bereit, diese Ziele schneller und effektiver als bisher zu erreichen.
7. Biologischer Abbau oder Konzentrierung von Umweltchemikalien durch gentechnisch veränderte Mikroorganismen.
8. Die **Herstellung von Produkten** wie Enzymen und Vitaminen.

Wichtigstes Ziel der Gentechnik ist die Lösung oder Entschärfung von Ernährungs- und Gesundheitsproblemen der Menschheit. Dazu kommen wirtschaftliche Ziele.

Die Gentherapie (➛ S. 161) will genetische Eigenschaften menschlicher Zellen korrigieren. Die somatische Gentherapie repariert Körperzellen, das sind Zellen, deren Erbgut mit dem Tod des Individuums erlischt. Die Keimbahntherapie – Veränderung von Ei- und Samenzellen – wird abgelehnt. Wissenschaft und Industrie haben sich verpflichtet, keine Versuche an menschlichen Keimzellen oder Embryonen durchzuführen.

Gentransfer in der Natur

Auch die Natur kennt den Gentransfer: Transformation, Konjugation und Transduktion gibt es bei Bakterien, Transfektion und Additionsbastarde treten bei Eukaryonten auf.

Auch in der Natur wird genetische Information zwischen verschiedenen Arten übertragen. So wird beim Tod von Zellen DNA freigesetzt. Unter bestimmten Bedingungen nehmen prokaryotisch lebende Zellen die DNA-Moleküle auf und bauen sie in ihr Genom ein. Diese Transformation nutzte in den 40er-Jahren des letzten Jahrhunderts Avery zum Nachweis der DNA als Erbsubstanz (➛ S. 101). Bei der Konjugation wird DNA über eine Plasmabrücke zwischen zwei Bakterienzellen von einer Zelle auf die andere übertragen (➛ S. 119). Findet die Übertragung von DNA zwischen Bakterien mit Hilfe temperenter Phagen statt (Viren, die Bakterien befallen und sich in ihnen vermehren lassen), so spricht man von Transduktion. Bei natürlichem Gentransfer entstehen keine neuen Erbinformationen, es werden lediglich vorhandene Erbanlagen neu kombiniert (Rekombination ➛ S. 87).

Während Transformation, Konjugation und Transduktion unter Prokaryonten stattfinden, stellt die Transfektion einen Gentransfer in eukaryontischen Zellen dar (➛ S. 9). Diese verläuft ähnlich wie die Transformation bei Prokaryonten.

Grippe-Viren ändern sich immer wieder durch Gen-Shift, wenn zwei Virustypen ihre Erbsubstanz austauschen und neu kombinieren. Das Genom eines Grippe-Virus ist in acht RNA-Segmente aufgeteilt, die unabhängig voneinander repliziert werden. Beim Zusammenbau neuer Viren in der Wirtszelle wird ein Exemplar eines jeden Segments in das neue Virus eingebaut. Wenn nun dieselbe Zelle von verschiedenen Stämmen infiziert wird, kann es zu Gen-Shift kommen: Segmente verschiedener Viren werden neu zusammengestellt. Dieses Phänomen ist die Grundlage für Pandemien der Menschheit, wenn sich z. B. ein Tiervirus und ein Menschenvirus in einem Schwein treffen. Durch den Gen-Shift treten neue Oberflächenproteine – Hämagglutinin und Neuraminidase – auf, die der Sekundärantwort des Immunsystems (➛ S. 178) entgehen und eine Erkrankung hervorrufen.

Bei der Entstehung von Kulturpflanzen wie Weizen oder Mais wurde das Erbmaterial verschiedener Arten kombiniert. So ist der Saatweizen ein Additionsbastard: Er vereinigt das Erbgut dreier verschiedener Grasarten.

Werkzeuge und Anwendungen der Gentechnik

PCR

Für die Analyse von DNA reicht ein DNA-Molekül nicht aus, es werden tausende von Kopien benötigt. Oft liegen nur ein paar Tropfen Blut oder ein wenig Speichel vor. Darin sind zu wenige DNA-Moleküle für eine Analyse enthalten. Die schnellste Methode, ein DNA-Stück zu vervielfältigten, ist die **Polymerase-Ketten-Reaktion** (*polymerase chain reaction* = *PCR*). Der Erfinder Kary B. Mullis ging von der semikonservativen Replikation der DNA aus. Dabei wird die DNA in Einzelstränge gespalten, so dass eine DNA-Polymerase komplementäre Nukleotide anlagern und zu einem neuen Strang verbinden kann.

1985: Mullis entwickelt die Polymerase-Ketten-Reaktion. Die PCR ermöglicht – ausgehend von einem einzigen DNA Molekül – eine milliardenfache Vervielfältigung eines DNA-Abschnitts.

Die Auftrennung der doppelsträngigen DNA in Einzelstränge *(Denaturierung)* gelingt auch ohne Enzyme, indem man die DNA auf etwa 95 °C erhitzt. An diesen Einzelsträngen, die als Matrize (*Template*) bezeichnet werden, können nun die komplementären Stränge aufgebaut werden, wenn man die vier Nukleotid-Bausteine und DNA-Polymerase zusetzt. Man verwendet dazu die hitzestabile Taq-DNA-Polymerase von *Thermus aquaticus*, einem Bakterium, das in heißen Quellen lebt. Allerdings beginnt die Taq-Polymerase nicht an DNA-Einzelsträngen. Sie benötigt als Ansatzstelle für die Replikation ein kleines Stück Doppelstrang am 3'-Ende. Dieser Abschnitt wird erzeugt, indem man zwei Primer zugibt: kurze, synthetisierte DNA-Stücke, die jeweils komplementär zu einem kurzen Abschnitt der beiden DNA-Einzelstränge passen. Sie lagern sich bei ca. 50 °C an. Anschließend wird das Gemisch auf 72 °C geheizt, damit die Taq-Polymerase den komplementären Strang synthetisiert.
Für einen PCR-Ansatz benötigt man neben der DNA-Matrize:

- zwei Primer (zwei 20–30 Nukleotide lange DNA-Einzelstränge),
- die vier Nukleosid-Triphosphate dATP (= desoxy-Adenosin-Triphosphat), dTTP, dGTP, dCTP,
- eine hitzestabile DNA Polymerase: taq-Polymerase,
- (Mg^{2+}-Ionen; Puffer-Lösung).

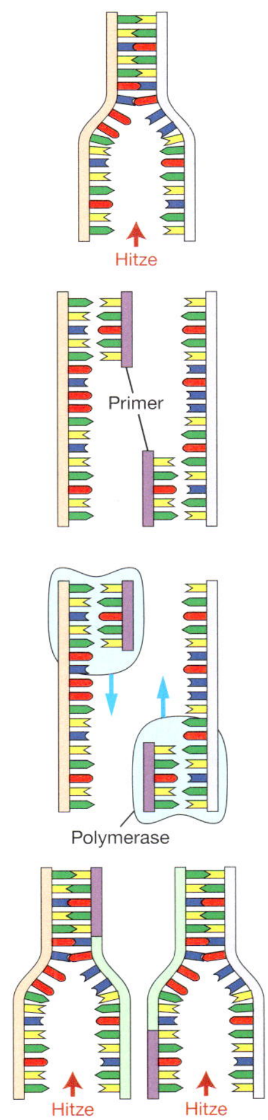

Abb. 122 Vervielfältigung der DNA durch die PCR

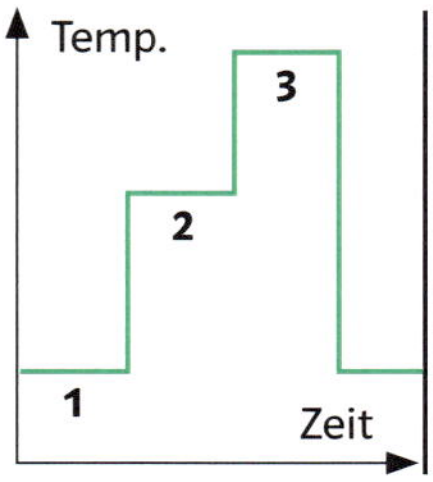

Abb. 123 Temperaturverlauf bei einem Zyklus der PCR

Zunächst wird die DNA-Doppelhelix erhitzt (Abb. 123, 3). Bei einer Temperatur von 95 °C („Schmelztemperatur der DNA“) wird die DNA-Doppelhelix in zwei Einzelstränge aufgetrennt (Denaturierung der DNA). Nun gibt man die Primer, Nukleotide und Polymerase zu. Bei 50 bis 60 °C legen sich die Primer an die passenden Stellen der DNA (Primerhybridisierung 1). Von diesen ausgehend baut die Polymerase komplementäre DNA-Stränge auf (Elongation 2). Erhitzen trennt die DNA wieder auf (Denaturierung 3). Beim Abkühlen erfolgt der nächste Kopiervorgang. Durch Fortsetzen der Zyklen kann man beliebige Mengen an DNA herstellen, typischerweise durchläuft ein Ansatz 25–50 Zyklen bei automatisierten Verfahren. So liegt genügend Material für weitere Analysen vor.

DNA-Basensequenzierung

Liegt die DNA in ausreichender Menge vor, folgt die Analyse. DNA-Sequenzierung ist die Bestimmung der Abfolge der Nukleotide in einem DNA-Molekül. Die Didesoxymethode nach Frederick Sanger wurde Mitte der siebziger Jahre entwickelt.

Zunächst wird die zu analysierende DNA in Einzelstränge gespalten. Anschließend wird durch eine Polymerase der Komplementärstrang der DNA aufgebaut. Sangers Idee war es, neben den gewöhnlichen Nukleotiden (dATP, dTTP, dGTP und dCTP) auch solche bereitzustellen, bei denen der Kopiervorgang abbricht. Diese Kettenterminatoren sind Didesoxy-Nukleosidtriphosphate (ddNTPs. Abb. 124), die sich von den normalen Nukleosidtriphosphaten (dNTPs) dadurch unterscheiden, dass ihnen am Zuckermolekül Desoxyribose eine OH-Gruppe am 3'C-Atom fehlt. Beide Nukleotidsorten werden bei der DNA-Synthese gleichmäßig eingebaut: Wird ein Didesoxynukleotid eingebaut, so bricht die Synthese ab. Weil die 3'-OH-Gruppe fehlt, kann die Kette nicht weiter verlängert werden. Diese „Kettenterminatoren" werden als Schlusslichter an Stelle der richtigen Bausteine eingebaut. Sichtbar sind sie, weil sie eine Fluoreszenz-Farbmarkierung tragen – und zwar eine von vier Farben je nach der Art des Bausteins.

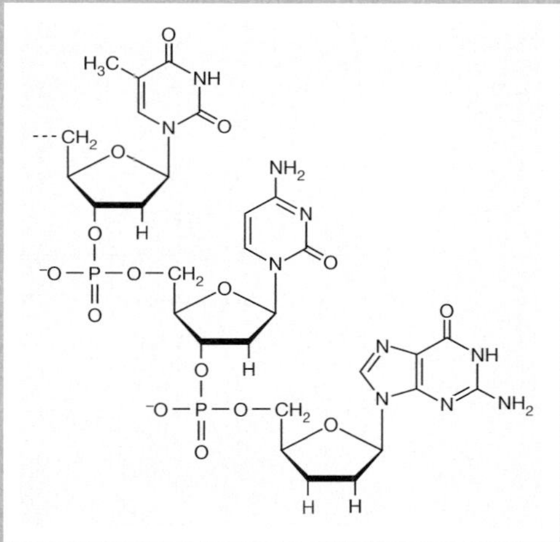

Abb. 124 Mit dem Einbau des ddGTP bricht die DNA-Replikation ab: Das H-Atom (rot) an der 3'-Position der Didesoxy-Ribose lässt eine Verlängerung der Kette nicht zu.

Sanger lässt vier verschiedene Versuchsansätze parallel laufen. Jeder der Ansätze enthält die zu analysierende DNA-Probe, die vier gewöhnlichen DNA-Nukleosidtriphosphate, die Polymerase und eine geringe Menge *eines* der vier Didesoxy-Analoga. Die Polymerase kann für die Synthese ein sehr häufiges Desoxytriphosphat oder ein viel selteneres Didesoxytriphosphat einbauen. In jedem der Ansätze kommt es immer dann zum Kettenabbruch, wenn das jeweilige Didesoxynukleotid eingebaut wird. Mischt man z. B. den Kettenterminator ddGTP in geringer Menge zu, so kann die Synthese nur bis an die Stelle stattfinden, wo das Didesoxynukleotid G anstelle des normalen Nukleotids G eingebaut wird. Weil eine riesige Zahl von Strängen aufgebaut wird, wird jedes mögliche Fragment in vielen Exemplaren auftreten: Es entstehen viele verschieden lange Ketten, aber bei jeder Kette weiß man, dass am Ende ein G steht. Wird die Länge aller dieser Ketten bestimmt, so weiß man, wie oft und an welchen Stellen der DNA die Base Guanin vorkommt. Zur Bestimmung der Längen werden die Ansätze mithilfe der Gelelektrophorese aufgetrennt. Auf dem Gel sind die verschiedenen Fragmente ihrer Länge nach geordnet, die Trennschärfe ist groß genug, dass Stücke, die sich in ihrer Länge um ein Nukleotid unterscheiden, in verschiedene Banden gelangen. Aus dem

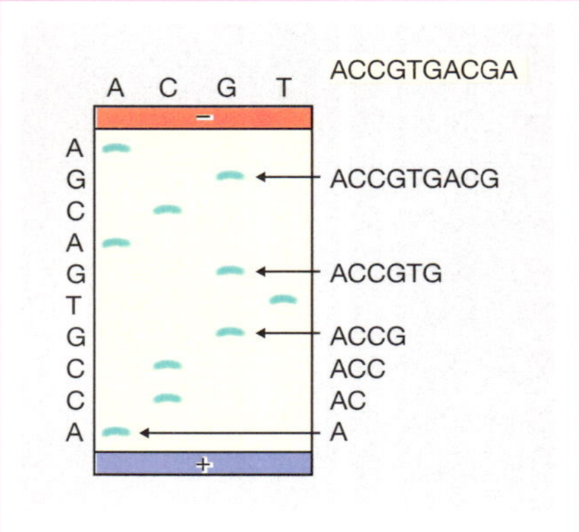

Abb. 125 Ausschnitt aus dem Ergebnis einer Basensequenzierung

Gelbild kann man auf die Sequenz schließen (Abb. 125): Man muss nur, beginnend am kürzesten DNA-Fragment, die Banden der Fragmentgröße nach ordnen und den Kettenterminator berücksichtigen. Die abgelesene Basensequenz ist dann komplementär zur Sequenz der DNA-Matrize.

Anfang der neunziger Jahre wurde die oben beschriebene Vier-Spur-Technik weitgehend durch die **Ein-Spur-Technik** abgelöst: Dabei wird jedes der vier ddNTPs (Didesoxynukleosidtriphosphate, ➤ Abb. 124) mit einem anderen Fluoreszenz-Farbstoff markiert; die Arbeit mit radioaktiven Isotopen entfällt. Alle vier markierten Basen werden in *einem* Versuchsansatz zugegeben.

Das entstehende Stoffgemisch wird durch Elektrophorese aufgetrennt. Werden die am Ende der DNA-Fragmente eingebauten Didesoxynukleotide durch einen Laserstrahl zur Fluoreszenz angeregt, so geben sie Licht verschiedener Farben ab, das von einem Detektor erkannt wird. Die Abfolge der Farbsignale am Detektor gibt unmittelbar die Sequenz der Basen des untersuchten DNA-Abschnitts wieder. Diese Methode ermöglicht die Automatisierung der Sequenzierung – eine Voraussetzung für die vollständige Sequenzierung großer Genome.

Eine andere – schnellere und billigere – Methode ist die **Pyrosequenzierung**. Das ist eine Variante der Polymerase-Kettenreaktion (PCR ➤ S. 149) bei der die Reihenfolge der Bausteine anhand von Lichtsignalen ermittelt wird, die bei enzymatischen Reaktionen entstehen. Wie bei der PCR wird zur Pyrosequenzierung neben der einzelsträngigen DNA ein Primer benötigt, um die eingesetzte Polymerase zu starten. Ausgehend vom Primer wird der komplementäre Strang Nukleotid um Nukleotid verlängert. In einem vollautomatischen Verfahren werden nacheinander die Nukleosidtriphosphate der Basen A, T, C, und G in das Reaktionsgemisch gegeben. Jedesmal wenn ein Nukleotid in die wachsende Kette eingebaut wird, wird ein Pyrophosphat (PP_i) abgespalten. Diese Abspaltung setzt unter Beteiligung mehrere Enzyme eine Reaktionskette in Gang, die einen Lichtblitz entstehen lässt. Wenn mehrere gleiche Basen unmittelbar hintereinander eingebaut werden, ist der Lichtblitz entsprechend stärker. Die Lichtblitze werden von einem Detektor gemessen. Ein Enzym macht nicht eingebaute Nukleosidtriphosphate sofort unbrauchbar.

Die Pyrosequenzierung ist eine Hochdurchsatz-Methode: In winzigen Probengefäßen wird sie von Sequenziermaschinen mit hoher Geschwindigkeit durchgeführt und eignet sich zur parallelen Analyse verschiedener DNA-Proben. Einsatzgebiete der Methode sind der Nachweis und die Unterscheidung von Genmutationen, die Untersuchung von Erbkrankheiten, die Suche nach Krankheitserregern und das Aufspüren von Mikroben in Ökosystemen. Auch die Sequenzierung von Neandertaler-Erbmaterial gelang durch diese Methode.

HUGO und die Genomik

1995 war das Genom des Bakteriums *Haemophilus influenzae* vollständig sequenziert. Die Sequenzierung des menschlichen Genoms dauerte etwa ein Jahrzehnt. In den 1990er Jahren arbeiteten Forschergruppen aus sechs Ländern – darunter Deutschland – am Human Genome Project (HGP) und entschlüsselten das menschliche Erbgut. Die letzten Schritte der Sequenzierung waren ein Wettlauf zwischen der Human Genom Organisation (HUGO) und der Firma Celera von Craig Venter. Beide sequenzierten zunächst sehr viele Fragmente des Genoms, die sie dann in die richtige Reihenfolge brachten („Schrotschuss-Klonierung"). Dies ist durch die großen Überlappungen der einzelnen Fragmente mit Hilfe schneller Rechner möglich. 2003 lag das vollständige menschliche Genom als meterlange Liste von AGCT-Kombinationen vor und ist seither im Internet abrufbar. Das menschliche Genom besteht aus rund drei Milliarden Basenpaaren. Heute ist die Sequenzierung automatisiert und arbeitet um den Faktor 10^5 schneller als die HUGO.

Die Auflistung der Genom-Sequenz des Menschen ist ein erster Schritt zum Verständnis der Rolle der Erbsubstanz. Die funktionelle Genomik untersucht die Rolle der Gene und Proteine, deren Regulation sowie deren Zusammenspiel. Mit Hilfe von DNA-Chips kann die Aktivität von Tausenden oder sogar aller Gene einer Zelle gleichzeitig bestimmt werden.

Der genetische Fingerabdruck

Der genetische Fingerabdruck (*DNA-fingerprinting*) nutzt die Variabilität der Erbsubstanz zur Suche nach bestimmten Genen oder zur Identifikation von Personen. Restriktionsenzyme (➤ S. 156) spalten die DNA in Fragmente, die auf ein Gel verbracht werden und sich im elektrischen Feld voneinander trennen lassen. Lange Bruchstücke wandern nur ein kurzes Stück, kurze wandern weiter. Die Fragmente bilden Banden im Gel, die durch spezielle Methoden sichtbar gemacht werden. Das so erzeugte Bandenmuster kennzeichnet jedes Individuum eindeutig. Die DNA eines jeden Menschen ergibt unterschiedliche Fragmente. Weil die Banden nach den Mendel'schen Gesetzen vererbt werden, kann man die Banden von Eltern und Kindern einander zuordnen.

Abb. 126
Der genetische Fingerabdruck hilft bei der Identifizierung von Menschen und bei der Feststellung von Verwandtschaft.

Gensonden

Eine Gensonde ist eine kurze DNA- oder RNA-Sequenz, mit deren Hilfe man ein gesuchtes Gen eines Organismus identifizieren kann.

Eine **Gensonde** ist ein Oligonukleotid – ein kurzes Stück einsträngiger DNA oder RNA – das eine komplementäre Basensequenz zu einem gesuchten Gen aufweist und sich an die komplementäre Sequenz der DNA anlagern kann. Die Gensonde bindet sich über Wasserstoffbrücken an den gesuchten DNA-Abschnitt. Die restliche Gensonde wird abgespült. Zum Zweck des Aufspürens ist die Sonde mit einem Marker verbunden, das ist ein radioaktives Isotop, ein Fluoreszenzfarbstoff oder ein Enzym.

Gensonden werden entweder direkt aufgespürt durch Nachweis der radioaktiven Strahlung oder der entsprechenden Farbstoffe oder indirekt durch eine enzymatische Reaktion, bei denen entweder Chemoluminiszenz, Farbstoffumschlag oder Farbstoffpräzipitation erzeugt wird.

Mithilfe von **DNA-Chips** ist es möglich, viele Gene einer Zelle oder einer Gewebeprobe gleichzeitig zu untersuchen und ihre Aktivität zu entschlüsseln. **Prinzip der Chips ist die Hybridisierung** komplementärer DNA- oder RNA-Einzelstränge.

Auf DNA-Chip werden kurze DNA-Einzelstränge fixiert, die komplementäre Nukleinsäuren abfangen. Die Bindung wird meist optisch angezeigt.

Die „*lab on a chip*"-Technologie hat ein großes Entwicklungspotential in Wissenschaft, Medizin und Alltag.

DNA-Chips sind fingernagelgroße Probenträger aus Glas, Kunststoff oder Silizium. Auf einer Fläche von 1,28 cm x 1,28 cm sind 64 000 verschiedene DNA-Oligonukleotide untergebracht. Tausende biochemische Reaktionen können gleichzeitig ablaufen und ausgewertet werden. Die Felder der Chips sind mit einsträngigen DNA-Sonden beschichtet. Die zu untersuchenden Proben – zum Beispiel die mRNA-Moleküle einer Zelle – binden an diese DNA-Stränge. Die Proben werden mit einem fluoreszierenden Farbstoff markiert. Das Ergebnis ist ein für den Zustand der Zelle charakteristisches Muster, das mit Hilfe von Detektoren aufgezeichnet und durch spezielle Software zur Bilderkennung und Bildauswertung analysiert wird. So kann man schnell feststellen, welche Gene in den untersuchten Zellen aktiv sind und in welchem Ausmaß sie dies sind. Andere Chips können Punktmutationen identifizieren und anzeigen.

Komplementäre DNA

cDNA (*complementary DNA*) ist eine DNA, die mit Hilfe des Enzyms reverse Transkriptase (➛ S. 122) aus mRNA synthetisiert wird. Das Enzym wird aus Retroviren gewonnen.

Ein Beispiel für den Einsatz der cDNA ist die gentechnische Synthese des Insulins (➛ S. 159) mittels umprogrammierter Bakterien: Das Gen für menschliches Insulin wird dazu in die Bakterien-DNA eingeschleust. Das Gen für menschliches Insulin enthält jedoch Introns, die in eukaryontischen Zellen vor der Translation herausgeschnitten werden. Bakterien sind Prokaryonten, d. h. die Gene enthalten keine Introns, somit enthält die Bakterienzelle auch nicht die dazu notwendigen Enzyme. Um die Information für das menschliche Insulin in Bakterien zu übertragen, muss zunächst ein Intron-freies Insulin-Gen hergestellt werden. In den ß-Zellen der Bauchspeicheldrüse gibt es reichlich Insulin-mRNA, d.h. die Introns wurden bereits gespleißt (➤ S.110). Daraus kann man durch reverse Transkription eine komplementäre cDNA herstellen und dann in doppelsträngige DNA umwandeln. Diese kann nun in Bakterien übertragen werden.

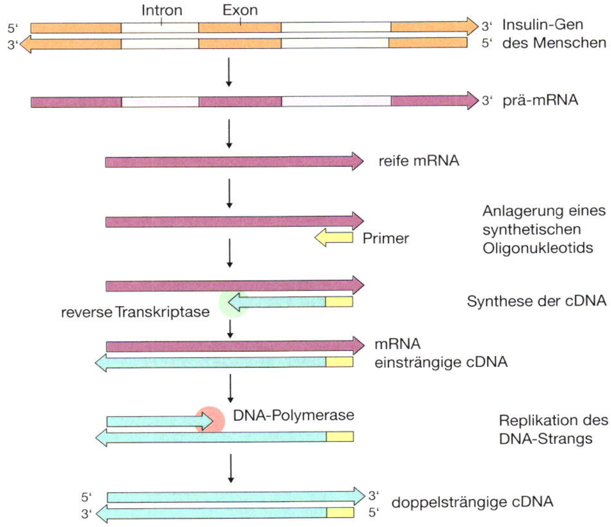

Abb.127 Das Insulin-Gen des Menschen enthält Introns, daher wird die DNA für die Insulin-Gewinnung als cDNA aus der reifen mRNA hergestellt.

Antisense-Technik

Mit der Antisense-Technik kann ein ausgewähltes Gen abgeschaltet werden. Dazu wird das Gen kopiert und in umgekehrter Orientierung ins Genom eingesetzt. Nach dem Gentransfer enthält die DNA sowohl das Struktur-Gen als auch das zugehörige Antisense-Gen. Bei der Transkription entstehen zwei mRNA-Stränge, die zueinander komplementär sind. Diese lagern sich über Wasserstoffbrücken zu einem mRNA-Hybridmolekül aneinander. Enzyme zerlegen doppelsträngige RNA (dsRNA), in kurze Stücke. So wird die Aktivität eines Genes unterdrückt.

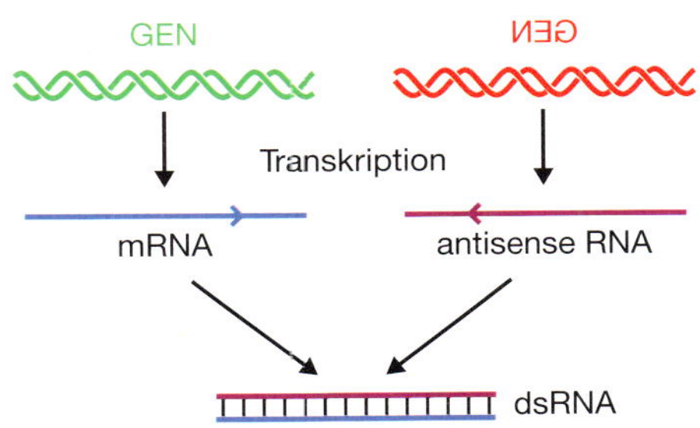

Abb.128 Mit der Antisense-Technik kann die Expression eines Gens ausgeschaltet oder vermindert werden

Um die aufwändige Auftrennung der Stärke bei der industriellen Verarbeitung zu vermeiden, wurde die Kartoffelsorte *Amflora* gezüchtet, die nur den Stärkebestandteil Amylopektin, nicht aber die Amylose herstellt. Für die Bildung der Amylose ist das Enzym Stärkesynthase verantwortlich. Züchtungsziel war, das Gen, das die Bildung der Stärkesynthase codiert, auszuschalten. Dies gelang mit herkömmlichen Züchtungsmethoden nicht, erst durch die Antisense-Strategie wurde es möglich: Ein Antisense-Gen wurde in die Pflan-

zenzelle eingebracht. Dessen mRNA lagert sich als passendes Gegenstück an die mRNA an und blockiert sie auf diese Weise. Den Doppelstrang (dsRNA) kann die Zelle nicht in Protein übersetzen.
Wichtig ist, dass das Antisense-Gen gleichzeitig mit dem Gen für die Stärkesynthase aktiv wird. Der Promotor (→ S. 114) der Stärkesynthese musste vor das Antisense-Gen gesetzt werden. Die gentechnisch veränderten Pflanzen zeigen im Mikroskop, dass ihre Stärkekörner keine Amylose enthalten. Ein einfacher Test kann das beweisen: Stärke, die Amylose enthält, färbt sich in einer jodhaltigen Lösung blau, während Amylopektin alleine sich rot färbt. Auch die Nachkommen dieser Kartoffeln zeigen das gleiche Merkmal.

Auch bei der ersten als Lebensmittel zugelassenen gentechnisch veränderten Pflanze, der FlavrSavr-Tomate („Anti-Matsch-Tomate") wurde mit Hilfe der Antisense-Technik ein Gen ausgeschaltet. Dieses lässt durch den Abbau der Zellwände beim Reifen die Tomate weich und matschig werden. Die transgenen Tomaten reifen langsamer, die Früchte bleiben länger fest und genießbar. In den achtziger Jahren kam diese Tomate in den USA erstmals auf den Markt, heute wird sie nicht mehr angebaut.

Durch RNA-Interferenz lässt sich die Produktion jedes Proteins ausschalten. Da der Vorgang nach der Transkription stattfindet, wird er als **post-transkriptionales Gene-Silencing** (PTGS) bezeichnet. Die RNA-Interferenz ist ein natürlicher Verteidigungsmechanismus der Zellen gegen Angriffe von Viren. Bei der Vermehrung vieler Viren entsteht doppelsträngige RNA, die in den Zellen als Fremdkörper erkannt und zerlegt wird.

Restriktionsenzyme

Restriktionsenzyme oder Endonukleasen sind Enzyme, die aus der DNA gezielt kurze Stücke ausschneiden. Jedes Restriktionsenzym schneidet die DNA an festliegenden Stellen; es schneidet sequenzspezifisch.

Wichtige Instrumente der Gentechniker sind Restriktionsenzyme und Ligasen: Restriktionsenzyme schneiden DNA-Stücke gezielt aus, **Ligasen** binden sie wieder ein.

Bakterien stellen Restriktionsenzyme (Endonukleasen) her, um sich vor fremder DNA, vor allem vor Viren, die in sie eingedrungen sind, zu schützen. Diese Enzyme erkennen fremde DNA und zerlegen sie in kleine Stücke. Dieser Vorgang wird Restriktion genannt. Gentechniker verwenden Restriktionsenzyme zum Zerschneiden der DNA an definierten Stellen. Heute sind etwa 200 solcher Gen-Scheren bekannt. So können DNA-Stücke abgetrennt und isoliert werden.

Erkennungssequenz des Enzyms Eco RI (= E. coli, Restriktionsenzym 1) ist die Basenfolge GAATTC: Die beiden Stränge werden versetzt abgeschnitten, dabei entstehen „klebrige Enden": Diese Enden werden durch die Wasserstoffbrücken zwischen den komplementären Basen zusammengehalten, trennen sich aber bei Erwärmen. Beim Abkühlen heften sie sich wieder in der Ausgangsstellung aneinander. Enzyme (Ligasen) schweißen das Rückgrat der Stränge wieder zusammen. Andere Restriktionsenzyme schneiden die DNA-Doppelhelix glatt durch.

Diese Abschnitte können nun auf Plasmide übertragen werden. Plasmide sind zusätzliche ringförmige DNA-Moleküle bei Bakterien und funktionieren als Transportmittel der Fremd-DNA. Sie werden auch als „Gen-Fähren" oder Vektoren bezeichnet. Dazu wird ein Plasmid entnommen und mit Hilfe desselben Restriktionsenzyms, mit dem auch die DNA-Sequenz, die in das Plasmid eingeschleust werden soll, geöffnet. Das isolierte DNA-Stück wird dort eingesetzt.

Ligasen verbinden die Fragmente miteinander. Nun können die neukombinierten Plasmide in Wirtszellen eingeschleust werden. Dazu wird die Empfängerzelle durch Chemikalien durchlässig gemacht. Bei ihrer Vermehrung vererben die Bakterien das fremde Gen nun auf ihre Nachkommen, die alle das neue Protein herstellen.

Genfähren

Eine große Hürde für den Gentransfer stellt die Entwicklung von Übertragungssystemen – Genfähren oder Vektoren – dar. Das ideale Gentaxi wurde noch nicht gefunden. Alle erprobten Vektoren weisen mehr oder weniger starke Nachteile auf: eine zu geringe Effizienz, ein großer Aufwand bei der Anwendung oder Sicherheitsrisiken.

Ein Vektor ist ein Vehikel, eine Träger-DNA, in welche die Fremdgene (die „Passagier-DNA") eingebaut wird, um sie in den Empfänger einzuschleusen.

Als Vektoren werden Plasmide, Bakterien oder Viren eingesetzt.

Häufig werden Viren als Genfähren verwendet. Die zur Replikation notwendigen Abschnitte im Virusgenom werden entfernt und durch ein therapeutisches Gen ersetzt. Virale Vektoren eignen sich für den Gentransfer, weil sie darauf spezialisiert sind, bestimmte Zelltypen zu infizieren, sich also an diese anzuheften und ihr Erbgut ins Zellinnere zu bringen. Retroviren sind derzeit die besten Genfähren, um monogenetische Erbkrankheiten dauerhaft zu heilen. In der Zelle werden die Gene der RNA-Viren in DNA umgeschrieben und in das Genom der transduzierten Zelle integriert, die es an ihre Tochterzellen weitergibt. Leider ist der therapeutische Einsatz von Viren als Genfähren nicht unproblematisch. Retrovirale Genvektoren können durch den Einbau ins Genom Proto-Onkogene aktivieren; behandelte Kinder entwickelten Leukämien. Weiterhin können Komplikationen durch eine Immunreaktion (➛ S. 176) auftreten.

Ein anderes Verfahren zum Gentransfer ist der Partikelbeschuss. DNA wird um winzige Gold- oder Wolframkügelchen gewickelt, die mit einer Genkanone (*particle-gun*) in Pflanzenzellen geschossen werden. Der Durchmesser dieser winzigen „Genprojektile" beträgt nur einige Tausendstel Millimeter.

Bei der **Transfektion** mit Lipiden oder Polymeren werden die zu übertragenden Gene in kleine Fettkügelchen – Liposomen – verpackt. Diese verschmelzen mit der Zellmembran und laden die Gene im Innern der Zelle ab. Eine Variante ohne Genfähren ist der **Transfer von „nackter" DNA**. Die Wirtszellen werden durch elektrische Impulse dazu gebracht, das neue Gen aufzunehmen. Eine Verbesserung der gentherapeutischen Experimente versprechen sich die Forscher von „künstlichen Chromosomen", über die gleich mehrere Gene übertragen werden könnten.

Agrobakterien werden eingesetzt, um neue Gene in Pflanzenzellen einzuschleusen.

Die grüne Gentechnik bedient sich häufig der **Agrobakterien**. Das Bodenbakterium *Agrobacterium tumefaciens* dringt über Verletzungen in Pflanzen ein und ruft Gallentumore hervor. Die Bakterien besitzen das **Ti-Plasmid** (*tumor inducing plasmid*) und die Fähigkeit, dieses in Pflanzenzellen einzuschleusen. Infizierte Pflanzenzellen bilden dann den Tumor – Lebensraum für die Bakterien – und beginnen mit der Synthese seltener Verbindungen, die das Bakterium in seinem Stoffwechsel benötigt, aber selbst nicht herstellen kann. Gentechnologen nutzen die Tricks des Bakteriums, um Erbmaterial zu übertragen. Da nur wenige Bereiche des Ti-Plasmids für die DNA-Übertragung benötigt werden, kann es als Vehikel für Fremd-DNA genutzt werden. Vor der Infektion der Pflanzen entfernt man den tumorinduzierenden DNA-Abschnitt aus dem Plasmid und baut in die Lücke das zu übertragende Gen ein. So gelangen die Fremdgene in die Pflanze und werden in deren Erbmaterial eingebaut.

Gentransfer

Gentransfer bewirkt die Entstehung transgener Organismen.

Gentransfer ermöglicht die Herstellung transgener Organismen. Dabei wird ein Gen aus einem Organismus isoliert, auf einen anderen Organismus übertragen und in diesem vermehrt.

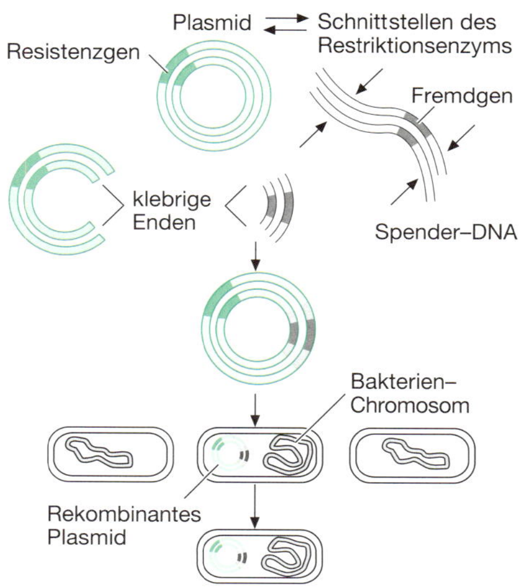

Abb. 129
Transfer eines menschlichen Gens in ein Bakterium mit Hilfe eines Plasmids

Zunächst wird das zu übertragende Gen (die „Passagier-DNA“) in einen Vektor eingebaut. Dazu wird einem Bakterium ein Plasmid entnommen (Abb. 129) und durch ein Restriktionsenzym geöffnet. Spender-DNA mit dem Fremdgen wird mit dem gleichen Restriktionsenzym geschnitten. Beide DNA-Fragmente tragen „klebrige Enden“. Plasmid- und Fremd-DNA kleben aneinander. Der Plasmid-Ring mit dem Fremdgen schließt sich. Ligasen verbinden die Fragmente miteinander. Die neukombinierten Plasmide werden in Wirtszellen eingeschleust. Bei ihrer Vermehrung vererben die Bakterien das fremde Gen zusammen mit ihrem eigenen Erbmaterial auf ihre Nachkommen. Wenn man zum Gentransfer ein Plasmid mit einem Resistenzgen verwendet, kann man sehr leicht prüfen, ob das Plasmid vom Empfängerbakterium aufgenommen wurde: Diese Zelle ist resistent gegen das ausgewählte Antibioticum. Das Resistenzgen dient in diesem Fall als Markergen. Die Aktivität der Gene (➛ S. 114) wird durch Promotorgene gesteuert. Nur wenn auch diese im Genom eingefügt sind, kann das Strukturgen transkribiert und das erwünschte Genprodukt hergestellt werden.

Antibiotikaresistenz-Gene werden häufig als Marker benutzt.

Insulin – Gentechnik im Einsatz

Menschen mit Diabetes müssen ihrem Körper Insulin von außen zuführen. Das erste Insulin wurde aus den Bauchspeicheldrüsen von Rindern und Schweinen gewonnen. Für den Bedarf eines Diabetikers mussten rund 50 Schweine pro Jahr geschlachtet werden. In ihrer Wirkung entsprechen die tierischen Insuline dem menschlichen Insulin, aber viele Patienten entwickelten Immunreaktionen gegen das artfremde Eiweiß.

1977 gelang der Transfer des menschlichen Insulin-Gens auf ein Bakterium. Damit wird die industrielle Produktion von Insulin aus gentechnisch veränderten Bakterien möglich. Das Gen wurde so eingebaut, dass es unter der Kontrolle eines durch Laktose zu aktivierenden Promotors steht. Erst nach Zugabe von Laktose wird Insulin produziert. Gentechnisch hergestelltes Human-Insulin wird vom Immunsystem als „eigen“ erkannt und toleriert.

Inzwischen wird Insulin gentechnisch in Zellkulturen verschiedener Hefen oder von *E. coli*-Bakterien in versiegelten Tanks produziert. Durch geringfügige Änderungen des gentechnisch hergestellten Insulins konnten Wirkstoffe mit langer Halbwertszeit hergestellt werden, die nur einmal täglich injiziert werden müssen.

Das gentechnisch hergestellte Human-Insulin hat die tierischen Produkte vom Markt verdrängt. Die Umsätze des gentechnischen Produkts haben die Milliarden-Grenze überschritten. Eine kanadische Firma gewinnt menschliches Insulin aus genetisch veränderten Färberdisteln, das im Tierversuch den Blutzuckerspiegel so wirksam senkt wie Humaninsulin.

Für die gentechnische Herstellung von Humaninsulin wurde das Insulin-Gen aus einer Zelle eines gesunden Menschen entnommen, in ein Bakterium eingeschleust und mit einem geeigneten Promotor verknüpft.

Auch die Blutzuckerbestimmung wird mit gentechnisch hergestellten Enzymen durchgeführt. Die Zahl der gentechnisch hergestellten Medikamente nimmt stetig zu. Sie werden bei Krankheiten wie Blutarmut, Herzinfarkt, Wachstumsstörungen und Multiple Sklerose bis zu AIDS. eingesetzt. Auch in der Krebstherapie sind gentechnisch hergestellte Medikamente etabliert. Im Jahr 2004 gelang es, Blutgerinnungsfaktoren (→ S. 136) herzustellen, die ohne weitere Zusätze die Blutgerinnung gewährleisten. Bluter sind nicht mehr auf Produkte aus Blutkonserven angewiesen.

Gentechnisch hergestellte Medikamente, Impfstoffe und Enzyme gehören in der Medizin zum Alltag.

Dank Gentechnik wird die Untersuchung des Erbgutes von Krankheitserregern ermöglicht, die Herstellung von Impfstoffen wird deutlich erleichtert. Auch die Impfstoffe werden zum Teil mit gentechnischen Methoden hergestellt. Durch Impfungen kann der Ausbruch vieler Krankheiten gänzlich vermieden werden.

Gentechnische Methoden werden eingesetzt, um unterschiedliche Krebs-Arten zu diagnostizieren, die Entstehung sowie das Wachstum von Tumoren zu untersuchen, Therapien zu entwickeln und zu prüfen, welches Medikament in welcher Dosierung für einen Patienten geeignet ist.

Genetisch veränderte Mikroorganismen produzieren Vitamine, Süßstoffe oder Lab für die Käseherstellung. In jedem handelsüblichen Waschmittel sind gentechnisch erzeugte Enzyme vorhanden.

Grüne Gentechnik

Grüne Gentechnik ist die Anwendung gentechnisch veränderter Pflanzen in der Landwirtschaft.

Der Einsatz gentechnischer Methoden in der Landwirtschaft wird als grüne Gentechnik bezeichnet. Mit ihrer Hilfe wird beispielsweise erforscht, warum eine Nutzpflanze für bestimmte Krankheiten anfällig ist, eine andere jedoch nicht. Ein wichtiger Bereich der grünen Gentechnik ist die Zucht transgener Pflanzen. Mittels gentechnologischer Verfahren werden ausgewählte Pflanzen derart verändert, dass sie entweder in erhöhtem Maße Eiweiße, Kohlenhydrate und andere Nährstoffe bilden oder eine Resistenz gegen Insekten, Pilze, Unkraut o.a. entwickeln. Dadurch kann der Einsatz von Pflanzenschutzmitteln stark reduziert werden.

Ziele sind Widerstandsfähigkeit gegen Schädlinge, Krankheiten oder Herbizide, Steigerung des Ertrags, Anpassung an Standortbedingungen, Veränderung der Inhaltsstoffe.

Ein Beispiel hierfür ist der Bt-Mais. Ihm wurde ein Gen aus dem Bodenbakterium *Bacillus thuringiensis* eingebaut. Dadurch ist dieser Mais giftig für die Raupen eines Schädlings und der Bauer kann auf den Einsatz von Insektengift verzichten. In den USA ist heute die Hälfte des angebauten Mais gentechnisch verändert. Bislang sind keine Schäden nachzuweisen, die auf genveränderter Nahrung beruhen. Durch den verminderten Pestizideinsatz wurde in China die Gesundheit der Bauern ganz entscheidend verbessert.

Reis enthält kaum Vitamin A. In Ländern, in denen er Hauptnahrungsmittel ist, sind daher Mangelerkrankungen weit verbreitet, die zur Erblindung führen. Mit gentechnischen Methoden wurde eine Reissorte gezüchtet, die Beta-Karotin, eine Vorstufe von Vitamin A, produziert und einen erhöhten Eisengehalt besitzt. Der wegen seiner gelben Farbe **Golden Rice** genannte Reis wird in lokale Sorten eingekreuzt, die kostenlos an Kleinbauern ausgegeben werden. Eine Reisration soll den täglichen Vitamin A-Bedarf eines Kleinkinds zur Hälfte decken.

Viele Textilien werden aus gentechnisch veränderter Baumwolle hergestellt, auch bei der Produktion von biogenem Treibstoff werden transgene Pflanzen eingesetzt.

In Deutschland gibt es die Möglichkeit Lebensmittel durch den Zusatz „ohne Gentechnik" zu kennzeichnen.

Gentherapie

Unter Gentherapie versteht man das Einbringen von Genen in Gewebe oder Zellen von lebenden Organismen mit dem Ziel, durch die Funktion dieser Gene therapeutischen oder präventiven Nutzen zu erlangen. Das Ziel gentechnischer Eingriffe ist in erster Linie, Menschen zu heilen und vor Erbkrankheiten zu bewahren Dabei lassen sich zwei Verfahren unterscheiden: Die **somatische Gentherapie** versucht, therapeutisches Erbgut in Körperzellen einzubringen und damit Erbkrankheiten oder Erkrankungen wie Krebs oder AIDS zu behandeln. Ziel der **Keimbahntherapie** ist es, einen genetischen Defekt bereits an der Keimzelle zu korrigieren, so dass sich die Erkrankung gar nicht erst einstellt.

Als **Gentherapie** bezeichnet man das Einfügen von Genen in Zellen oder Gewebe, um fehlende oder defekte Funktionen des Organismus wiederherzustellen.

Somatische Gentherapie

Bei der **In-vivo-Gentherapie** (*in vivo*: im Lebewesen) wird das genetische Material direkt in den Patienten eingebracht, bei der **In-vitro-Gentherapie** (*in vitro*: im Reagenzglas) entnimmt man dem Patienten Zellen und legt eine Zellkultur an, die transfiziert wird.

Somatische Gentherapie geschieht durch …

- gezielten Austausch einer fehlerhaften Sequenz gegen intakte Kopien (Genkorrektur). Ein solcher Eingriff eignet sich zur Behandlung monogenetisch verursachter Erbkrankheiten, wie der Bluterkrankheit (➤ S. 136) und der Mukoviszidose (➤ S. 130). Fortschritte erhofft man sich auch bei der Krebsbekämpfung, bei Infektionskrankheiten (insbesondere HIV), bei Erkrankungen des zentralen Nervensystems und des Herz-Kreislauf-Systems. Gentherapie ist eine echte Kausaltherapie.
- Inaktivierung pathogener Genprodukte, zum Beispiel mit Antisense- oder Small-interfering-RNA (siRNA)-Therapie, oder
- die indirekte Heilung von Krankheiten durch Gene, die beispielsweise für Interferone kodieren.

Somatische Gentherapie richtet sich auf Körperzellen. Ihre Wirkung beschränkt sich auf das behandelte Individuum.

Keimbahntherapie

Zur Keimbahn zählt man Organe und Zellen des Körpers, die der Vererbung dienen.

Keimbahntherapie verfügt über das Schicksal zukünftiger Generationen.

Bei der Keimbahntherapie werden Gene der Ei- oder Samenzellen gezielt verändert, um potenzielle Nachkommen von vorneherein von einer Krankheit zu verschonen. Sie böte die Möglichkeit, Erbkrankheiten, die in einer Familie in jeder Generation auftreten, endgültig zu besiegen, denn die Korrektur wird an die Nachkommen vererbt.

Bei Tieren existieren heutzutage bereits Methoden, mit denen Keimzellen genetisch verändert werden können. Im Gegensatz zur somatischen Gentherapie ist die Keimbahntherapie nach § 5 des Embryonenschutzgesetzes von 1990 in Deutschland verboten.

Risiken der Gentechnik

Während Befürworter der Gentechnik erwarten, dass bislang unlösbare Probleme in der Medizin, der Landwirtschaft und im Umweltschutz bewältigt werden können, befürchten Gegner unkontrollierbare, überwiegend negative Auswirkungen auf einzelne Menschen, die Umwelt und die Gesellschaft.

Mit den Erfolgen der Gentechnik wachsen die Bedenken hinsichtlich möglicher Risiken. Viele Verbraucher fürchten Nebenwirkungen beim Verzehr gentechnisch veränderter Lebensmittel. Ängste wecken auch die mögliche Veränderung von Krankheitserregern oder die unabsichtliche Freisetzung gentechnisch veränderter Organismen.

Die Befürchtungen sind:

- Die Freisetzung von Lebewesen mit neukombinierten Eigenschaften könnte unerwartete Konsequenzen in der Umwelt haben. **Störungen des ökologischen Gleichgewichts**, **Veränderungen des Genpools** von Populationen oder die **Beeinträchtigung der genetischen Vielfalt** sind denkbar.
- Menschen und Tiere können **Allergien** gegen Produkte von transgenen Organismen ausbilden.
- **Gefährliche Keime**, vielleicht sogar neue Viren, könnten aus den Labors entweichen.
- Transgene Organismen könnten ihr **Erbgut auf andere Lebewesen übertragen**.
- Transgene Keime können zu militärischen Zwecken **missbraucht** werden.
- Genforscher könnten den **Eigenwert von Tieren und Pflanzen** missachten.
- Menschen könnten aufgrund ihrer genetischen Eigenschaften **diskriminiert** werden.

Bisher ist allerdings keine dieser Befürchtungen eingetreten.

Im Vordergrund steht die Angst vor einem Missbrauch der Gentechnik und die Unsicherheit über künftige Auswirkungen. Viele ethische und juristische Fragen zur Gentechnik sind noch ungelöst. An die Sicherheitsstandards der gentechnischen Forschung sind hohe Anforderungen zu stellen.

Ein grundsätzliches Abwägen von Möglichkeiten und Gefahren der Gentechnik ist wegen der vielen unterschiedlichen Anwendungsbereiche verfehlt. Chancen und Risiken sollten nicht pauschal oder gar ideologisch beurteilt, sondern bei jedem einzelnen Projekt aufs Neue abgewogen werden. Sowohl die Verwirklichung als auch die Unterlassung einer Anwendung kann ein sträflicher Irrtum sein.

In Deutschland werden gentechnische Arbeiten durch das Gentechnikgesetz von 1990 geregelt. Dieses Gesetz definiert die Sicherheitsstufen und -maßnahmen an Arbeitsplätzen für gentechnische Arbeiten.

Ein Gesetz zur Neuordnung des Gentechnikrechts wurde im Juni 2004 erlassen, um die EU-Richtlinie zur Freisetzung von GVOs umzusetzen.

Alle Querverweise im Überblick:

Zusammenfassung

Gentechnik

Gentechnik ist ein Sammelbegriff für verschiedene molekularbiologische Techniken. Dazu zählen Verfahren zur Untersuchung, Isolation, Synthese und Charakterisierung von genetischem Material ebenso wie Methoden zur Übertragung und Neukombination von Erbmaterial. Gentechniker untersuchen, wie die Gene die Entwicklung eines Lebewesens steuern, wie fehlerhafte Vorgänge zu Krankheiten führen und wie diesen vorgebeugt werden kann.

Genetische Information wird im Prinzip von allen Lebewesen auf die gleiche Weise weitergegeben. Nicht nur die Struktur der DNA ist bei allen Lebewesen gleich, auch das Prinzip der Informationsspeicherung und Umsetzung wurde im Laufe der Evolution wenig verändert. Der genetische Code ist universell, alle Lebewesen benutzen bei der Translation dieselben Codons. Diese Erkenntnisse sind die Voraussetzung für die Verfahren der Gentechnik. Gene können aus beliebigen Organismen isoliert und von beliebigen anderen Organismen in das entsprechende Protein übersetzt werden.

Die Gentechnik hat sich im Alltag der Menschen auf vielfältige Weise etabliert. In der Medizin wird Gentechnik routinemäßig in der Diagnose eingesetzt, sie trägt zur Therapie vieler Krankheiten bei. Die Herstellung von Pharmaka, der Umweltschutz und die Produktion von Lebensmitteln bedienen sich gentechnischer Methoden. Verfahren der Gentechnik eröffnen Möglichkeiten die Lebensgrundlagen des Menschen in Bezug auf Gesundheit, Ernährung und Umwelt zu verbessern. Zahlreiche gentechnisch veränderte Pflanzen sind in der EU bereits zugelassen, ebenso Lebens- und Futtermittel, die daraus hergestellt sind. Biotechnologische Verfahren in der Industrie sind eng verknüpft mit Gentechnik. In der Gerichtsmedizin, bei Vaterschaftsfragen und zur Verbrechensaufklärung ist die Gentechnik nicht mehr wegzudenken.

Das Erbgut des Menschen ist weitgehend entschlüsselt – ein Meilenstein in der Geschichte der Menschheit. Es besteht bei dem gegenwärtigen Wissensstand ein breiter Konsens über das Verbot von Eingriffen in die Keimbahn des Menschen. Demgegenüber dürfen somatische gentherapeutische Eingriffe bei einer Notlage nicht verweigert werden.

Gentechnik birgt auch Risiken und Gefahren. Gentechnisch veränderte Nahrungsmittel stehen im Brennpunkt der öffentlichen Diskussion. Viele Fragen, die die Auswirkungen gentechnisch veränderter Organismen auf die Gesundheit der Menschen, die Umwelt und die Gesellschaft betreffen, sind ungeklärt. Über zeitliche und räumliche Wechselwirkungen der Gene ist noch wenig bekannt; so besteht noch kein gesichertes Wissen darüber, inwieweit der Einbau fremder Gene ein Genom als Ganzes beeinflussen kann.

Die Gentechnik stellt hohe Anforderungen an Wissenschaft, Recht, Politik und Ethik. Die Entwicklungen in der Forschung und die sich daraus ergebenden Anwendungen führen zu neuen ethischen und rechtlichen Fragestellungen. Gesellschaft und Gesetzgeber sind gefordert, sich mit den Möglichkeiten und Gefahren der Gentechnik auseinanderzusetzen und die anstehenden Fragen zu klären. Dem Missbrauch der Gentechnik muss begegnet werden. Jedes gentechnologische Projekt hat sich einer gründlichen Abwägung seiner Chancen und Risiken zu unterziehen. Bei der Bewertung von Gentechnik gibt es auch weltanschauliche Unterschiede. Pro- und Contra-Argumente werden häufig mit ethischen Überzeugungen begründet. Die Gesellschaft ist gefordert, aufzuzeigen, ob und wie sich diese Erkenntnisse in so unterschiedlichen Bereichen wie Medizin und Landwirtschaft verantwortungsbewusst nutzen lassen.

Das Immunsystem ist ein komplexes Netzwerk spezialisierter Organe, Zellen und Enzyme, dessen Aufgabe es ist, den Körper gegen Angriffe von Krankheitserregern und Parasiten zu schützen.

Bedrohung und Schutz

Pathogene Keime und Parasiten bedrohen die Gesundheit.
→ **S. 168**

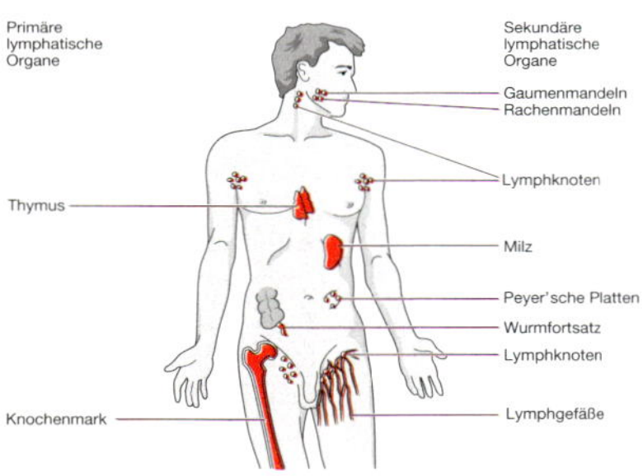

Der Körper hat Schutzmechanismen, um das Eindringen von Keimen zu verhindern. → **S. 169**

Unspezifische Antwort

Antimikrobielle und antivirale Proteine (Interferon, Komplement-Proteine) bilden eine Schranke für eindringende Mikroorganismen..
→ **S. 172**

Fresszellen nehmen die Keime in sich auf und verdauen sie. → **S. 172**

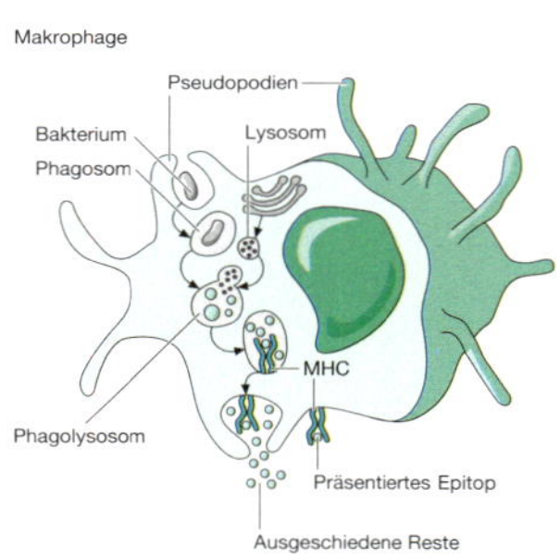

Humorale Antwort

Kontakt mit einem Antigen lässt einen Klon von Plasmazellen entstehen.
→ **S. 174**

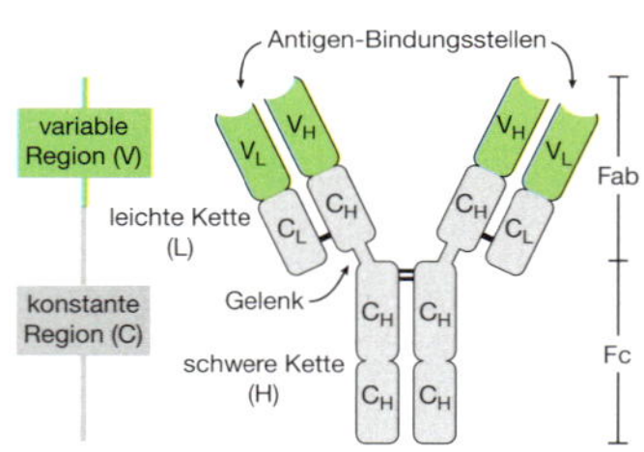

Plasmazellen stellen Antikörper her, die Angreifer unschädlich machen. Antikörper binden sich hoch selektiv an passende Antigene. → **S. 174 f.**

IMMUNBIOLOGIE

Bei der Bildung eines Plasmazellklons entstehen auch Gedächtniszellen.
➤ **S. 174**

Die zellvermittelte Immunantwort ist vor allem die Aufgabe von T-Helferzellen und cytotoxischen T-Zellen. ➤ **S. 180 ff.**

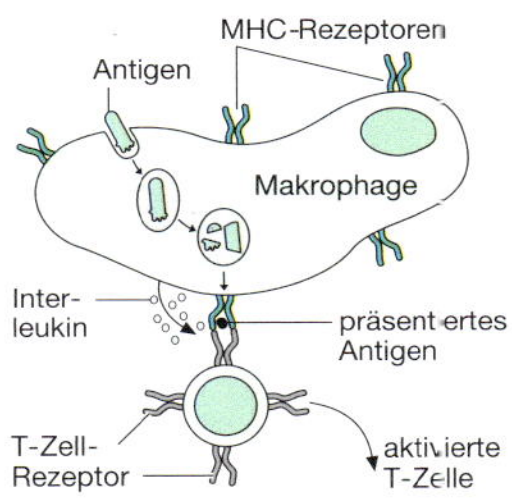

Fehlende, zu schwache oder fehlgeleitete Abwehr hat schwere Krankheitserscheinungen zur Folge. ➤ **S. 183 ff.**

Spezifische Antwort

Immunologisches Gedächtnis ⬅ Zelluläre Antwort

Krankheiten des Immunsystems

Das immunologische Gedächtnis ermöglicht Immunität – durch Schutzimpfung, überstandene Krankheit, über die Plazenta oder durch Muttermilch.
➤ **S. 177 ff.**

T-Killerzellen zerstören entartete, von Viren infizierte und transplantierte Zellen. ➤ **S. 181 f.**

Das AIDS-Virus zerstört Zellen des Immunsystems.
➤ **S. 183 f.**

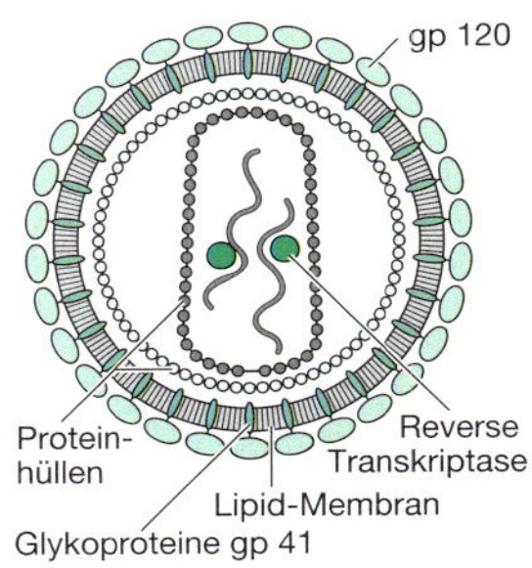

Immunbiologie

In diesem Kapitel erfahren Sie:

- Eine Kette von Schutzmechanismen schützt den Körper vor Krankheitserregern und Parasiten.
- Das Immunsystem kann Eindringlinge erkennen und bekämpfen.
- B-Lymphozyten reifen im Knochenmark, T-Lymphozyten im Thymus.
- Die Klon-Selektions-Hypothese erklärt die perfekte Passung der Antikörper.
- Bakterien werden überwiegend durch die humorale Abwehr bekämpft.
- Die zelluläre Abwehr wehrt Viren, Tumore und Transplantate ab.
- Das Immunsystem hat ein Gedächtnis, darauf beruht die aktive Immunisierung.
- Das AB0-System der Blutgruppen und der Rhesus-Faktor beruhen auf Antigenen der Blutzellen.
- MHC-Proteine verursachen Probleme bei der Gewebstransplantation.
- Das AIDS-Virus HIV infiziert und vernichtet Zellen des Immunsystems.
- Allergien entspringen einem überempfindlichen Immunsystem.

Infektion und Abwehr

Für viele Mikroben ist der menschliche Körper ein geradezu idealer Lebensraum: Er ist wohl temperiert und angefüllt mit Nährstoffen. Sie versuchen in diesen einzudringen, darin zu leben und sich zu vermehren. Auch parasitische Würmer finden in den Eingeweiden, den Muskeln oder der Blutbahn des Menschen gute Bedingungen.

Infektionskrankheiten sind weltweit die häufigsten Krankheiten. Mikroben, die eine Infektionskrankheit hervorrufen können, werden als pathogene Keime bezeichnet. Sind die Keime in den Körper eingedrungen, so versucht der befallene Körper sie so schnell wie möglich zu inaktivieren oder zu zerstören. Das Immunsystem hat die Aufgabe, den Körper gegen den Angriff der Eindringlinge zu verteidigen.

Die Abwehr des Körpers gegen Mikroorganismen ist in drei Linien gestaffelt.

Um eine Krankheit auszulösen, müssen die Mikroorganismen ein dreistufiges Abwehrsystem überwinden (Tab. 6, S. 169). Die einzelnen Schutzwälle arbeiten allerdings nicht isoliert – alle Teile des Abwehrsystems sind miteinander vielfältig verknüpft und verzahnt. Es ist dieses Zusammenwirken, welches das Immunsystem zu einem so hervorragenden Verteidigungssystem werden lässt.

Angeborene = unspezifische Abwehr	**Allgemein unspezifische Abwehr:** Barrieren des Körpers	Haut und Schleimhäute; Säuren der Haut und des Magens; Basen im Darm; Antibakterielle Enzyme; Husten, Niesen, Erbrechen, Bakterienflora	halten Erreger aller Gruppen ab
	Selektiv unspezifische Abwehr reagiert sehr schnell, aber wenig spezifisch.	Lösliche Faktoren Lysozym Interferone Komplementsystem Histamin	wirken vor allem gegen Bakterien und Pilze
		Weiße Blutzellen Phagozyten Neutrophile Granulozyten Eosinophile Granulozyten Basophile Granulozyten Makrophagen Natürliche Killerzellen	wehren Bakterien, Pilze, Viren und Einzeller ab
Erworbene = spezifische Abwehr	**Spezifische Immunität** arbeitet verzögert, trifft ganz gezielt den jeweiligen Erreger; bekämpft jeden Keim mit exakt angepassten Reaktionen; hat ein Gedächtnis, wird durch Erfahrung gestärkt.	Die **humorale Abwehr** arbeitet mit gelösten Proteinen (Immunoglobulinen): antikörpervermittelte Abwehr • B-Lymphozyten • Plasmazellen • B-Gedächtniszellen • Antikörper • Zytokine	zielt auf Bakterien, Einzeller, Pilze und Viren außerhalb von Körperzellen
		Die **zelluläre Abwehr** arbeitet mit ganzen Zellen: zellvermittelte Abwehr • T-Lymphozyten: – T-Helferzellen – T-Unterdrückerzellen – T-Killerzellen	bekämpft Viren, Pilze, Bakterien, Einzeller innerhalb von Zellen

Tab. 6: Überblick über das Abwehrsystem des Körpers

Haut und Schleimhäute bilden die erste Verteidigungslinie.

Fresszellen, Enzyme und Entzündungsreaktion machen die zweite Verteidigungslinie.

Das Immunsystem reagiert auf jeden Keim mit einer spezifisch auf diesen zugeschnittenen Antwort.

Das Immunsystem

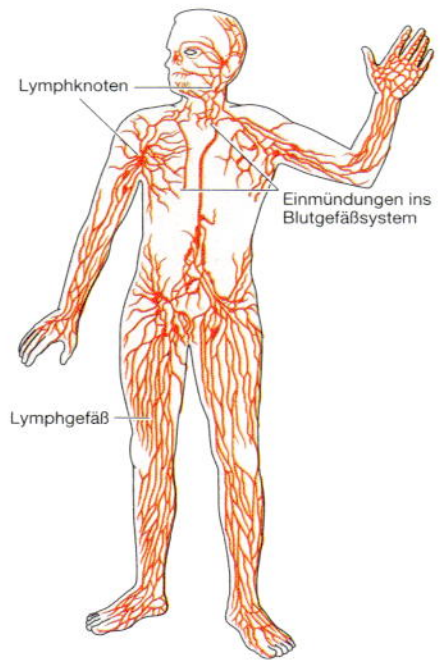

Abb. 130 Lymphbahnen und Lymphknoten sind besonders eng mit dem Immunsystem verbunden.

Das Immunsystem ist ein komplexes System spezialisierter Zellen und Organe. Es ist nicht klar gegenüber anderen Organen abgegrenzt und durchdringt viele Gewebe.

Zum Immunsystem gehören alle Moleküle, Zellen und Organe, die in der Auseinandersetzung mit Krankheitserregern, Allergien und Tumoren für den Schutz des eigenen Organismus verantwortlich sind: Antikörper und Zytokine; Lymphozyten und Makrophagen; Knochenmark und Thymus; Lymphknoten, Milz und Mandeln (Tonsillen).

Der Erfolg des Immunsystems bei der Verteidigung des Körpers beruht auf einem Netz dynamischer Systeme. Darin sind viele Millionen Zellen organisiert, die ständig Informationen miteinander austauschen. Über 100 Regulationsfaktoren wurden inzwischen aufgespürt. Wenn es gut arbeitet, kann das System Infektionen durch Bakterien, Viren, Pilze und Parasiten prompt, angemessen und effektiv sowie räumlich und zeitlich begrenzt beantworten.

Gewebe und Organe des Immunsystems sind über den ganzen Körper verteilt.

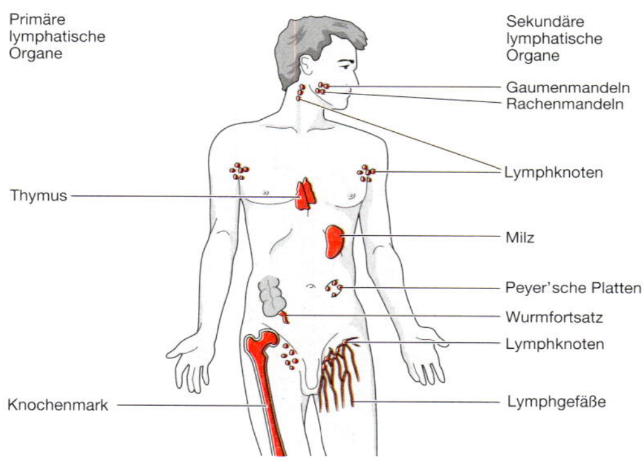

Abb. 131 Organe des Immunsystems

Primäre lymphatische Organe sind die Produktions- und Reifungsorte der Lymphozyten: das **Knochenmark** und der **Thymus**. Diese Organe geben die Lymphozyten in die Blutbahn ab, in der sie zirkulieren, bis sie eines der sekundären lymphatischen Organe erreichen, in denen sie sich bevorzugt aufhalten und ansammeln.

Das Immunsystem unterscheidet zwischen gefährlich und ungefährlich.

In den **sekundären lymphatischen Organen** treffen die Zellen des Immunsystems miteinander und mit Antigenen zusammen. Die **Mandeln** bilden einen Schutzring im Rachen. Der **Wurmfortsatz** des Blinddarms und die **Peyerschen Platten** des Dünndarms sind mit Gewebe ausgestattet, das reichlich Lymphozyten speichert. Die **Milz** ist in den Blutkreislauf integriert. **Lymphknoten** treten gehäuft am Hals, in Schenkel- und Achselbeugen, entlang des Dünndarms und am After auf. Blut- und **Lymphgefäße** transportieren die Lymphozyten zwischen Bildungsorten und Speichern.

Antigene

Bevor der Körper gegen Keime ankämpfen kann, muss er zwischen Freund und Feind unterscheiden. Fremde Zellen und Substanzen müssen erkannt und lokalisiert werden. Die Unterscheidung in gefährlich und ungefährlich – weitgehend deckungsgleich mit der Unterscheidung zwischen „eigen" und „körperfremd" – ist nicht genetisch festgelegt, sie muss vielmehr individuell angeeignet werden.

Jede Substanz, die in der Lage ist eine Antwort des Immunsystems hervorzurufen, wird als Antigen bezeichnet.

Ein Antigen kann ein Virus sein, ein Bakterium oder ein Pilz, ein Parasit oder ein Teil eines Parasiten, vielleicht auch ein Stoffwechselprodukt eines dieser Organismen. Auch Gewebe oder Zellen anderer Individuen sind Antigene. Auch Nahrungsproteine weist der Körper ab, wenn sie nicht vorher vom Verdauungstrakt in Aminosäuren zerlegt werden.

Ein Antigen verrät seine Fremdheit durch ein charakteristisches Muster: die **antigene Determinante** oder das **Epitop**. Epitope sind Moleküle, die von der Oberfläche des Antigens abstehen. Manche Epitope bestehen nur aus vier bis sechs Aminosäureresten oder Zuckermolekülen. Die meisten Antigene tragen verschiedene Epitope auf ihren Oberflächen. Einige dieser Epitope sind wirksamer als andere, wenn es um die Auslösung einer Immunantwort geht.

Antigene werden vom Immunsystem als fremd erkannt. Sie lösen im Körper eine Immunantwort aus.

MHC-Rezeptoren

Jeder Mensch trägt seinen unverwechselbaren „Personalausweis" auf jeder seiner Körperzellen. Auf der Zellmembran sitzen Glykoproteine, die **MHC-Proteine** (auch HLA genannt – Humane Leukozyten-Antigene). Die MHC-Proteine unterscheiden sich von Mensch zu Mensch, sie verraten dem Immunsystem, ob eine Zelle zum Körper gehört oder körperfremd ist, aber auch, ob eine eigene Zelle von Viren infiziert oder zu einer Krebszelle umgewandelt ist.

Moleküle des Haupthistokompatibilitätskomplexes (MHC) markieren Körperzellen; sie erlauben dem Körper zwischen eigen und fremd zu unterscheiden.

MHC-Proteine werden von drei benachbarten Genen codiert, dem Haupt-Gewebsverträglichkeitskomplex, (*major histocompatibility complex* – **MHC**). Ihr Formenreichtum (**Polymorphismus**) ist ungewöhnlich groß, denn in jeder Population gibt es viele verschiedene Allele, die immer wieder neu kombiniert werden. Durch die kodominante Genwirkung prägen sich alle Allele gleichzeitig aus. So ist es überaus unwahrscheinlich, dass zwei Menschen die gleichen MHC-Proteine tragen, es sei denn, sie sind eineiige Zwillinge.

Neben der Kennzeichnung haben die MHC-Proteine eine weitere wichtige Rolle im Immungeschehen: Sie sind **Rezeptoren**. Auf ihnen präsentieren die Zellen charakteristische Bruchstücke von eingedrungenen Viren, Bakterien und anderen feindlichen Organismen. Die MHC-Rezeptoren bilden eine Tasche, in der die Bruchstücke gebunden und dargeboten werden. Viele Immunzellen unterliegen der **MHC-Restriktion**: Nur wenn Stücke der Antigene im MHC-Rezeptor liegen, können sie einen Eindringling erkennen und bekämpfen.

Die MHC-Proteine bestimmen, welche Zellen der Körper akzeptiert und gegen welche er sich wehrt.

MHC-Rezeptoren präsentieren Antigene.

Komponenten des Immunsystems

Phagozytose

Phagozyten nehmen Antigene auf, verdauen sie und geben Signale weiter.

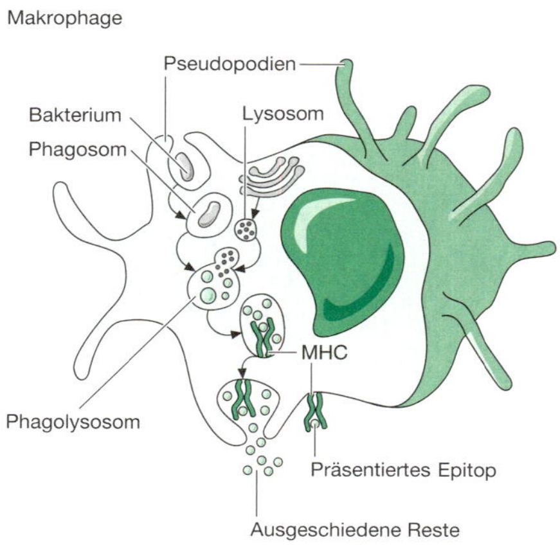

Abb. 132 Der Vorgang der Phagozytose durch einen Makrophagen

Nach dem Erkennen sorgt das Immunsystem dafür, dass fremde Erreger ausgeschaltet werden. Phagozytierende Zellen („Fresszellen") wie die **Makrophagen** haben die Aufgabe eingedrungene Mikroorganismen zu beseitigen. Makrophagen sind große weiße Blutzellen, die ins Gewebe auswandern, Antigene verschlingen (phagozytieren) und verdauen.

Erkennt ein Phagozyt ein Antigen (ein Bakterium, eine Pilzzelle oder ein Virus), so streckt er seine Pseudopodien aus, greift und umschließt es in einem Phagosom, das durch Einstülpung der Zellmembran entsteht. Das Phagosom verschmilzt mit Lysosomen (➤ S. 11), die Enzyme enthalten. Im Phagolysosom wird der Mikroorganismus enzymatisch getötet und verdaut.

Antigen-präsentierende Zellen lösen die spezifische Immunantwort aus.

Mikroorganismen ohne Schleimhülle werden von den Phagozyten schnell vernichtet; Zellen mit einer Schleimkapsel werden dagegen nur dann erkannt, wenn sie zuvor von Antikörpern markiert wurden. Beim Abbau von Proteinen im Phagolysosom entstehen kleine Bruchstücke. Diese Peptide werden an MHC-Moleküle geheftet, die an die Zelloberfläche wandern und dort präsentiert werden. Diese Präsentation der Antigene alarmiert die T-Zellen und leitet damit die spezifische Immunantwort ein.

Zytokine

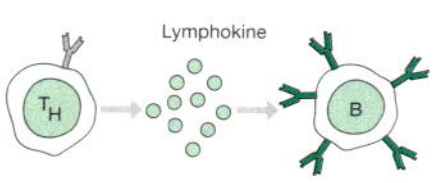

Abb. 133 Über Lymphokine können Zellen kommunizieren

Die Zellen des Immunsystems kommunizieren miteinander durch unmittelbaren Kontakt und über chemische Stoffe: die **Zytokine**. Zytokine sind wasserlösliche Proteine. Sie wirken, indem sie sich an Rezeptoren an der Membran anderer Zellen heften. T-Helferzellen regen durch Lymphokine die B-Lymphozyten zur Vermehrung an und fördern die Antikörperproduktion.

Die am besten bekannte Gruppe der Lymphokine sind die **Interferone**, Glykoproteine (Zucker-Eiweiß-Verbindungen), die bei Virenbefall von den Körperzellen produziert und freigesetzt werden. Sie hemmen die Vermehrung der Viren und können so ihre Ausbreitung wirksam beschränken.

Lymphozyten

Lymphozyten sind die Hauptakteure des erworbenen Immunsystems. Sie stellen die Grundlage des immunologischen Gedächtnisses dar.

Lymphozyten sind kleine weiße Blutzellen, die im Knochenmark gebildet und ans Blut abgegeben werden. Ihre Lebenszeit beträgt drei Tage oder viele Jahre. Jeder Mensch besitzt ungefähr eine Billion von ihnen.

Die Immunantwort wird hauptsächlich von weißen Blutzellen – den Leukozyten – gegeben.

Das Knochenmark ist reich an blutbildenden Stammzellen, die sich ständig teilen. Aus diesen bilden sich die Vorläufer aller Blutzellen. Den Stammzellen fehlen noch die Rezeptoren, mit denen die Lymphozyten ihr Angriffsziel erkennen. Diese erscheinen im Laufe des Reifungsprozesses auf der Zelloberfläche.

Lymphozyten, deren Vorläuferzellen zum Thymus wandern und dort reifen, entwickeln sich zu T-Zellen. Sie machen etwa 70 Prozent aller Lymphozyten aus.

Lymphozyten sind die Träger der spezifischen Abwehr.

T-Zellen sorgen für die zelluläre Immunität. Sie greifen Antigene direkt an und vernichten sie. Zu ihren Zielen gehören auch Körperzellen, die durch Viren oder Mutationen verändert sind.

T-Lymphozyten sind für die zelluläre Immunität zuständig.

Lymphozyten, die im Knochenmark ihre Immunkompetenz erwerben, werden zu B-Zellen.

B-Zellen vermitteln die humorale Immunität. Sie und ihre Nachfolgerzellen, die Plasmazellen, bilden große Mengen von Antikörpern, die sie in die Körperflüssigkeiten abgeben.

Von den B-Lymphozyten geht die humorale Immunität aus.

Beide erkennen spezifische Antigene als ihre Ziele. Da jeder Lymphozyt nur einen einzigen Rezeptortyp, den aber in vielen Kopien (rund 100 000) besitzt, kann er nur ein einziges Epitop erkennen. Um Platz für genügend Zellen zu haben, die zu Millionen verschiedener Eindringlingen passen, speichert das Immunsystem nur ganz wenige Exemplare von jeder Sorte. Erst wenn ein Antigen auftaucht, vermehren sich diejenigen Zellen, deren Rezeptoren exakt dazu passen, zu gewaltigen Heerscharen.

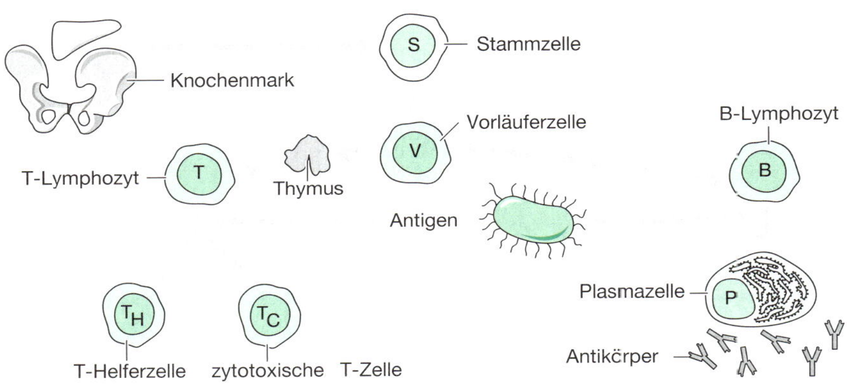

Abb. 134 B-Lymphozyten reifen im Knochenmark *(bone marrow)*, T-Lymphozyten im Thymus zu immunkompetenten Zellen.

B-Zell-Reifung

B-Zellen sind spezialisiert: eine Zelle – ein Antikörper.

B-Zellen sind auf die Abwehr von Bakterien spezialisiert. Jede B-Zelle ist programmiert *eine* spezifische Antikörper-Sorte herzustellen. Auch alle Plasmazellen, die aus dieser B-Zelle hervorgehen, machen denselben Antikörper, maßgeschneidert für ein Epitop.

B-Lymphozyten reifen in zwei Phasen:
- Antigen-unabhängige Phase im Knochenmark,
- Antigen-abhängige Phase im Lymphsystem.

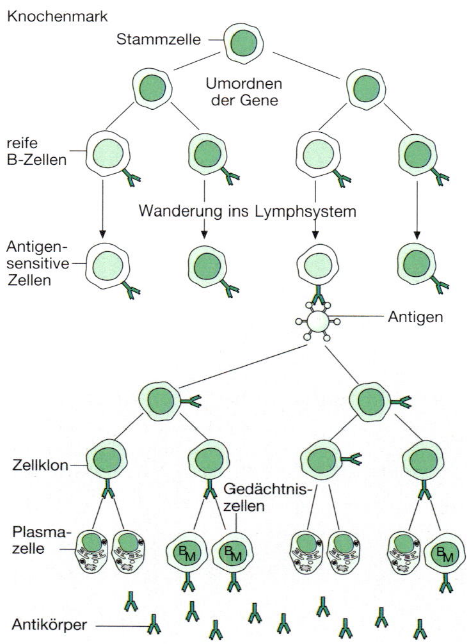

Abb. 135 Entwicklung der Plasmazellen aus Stammzellen des Knochenmarks

B-Lymphozyten bauen Antikörper in ihre Zellmembran ein, die als Antigen-Rezeptoren wirken. Als Antigen-sensitive Zellen wandern sie zur Milz, in die Lymphknoten, den Wurmfortsatz und die Mandeln

Die weiteren Entwicklungsschritte laufen nur ab, wenn eine Zelle Kontakt mit einem passenden Antigen aufnimmt und zusätzlich ein Startsignal von einer T-Zelle erhält (→ S. 180). Die so aktivierte Zelle beginnt sich zu teilen und erzeugt einen Klon von Tochterzellen. Die meisten dieser Tochterzellen wandeln sich zu Plasmazellen (PZ) und beginnen mit der Abgabe von Antikörpern, die untereinander und mit dem Membranrezeptor der Mutterzelle identisch sind. Plasmazellen haben eine kurze Lebensdauer. Einige Zellen des Klons differenzieren sich zu langlebigen Gedächtniszellen (B_M). Gedächtniszellen können lange Jahre im Körper bleiben und werden erst dann aktiv, wenn das gleiche Antigen noch einmal auftaucht: Dann wandeln sie sich sehr schnell in Plasmazellen um und stellen Antikörper her.

Plasmazellen sind aktivierte B-Lymphozyten, die viele Antikörper herstellen.

B-Gedächtniszellen haben eine hohe Lebensdauer, vermehren sich sofort nach erneutem Kontakt zu Antigen und werden zu Plasmazellen.

Die humorale Abwehr

B-Zellen und die von ihnen hergestellten Antikörper sind die wichtigsten Waffen im Kampf gegen Bakterien.

Humorale Immunität ist die durch Antikörper vermittelte Antwort des Immunsystems auf eine Infektion.

Ein Bakterium tritt in den Körper ein und gelangt über Blutstrom oder Lymphe in ein lymphatisches Organ.

Trifft eine B-Zelle ein Antigen, dessen Epitope auf ihren Rezeptor passen, so nimmt sie dieses auf und verdaut es.

Bruchstücke des Antigens verbindet sie mit MHC-Rezeptoren und präsentiert sie.

Diese Kombination zieht eine passende aktivierte T-Helferzelle an, die Lymphokine ausschüttet.

Die Lymphokine erlauben es der B-Zelle sich zu teilen. Sie lässt einen Klon von Tochterzellen entstehen, die sich innerhalb weniger Tage zu Plasmazellen entwickeln.

Der Zellklon stellt Millionen Antikörpermoleküle her, die alle die gleiche Form und Spezifität haben, und gibt sie an den Blutstrom ab.

Wenn sich der Antikörper mit dem Antigen verbindet, ist dieses zur Zerstörung markiert.

Einige der Zellen des Zellklons differenzieren sich zu Gedächtniszellen, die über Jahre hinweg im Blutstrom zirkulieren, um bei einer erneuten Infektion schnell viele Plasmazellen zu bilden.

Die humorale Antwort besteht aus drei Phasen:

1. Aktivierungsphase: Das Antigen reagiert mit spezifischen Lymphozyten.

2. Differenzierungsphase: Aktivierte Lymphozyten vermehren sich und werden zu Plasmazellen.

3. Effektorphase: Die Antikörper üben ihre Wirkung aus.

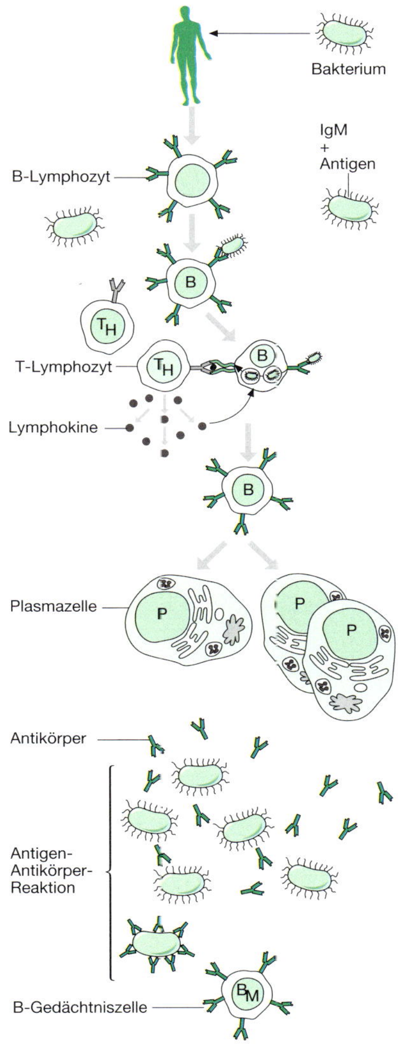

Abb. 136 Verlauf der humoralen Abwehr eines Bakteriums

Die humorale Antwort zielt besonders auf Bakterien. Sie besteht aus drei Phasen (Abb. 136): Aktivierungsphase: Das Antigen reagiert mit spezifischen Lymphozyten. Differenzierungsphase: Aktivierte Lymphozyten vermehren sich und werden zu Plasmazellen. Effektorphase: Die Antikörper üben ihre Wirkung aus.

Antikörper

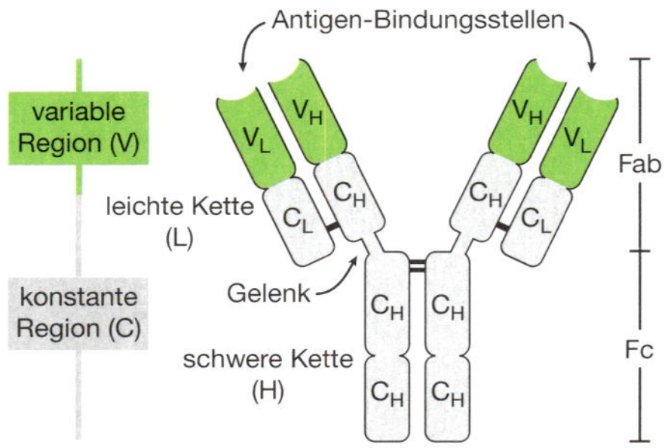

Abb. 137 Schema eines Antikörpers

Antikörper sind große Proteinmoleküle, die hochspezifisch mit Antigenen reagieren.

Antikörper zählen zu einer Familie großer Proteinmoleküle (→ S. 50), die man wegen ihrer globulären Gestalt als Immunoglobuline bezeichnet.

Ein Antikörper ist aus vier Polypeptidmolekülen zusammengesetzt: Zwei identische schwere Polypeptidketten und zwei identische leichte Ketten bilden zusammen eine Ypsilon-förmige Struktur. Die Ketten sind durch Dithioether-Bindungen (=Disulfid-Brücken oder S-S-Brücken) verbunden.

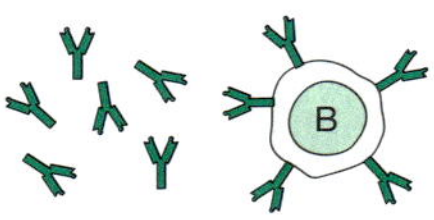

Abb. 138 Antikörper zirkulieren frei im Blut und in der Lymphe (links) oder sind membranständig auf Lymphozyten.

Die Enden der Y-Arme unterscheiden sich stark von einem Antikörper zum anderen. Sie bilden die **variable (V) Region**. Auf jedem der Arme liegt eine Antigen-Bindungsstelle (*antigen binding fragment* = Fab), die auf ein Epitop passt und das Antigen festhält. Ein Antikörper passt zum Epitop eines Antigens wie ein Schlüssel zum Schloss. Antikörper und Antigen ergänzen sich in Form und elektrischer Ladung, die Passung ist im Allgemeinen sehr präzise. Weil jedes Antigen mehrere Epitope aufweist, und an jedes Epitop irgend einer der unzähligen Antikörper bindet, gibt es für jedes beliebige Antigen, das in den Körper eindringt, eine Reihe passender Antikörper.

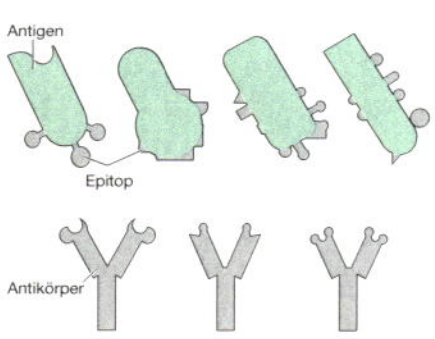

Abb. 139 Antigene und Antikörper passen wie Schlüssel und Schloss zueinander.

Der Stamm des Y – **die konstante Region** oder C-Domäne – heftet den Antikörper an andere Teile des Immunsystems. Antikörper kommen in zwei verschiedenen Zuständen vor: Sie sind entweder an die Membran einer Zelle gebunden oder sie sind frei. Als Antiserum bezeichnet man Antikörper-haltiges Blutserum.

Monoklonale Antikörper sind untereinander identisch. Sie werden von einem Zellklon hergestellt, der von einem einzigen B-Lymphozyten stammt. Mit ihrer Hilfe kann man unter anderem Infektionen früh erkennen und gezielt bekämpfen; Substanzen reinigen, bei Krankheiten des Immunsystems wie z. B. AIDS die Zahl der Lymphozyten bestimmen.

Die Antigen-Antikörper-Reaktion

Die **spezifische Abwehr** beantwortet jeden Angriff eines Keims mit einer exakt auf den Aggressor abgestimmten Antwort. Die durch die B-Lymphozyten hervorgerufene humorale Immunantwort resultiert in einer Antikörperbildung gegen ein ganz bestimmtes Antigen.

Die spezifische Immunantwort ist exakt auf den angreifenden Erreger abgestimmt.

Bei der Immunreaktion verbinden sich Antikörper mit Antigenen kraft passender Bindungsstellen auf beiden Molekülen, die wie Teile eines Puzzles zusammenpassen. Die Reaktion beruht auf der Anziehung gegensätzlich geladener Gruppen, der Wechselwirkung zwischen polaren (hydrophilen) und unpolaren (hydrophoben) Gruppen sowie auf Van-der-Waals-Kräften.

Meist zerstören die Antikörper das Antigen nicht unmittelbar, aber sie neutralisieren dessen krankmachende Wirkung. Je nach der Natur des Antigens ist das Ergebnis der Reaktion unterschiedlich: Bakterien oder Viren werden durch die Antikörper miteinander verklumpt. Diese Agglutination macht es den Phagozyten leichter, das Antigen aufzunehmen und zu verdauen.

Ist das Antigen eine lösliche Substanz, z.B. ein Bakteriengift, dann kann sie als Antigen-Antikörper-Komplex ausgefällt werden: Präzipitation. Antikörper, die bakterielle Gifte unschädlich machen, bezeichnet man auch als Antitoxine. Mikroben und infizierte Zellen werden von Antikörpern ummantelt (Opsonisierung) und dadurch zur Aufnahme durch Fresszellen markiert. Makrophagen beseitigen schließlich die markierten Pathogene. Heften sich Antikörper an das Protein, mit dem ein Virus an die Wirtszelle andockt, so hindern sie dieses daran, in eine Zelle zu gelangen.

Im Labor lassen sich mit Hilfe der Immunreaktion sowohl Antigene als auch Antikörper nachweisen. Immunoassays sind quantitative Verfahren zur Bestimmung von Substanzen geringer Konzentration. Im Prinzip lassen sich mit Immunoassays alle Substanzen bestimmen, gegen die Antikörper erzeugt werden.

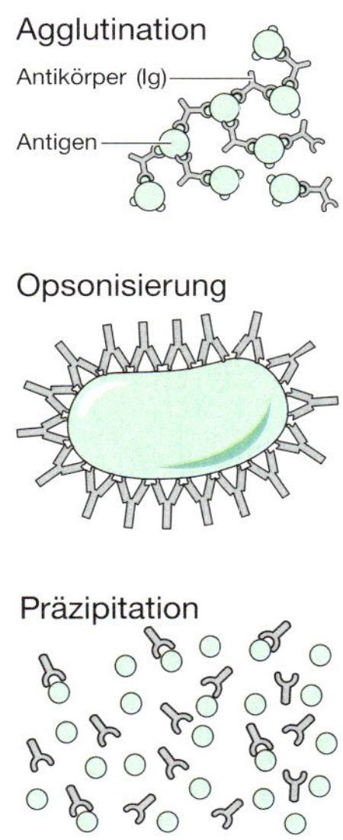

Abb. 140 Formen der Antigen-Antikörper-Reaktion

Die Immunreaktion beruht auf der Fähigkeit der Antikörper, Antigene zu erkennen und mit ihnen zu reagieren.

Antikörper können verklumpen, ausfällen, umhüllen, blockieren, immobilisieren.

Klonale Selektion

Das Immunsystem kann alle möglichen Oberflächenstrukturen von Zellen und Erregern erkennen, dabei stellt jede Plasmazelle genau eine Sorte von Antikörpern her. Rund 100 Milliarden unterschiedliche Lymphozyten decken in ihrer Gesamtheit alle erdenklichen Antigene ab, denen ein Mensch im Laufe seines Lebens begegnet.

Nach der Klon-Selektions-Theorie wird diese Fähigkeit des Immunsystems im Laufe der Entwicklung eines Lebewesens durch Selektion (➝ Steuerung und Evolution, S. 104) – also durch Auswahl der Passenden – erworben. Zunächst stellt der Körper unermesslich viele Varianten von Immunzellen her. Während der Reifung werden alle Zellen zerstört, die körpereigene Zellen erkennen; nur solche Zellen kommen in Umlauf, die eigenes Gewebe tolerieren. Die Prägephase zur Erkennung der körpereigenen Proteine liegt in den ersten Monaten unmittelbar nach der Geburt. Neue Befunde legen allerdings nahe, dass auch Erwachsene eine Toleranz gegenüber eigenen Proteinen lernen können.

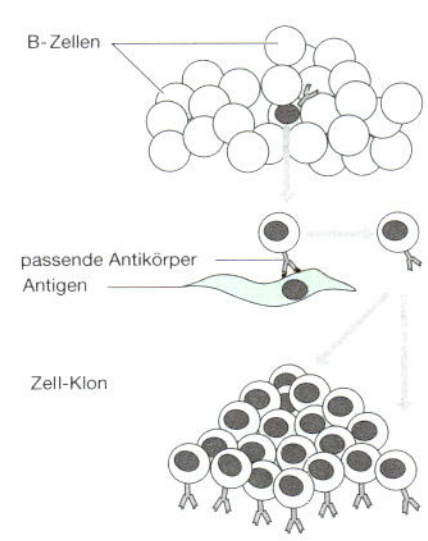

Abb. 141 Klonale Selektion: Durch Kontakt mit einem Antigen wird der B-Lymphozyt zur Vermehrung selektiert.

Kommt das Immunsystem mit einem Antigen in Kontakt, so wird genau diejenige B-Zelle aktiviert, deren Antikörper zu diesem Antigen passt. Nur dieser Lymphozyt wird zur Teilung angeregt. Es entsteht ein Zellklon – eine Gruppe genetisch identischer Zellen, die Antikörper mit gleichem Angriffsziel herstellen. Die Spezialisierung eines Antikörpers auf ein Epitop erfolgt also, bevor die Zelle Kontakt mit dem passenden Antigen hatte, ein Antigen wählt selbst die Zellen aus, deren Nachfahren es später vernichten werden.

Die Klon-Selektions-Hypothese gilt für B- und T-Lymphozyten.

Das immunologische Gedächtnis

Phasen der Immunantwort:
1. Latenzphase
2. log-Phase
3. Plateauphase
4. Abklingphase

Beim ersten Kontakt mit einem Antigen ist erst nach 10 bis 14 Tagen eine Immunreaktion – die Primärantwort – erkennbar. So lange braucht der spezifische Plasmazell-Klon, um auf Angriffsstärke heranzuwachsen. Bei einer zweiten Begegnung mit demselben Antigen reagiert die Abwehr – die Sekundärantwort – viel rascher und bedeutend stärker. Die Sekundärantwort betrifft nur Antigene, auf die früher eine Primärantwort erfolgte.

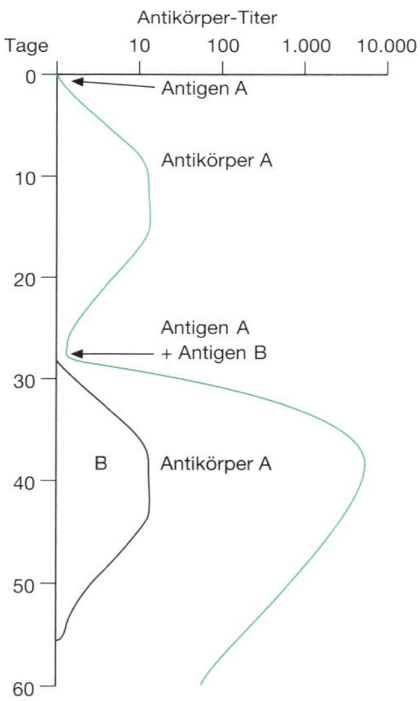

Primärantwort:

Während der Latenzphase können keine Antikörper nachgewiesen werden.

In der log-Phase steigt die Antikörper-Konzentration logarithmisch an, bis die Plateauphase erreicht ist.

Während der Abklingphase werden Antikörper abgebaut. Die Gedächtniszellen überleben.

Sekundärantwort:

Die Latenzphase ist verkürzt, die Antikörperproduktion setzt sofort ein und steigt steiler an.

Die Plateauphase ist erhöht; die Plasmazell-Klone sind größer, die Antikörperproduktion ist stärker.

Die Zahl der Antikörper im Blutserum nimmt nur langsam ab.

Abb. 142 Verlauf der Primärantwort und der Sekundärantwort des humoralen Immunsystems.
Primärantwort: Langsamer Start, geringe Antikörper-Konzentration, kurze Dauer.
Sekundärantwort: Schneller Start, hohe Konzentration, anhaltend.

Die Ursache für die erworbene Immunität liegt darin, dass aktivierte Lymphozyten unter ihren Nachkommen auch langlebige Gedächtniszellen (B_m, *memory cells*) bilden. Kommt der Körper mit dem gleichen Antigen noch einmal in Kontakt, so beginnen die Gedächtniszellen sofort mit der Produktion von Antikörpern. Die Krankheitskeime werden vernichtet, bevor sie eine schädigende Wirkung entfalten – der Körper ist gegen diesen Erreger immun geworden.

Für das immunologische Gedächtnis sind Gedächtniszellen verantwortlich.

Immunisierung

Bei der aktiven Immunisierung oder Schutzimpfung werden Antigene in den Körper gebracht: Die Impfstoffe enthalten geschwächte oder abgetötete Mikroorganismen oder Teile davon. Die Antigene lösen eine Immunreaktion aus, der Körper bildet Antikörper und Gedächtniszellen. Greift später derselbe Erreger an, so entfesseln die Gedächtniszellen schnell eine heftige Reaktion des Immunsystems.

Eine verstärkte Reaktion des Immunsystems gegen bekannte Erreger führt zu Immunität.

Bei der aktiven Immunisierung wird der Körper durch Gaben von Antigenen zur Bildung von Antikörpern und Gedächtniszellen angeregt.

Die Schutzimpfung aktiviert und erweitert das immunologische Gedächtnis.

Ausmaß und Dauer der erworbenen Immunität hängen vom Typ des Antigens ab, von dessen Menge und der Art, wie es den Körper angreift. Oft reicht eine Schutzimpfung für eine lebenslängliche Immunität aus, bei anderen Erregern muss sie in bestimmten Zeitabständen wiederholt werden. Schutzimpfungen sind wichtig um Epidemien zu verhindern: Wenn der Impfschutz in der Bevölkerung abfällt – die Grenze liegt bei 80 bis 85 Prozent Durchimpfungsgrad – muss man mit dem Auftreten von Epidemien rechnen.

Eine Schutzimpfung schützt Individuen und Populationen.

Die passive Immunisierung wird vor allem dann eingesetzt, wenn eine Infektionskrankheit bereits ausgebrochen ist. Dem Organismus werden Antikörper von außen zugeführt, die ihn in seinem Kampf gegen den Erreger unterstützen. Eine passive Immunisierung ist aber nur wenige Wochen wirksam, da der menschliche Körper auch gegen die fremden Serumproteine Antikörper bildet.

Bei der passiven Immunisierung wird die Antikörperbildung einem anderen Lebewesen überlassen.

Bei passiver Immunisierung wird die Immunität durch Übertragung eines Antiserums erreicht.

Kinder werden mit einem schwachen Immunsystem geboren. Allerdings erwerben sie im Allgemeinen früh die privilegierte Immunität. Während ihrer ersten Lebensmonate sind sie durch die Antikörper geschützt, die sie von ihrer Mutter erhalten: Antikörper wandern durch die Plazenta und immunisieren den Fötus gegen die Keime, gegen die seine Mutter immun ist. Auch die Muttermilch enthält Antikörper, die den Verdauungstrakt der Kinder vor Infekten schützen.

Das Neugeborene erhält Leihimmunität von der Mutter.

Blutgruppen

Die Blutgruppe des AB0-Systems beruht auf Oberflächen-Antigenen der roten Blutzellen.

Das in der Transfusionsmedizin relevanteste Blutgruppensystem ist das AB0-System. Die Epitope des AB0-Systems sind Glykoproteine an der Oberfläche der roten Blutkörperchen. Sie werden kodominant vererbt (➛ S. 83 u. S. 131). Je nach Vorhandensein oder Fehlen der Epitope A und B lassen sich Blutgruppen des Menschen in A, B, AB oder 0 unterteilen (Tab. 7).

Blutgruppe	Epitop	Antikörper im Serum
A	A	Anti-B
B	B	Anti-A
AB	A und B	Keine
0	–	Anti-A und Anti-B

Tab. 7 Antigene und Antikörper des AB0-Systems

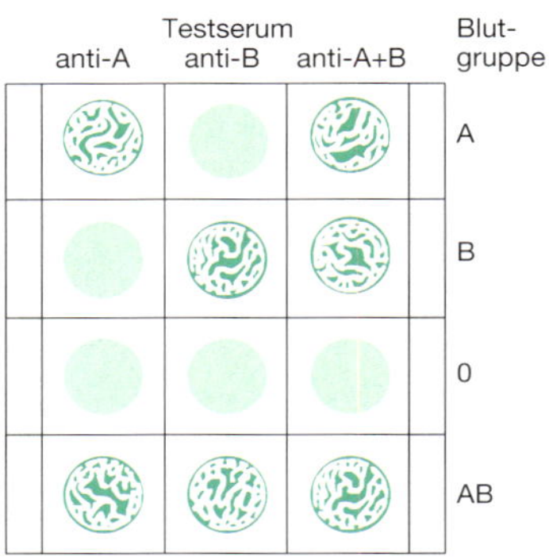

Abb. 143 Reaktion des Blutes verschiedener Blutgruppen mit Testseren

Die Antikörper des AB0-Systems sind schon vor dem ersten Kontakt mit anderem Blut und dessen Antigenen vorhanden. Schon im Kindesalter werden sie als Reaktion auf Darmbakterien gebildet.

Bei Transfusionen von nicht kompatiblem Blut kommt es zu Agglutination mit anschließender Hämolyse. Für die Bestimmung der AB0-Blutgruppen werden die Antiseren Anti-A, Anti-B und Anti-AB verwendet (Abb. 143).

Neben dem AB0-System müssen bei Blutübertragungen auch die Rhesusfaktoren von Spendern und Empfängern aufeinander abgestimmt sein. Man unterscheidet fünf Hauptantigene des Rhesus-Systems (CcDEe). Das Antigen D – einfach als Rhesus-Faktor bezeichnet – ist das wichtigste.

Der Rhesusfaktor, ein anderes Antigen der roten Blutzellen kann zu Komplikationen führen, wenn eine rh-negative Mutter wiederholt ein Rh-positives Kind bekommt.

Der Rhesusfaktor wird autosomal vererbt und wirkt dominant (➛ S. 132). Menschen, die das Rhesus-Antigen nicht besitzen (rh^-), bilden nach Kontakt mit diesem Antigen Anti-Rh-Antikörper. Bei wiederholtem Zusammentreffen kann das zu einer Agglutination mit anschließender Hämolyse (Auflösung der roten Blutkörperchen) führen. Der Rhesusfaktor wird während der Schwangerschaft wichtig, wenn eine rh-negative Mutter ein Rh-positives Kind trägt. Bei etwa 0,5 % dieser Schwangerschaften treten Probleme auf: Gelangt während der Geburt des ersten Kindes oder beim Ablösen der Plazenta kindliches Blut in den Kreislauf der Mutter, so bildet diese Antikörper und Gedächtniszellen. Bei weiteren Schwangerschaften werden Antikörper gegen das Blut der Kinder gebildet, sofern auch diese Rh-positiv sind. Gelangen diese in den Kreislauf des Fötus, so können sie die kindlichen Erythrozyten zerstören.

T-Lymphozyten

Die Arbeitsweise der T-Zellen ist komplizierter als die der B-Zellen: Regulatorische T-Zellen – Helferzellen und Unterdrückerzellen – sorgen durch Anregung und Hemmung anderer Immunzellen für ein ausgewogenes System. Die zytotoxischen T-Zellen (T-Killerzellen) dagegen sind Effektoren; sie bekämpfen Viren, Krebszellen und Bakterien, die innerhalb von Zellen leben.

T- Zellen sind Regulatoren des Immunsystems und Effektoren im Immunsystem.

T-Helferzellen (T_H-Lymphozyten) sondern ein Signal-Protein ab, das B-Zellen zur Vermehrung und zur Mobilisierung ihrer Antikörper anregt und andere T-Zellen aktiviert.

T-Zellen unterliegen der MHC-Restriktion. Der T-Zell-Rezeptor erkennt den Komplex aus MHC-Molekül und Epitop.

Für alle T-Lymphozyten gilt die MHC-Restriktion (→ S. 171): Sie reagieren nur dann auf ein Antigen, wenn sie es auf einer Zielzelle gemeinsam mit einem körpereigenen MHC-Protein erkennen. Die Aktivitäten der T-Zellen werden von einem Molekül auf ihrer Membran kontrolliert: Alle T-Lymphozyten tragen auf ihrer Zellmembran den T-Zell-Rezeptor, der eine permanente Ausweiskontrolle vornimmt. Er tastet laufend die MHC-Proteine der Zellen ab, und schlägt Alarm, wenn die Passform nicht stimmt: Dies bedeutet, dass die Zelle fremd ist oder dass ihr Stoffwechsel verändert ist.

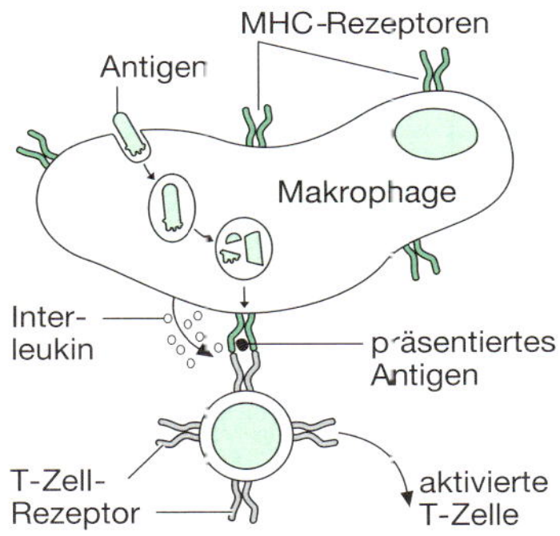

Abb. 144 T-Lymphozyten werden durch Antigene aktiviert, die von Fresszellen auf MHC-Rezeptoren präsentiert werden.

Die zelluläre Abwehr

Zytotoxische T-Zellen (T_C-Zellen, T-Killerzellen) sind in der Lage, Infektionen dort zu bekämpfen, wo Antikörper nichts mehr ausrichten können, nämlich innerhalb von Zellen. Sie greifen dabei nicht unmittelbar die Krankheitserreger an, sondern attackieren Körperzellen, die fremd, entartet oder infiziert sind. Sie treten in intensiven Kontakt mit einer Zielzelle und setzen Zytokine frei, die die Vermehrung des Virus hemmen, durchlöchern mit dem Protein Perforin die Membran der infizierten Zelle und geben ihr Signale, sich selbst zu töten. Enzyme dringen durch die Poren ins Zellinnere und lösen die Apoptose aus, einen programmierten Selbstmord der Zelle.

T-Zellen bewirken die zelluläre Abwehr.

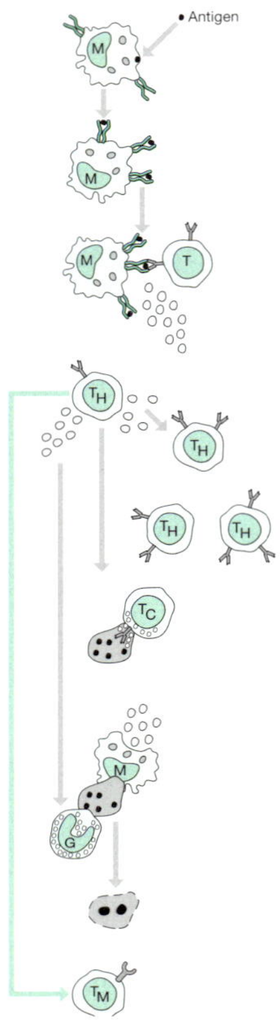

Dringt ein Virus in den Körper ein, so erscheinen Lymphozyten und Makrophagen am Invasionsort.

Die zelluläre Abwehr beginnt, wenn ein Makrophage (M) das Antigen aufnimmt, verdaut ...

... und Teilstücke davon – Epitope – auf einem MHC-Rezeptor präsentiert.

T- Lymphozyten (T) mit passenden Rezeptoren binden sich an die präsentierten Epitope. Dies ist das Signal, Lymphokine zu bilden.

Unter dem Einfluss der Lymphokine wachsen die unreifen T-Lymphozyten, sie teilen sich und reifen zu T-Helferzellen.

Lymphokine locken andere Immunzellen – Makrophagen, Helferzellen und zytotoxische T-Zellen an.

Zytotoxische T-Zellen (T_C-Lymphozyten) erkennen infizierte Zellen an den MHC-Rezeptoren, die durch Virusbruchstücke verändert sind. Sie geben Zytokine ab, um die Vermehrung der Viren zu hemmen, und Proteine, welche die Plasmamembran befallener Zellen durchlöchern. Der Tod der Wirtszelle unterbricht den Vermehrungszyklus des Virus; die freigesetzten Viruspartikel sind noch nicht infektiös.

Makrophagen und Granulozyten (G) werden angezogen. Sie beteiligen sich an der Zerstörung der infizierten Körperzellen und beseitigen den Zelldetritus.

Bei der Vermehrung der T-Lymphozyten entstehen auch **T-Gedächtniszellen** (T_M), die im Kreislauf zirkulieren.

Abb. 145 Ablauf der zellulären Abwehr

Abstoßung von Transplantaten

Eine Transplantation ist die Übertragung lebenden Gewebes von einem Individuum auf ein anderes.

Das Immunsystem stößt fremdes Gewebe ab.

Wenn eigene Organe versagen, bleibt oft nur die Übertragung von Fremdorganen, um das Leben eines Patienten zu erhalten. Das Immunsystem erkennt die Zellen des Transplantats als fremd und zerstört sie. Der Verlust eines transplantierten Organs durch Abstoßungsreaktionen stellt nach wie vor eines der ungelösten Probleme der Transplantationsmedizin dar. Innerhalb von ein bis drei Wochen nach der Transplantation treten akute Abstoßungsreaktionen auf.

Antigen-präsentierende Zellen (APC) leiten die Abstoßungsreaktion ein. Sie präsentieren Proteinbruchstücke des fremden Gewebes den

T-Helferzellen, die nun Zytokine ausschütten, um andere Immunzellen zu aktivieren.

Plasmazellen stellen **Antikörper** her, die das fremde Gewebe angreifen und das Komplement – eine Gruppe von Enzymen – aktivieren.

Cytotoxische T-Zellen (T_C), erkennen den MHC-Rezeptor und die darauf präsentierten Peptide als fremd. Sie werden aktiviert, wandern in das fremde Gewebe und zerstören es.

Makrophagen (M) geben lytische Enzyme ab, lösen Entzündungen aus und nehmen Gewebsbruchstücke auf.

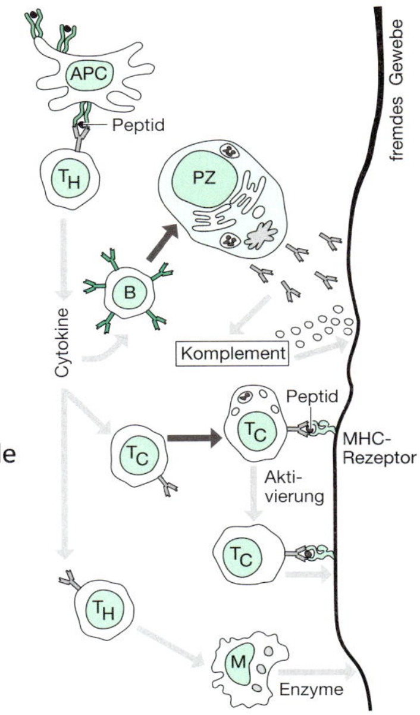

Abb. 146
Die Abstoßung von Transplantaten

Je besser die Gewebedaten von Spender und Empfänger zueinander passen, desto schwächer ist die Immunreaktion. Nur bei eigenem Gewebe und bei Transplantationen zwischen eineiigen Zwillingen bleibt sie aus. Sonst bezahlt der Empfänger das neue Organ mit den Folgen einer lebenslangen Behandlung, die sein Immunsystem unterdrückt. Nach einer Organverpflanzung nimmt er Immunsuppressiva, meist eine Kombination aus mehreren Medikamenten. Dabei wird die notwendige Schutzfunktion der körpereigenen Abwehr unterdrückt. Daraus resultiert eine erhöhte Anfälligkeit gegenüber Infektionen und längerfristig ein verstärktes Auftreten von Krebserkrankungen.

Immunsuppressiva unterdrücken die Abstoßung.

Krankheiten des Immunsystems

Wenn es zu Störungen kommt, wird das Immunsystem zum Auslöser einer Fülle von Krankheiten, dazu zählen Allergien, Arthritis, Krebs und AIDS.

Immunschwäche

Fehlen eine oder gar mehrere Komponenten des Immunsystems, so entsteht eine Immunmangelkrankheit. Menschen mit Immunschwäche leiden häufig an Infektionskrankheiten. Vor allem Infektionen der Haut, der Atemwege und des Magen-Darm-Trakts kehren immer wieder.

Versagen die B-Lymphozyten, so bilden die Betroffenen keine Antikörper. Sie sind vor allem für bakterielle Infektionen anfällig. Diesem Defekt, kann durch Gaben von Gamma-Globulinen erfolgreich begegnet werden.

Ist von Geburt an kein Thymus ausgebildet, so fehlt die T-Zell-vermittelte Immunität. Durch Transplantation von Thymusgewebe können diese Kinder geheilt werden, unbehandelt sterben sie früh.

SCID-Kindern (*severe combined immunodeficiency disease* = schweres kombiniertes Immunmangelsyndrom) haben keine Immunzellen. Sie müssen oft jahrelang in keimfreien Räumen leben. Heilung verspricht nur eine Transplantation von Knochenmark, das funktionsfähige Lymphozyten liefert. Dabei besteht allerdings die Gefahr, dass die transplantierten Immunzellen die Gewebe ihres neuen Körpers als fremd erkennen und sie in einer GvH-Reaktion (*graft versus host*) bekämpfen.

Häufiger sind **erworbene Immunschwächen**, die sich als Folge einer Krankheit. (z.B. Krebs), als Nebenwirkung der Therapie, eines Medikaments oder einer Droge entwickeln.

HIV und AIDS

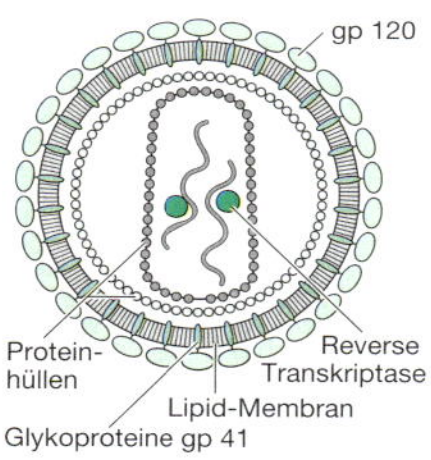

Abb. 147 Das HIV – *Human Immunodeficiency Virus* – ist ein Retrovirus, sein Erbmaterial besteht aus RNA.

Häufigste und bekannteste unter den Immunschwächekrankheiten ist **AIDS**, (*acquired immunodeficiency syndrome*) eine Infektionskrankheit, die durch das HI-Virus (**HIV** ➤ S. 122) ausgelöst wird. Hauptübertragungswege des HIV sind ungeschützter Geschlechtsverkehr mit einer infizierten Person, gemeinsam benutzte Spritzen oder Übertragung verunreinigter Blutprodukte.

Wird das HI-Virus beim Geschlechtsverkehr übertragen, so tritt es durch die Schleimhaut in den Blutstrom ein. Makrophagen nehmen es auf und tragen es zu den Lymphknoten. Das Virus dringt in **T-Helferzellen** ein und wird als **Provirus** in die DNA des Zellkerns integriert. Die infizierten Zellen bilden neue Viren und geben sie ins Blut und in die Lymphe ab; dabei sterben sie ab.

Opportunistische Infektionen nutzen die Abwehrschwäche aus.

Sobald das Virus in den Körper eingedrungen ist, startet die humorale Abwehr. Aber erst nach einigen Wochen bis Monaten ist die Antikörperkonzentration hoch genug, dass sie effektiv und messbar wird. Bis dahin kann sich das Virus ungehindert vermehren. Das HI-Virus zeichnet sich durch eine hohe Variabilität aus. Es mutiert schnell und schafft immer neue Epitope, das Immunsystem muss laufend neue Antikörpertypen für neue HIV-Stämme bereitstellen.

Das HIV zerstört T-Helferzellen.

T-Helferzellen spielen eine zentrale Rolle im Immunsystem (Abb. 149). Ihre Ausschaltung hat verheerende Folgen: Das geschwächte Immunsystem kann die Erreger nicht mehr abwehren. Mit fortschreitender HIV-Infektion treten immer häufiger Infektionen, Tumore und andere Erkrankungen auf. Die beteiligten Erreger bezeichnet man als opportunistisch, weil sie die Immunschwäche als günstige Gelegenheit für eine Infektion ausnutzen. Häufigste **opportunis-**

Die Immunschwäche beruht auf dem Ausfall von T-Helferzellen.

tische Infektion ist eine Lungenentzündung. Die Abwehrschwäche begünstigt auch Infektionen durch Hefepilze. Durch Zerstörung von Wachstumsregulatoren in der Zelle kann es zur Entwicklung bösartiger Tumore kommen. Das Virus beschädigt auch Gewebe des Gehirns und des Rückenmarks und verursacht eine progressive Demenz, einen geistigen Verfall.

Wichtigste Waffe des Körpers im Kampf gegen HIV ist die Zerstörung infizierter Helfer-Zellen durch zytotoxische T-Zellen. Der Körper kann die vom Virus zerstörten T_H-Zellen anfänglich schnell ersetzen. Daher zeigt eine HIV-positive Person zunächst nur schwache Symptome. Im Laufe der Jahre aber nimmt die Anzahl der Helferzellen stetig ab und führt zu einer zunehmenden Funktionsstörung des Immunsystems. Wenn die Zahl der T-Helferzellen unter 200 pro mm³ fällt, sind verschiedene Zell-Klone unwiderruflich zerstört. Zuletzt kommt es zum Zusammenbruch des Immunsystems.

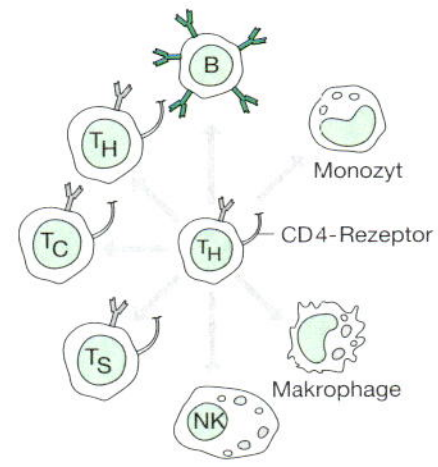

Abb. 149 Bedeutung der T_H-Zellen bei der Immunabwehr; die Pfeile zeigen den Einfluss auf andere Zelltypen.

Der indirekte Test auf eine HIV-Infektion erfolgt durch den Nachweis von Antikörpern, die gegen dieses Virus gebildet werden: Den ELISA-Test. In den ersten 4 bis 12 Wochen nach der Infektion ist die Konzentration der Antikörper noch zu gering, um durch diesen Test nachgewiesen zu werden.

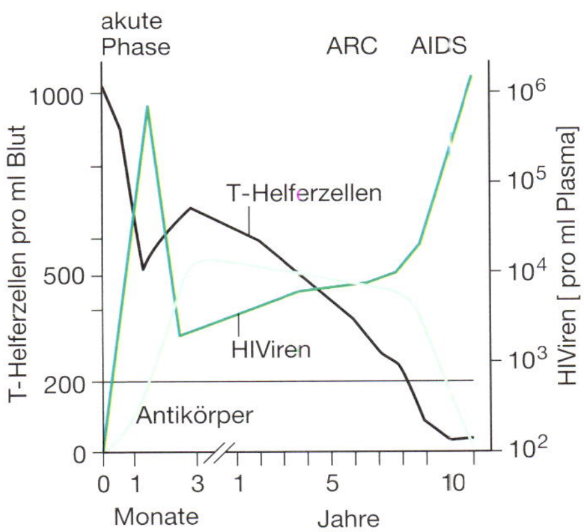

Abb. 148 Verlauf einer HIV-Infektion

Autoimmunkrankheiten

Wenn das Immunsystem Teile des eigenen Körpers als fremd erkennt und angreift, spricht man von Autoimmunkrankheiten.

Autoimmunkrankheiten sind fehlerhafte Abwehrreaktionen des Körpers, bei denen das Immunsystem gesundes, körpereigenes Gewebe oder lösliche Substanzen angreift, zerstört oder verletzt. Autoimmunkrankheiten können Behinderungen hervorrufen oder sogar tödlich enden:

Bei Myasthenia gravis, einer Muskelschwäche ist die Erregungsübertragung zwischen Nerv und Muskel gestört, weil Antikörper die motorische Endplatte (➛ Steuerung und Evolution, S. 16) angreifen. Bei der Basedow-Krankheit werden die hormonbildenden Zellen der Schilddrüse durch Autoantikörper dauerhaft stimuliert: Der Thyroxinspiegel im Blut ist zu hoch. Multiple Sklerose entspringt einem Angriff auf die Myelin-Scheide, die isolierende Hülle der Nervenfasern in Gehirn und Rückenmark. Insulinabhängiger Diabetes (die juvenile Form der Zuckerkrankheit), entsteht, wenn die Insulin-produzierenden Zellen der Bauchspeicheldrüse zerstört werden. Bei rheumatoider Arthritis werden Gelenke angegriffen.

Autoimmunkrankheiten entstehen dadurch, dass die Erkennungsfunktion versagt und die Immunabwehr körpereigenes, gesundes Gewebe angreift.

Die Immunantwort ist bei all diesen Krankheiten stark und ausgesprochen zielgerichtet – nur leider gegen Organe und Gewebe des eigenen Körpers.

Autoimmunkrankheiten beruhen auf einem Defekt im Selbstregulationsmechanismus des Systems. Der Ausleseprozess bei der Lymphozytenreifung arbeitet nicht ganz sicher, es können Lymphozyten entkommen, die auf körpereigenes Material losgehen. Die falsch geschulten Zellen rufen Autoimmunerkrankungen hervor. Eine Ähnlichkeit zwischen einem fremden und einem körpereigenen Molekül begünstigt die Fehlreaktion.

Neben einer genetischen Veranlagung spielen wohl Umweltfaktoren eine Rolle bei der Auslösung von Autoimmunkrankheiten. Dazu gehören Sonnenlicht, Chemikalien und manche Arzneimittel.

Allergien

Eine Allergie ist eine unangemessene und übersteigerte Reaktion des Immunsystems auf fremde Stoffe (Allergene).

Allergien beruhen auf einer Überreaktion des Immunsystems beim Kontakt mit bestimmten fremden Stoffen. Das Abwehrsystem reagiert überempfindlich auf ein Antigen. Fast jeder Stoff aus der Umwelt kann zum Allergen, zum Auslöser einer Allergie, werden.

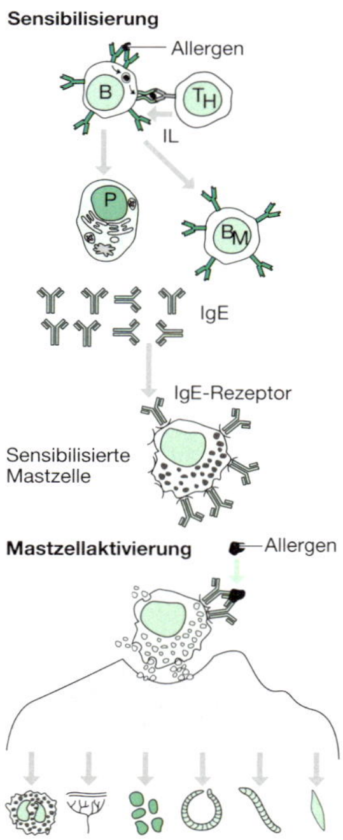

Abb. 150 Sensibilisierung und Aktivierung der Mastzellen sind die beiden Schritte der allergischen Reaktion.

Bei einer Allergie ist die Abwehr in dreifacher Weise gestört: Harmlose und gefährliche Stoffe werden nicht richtig unterschieden; die Produktion von Abwehrstoffen schießt über das Ziel hinaus und die Antikörper führen nicht zu Immunität, sondern zu Übersensibilisierung.

Beim ersten Kontakt ruft ein Allergen keine Symptome hervor; es bereitet jedoch den Körper durch Sensibilisierung auf die allergische Reaktion vor. Der Kontakt mit dem Allergen löst unter Mitwirkung der T-Helferzellen die Umwandlung der B-Zellen in Plasmazellen und Gedächtniszellen aus. Die Plasmazellen bilden große Mengen von Antikörpern der Klasse E, die sich an die Oberfläche von Mastzellen binden. Mastzellen sind besonders häufig auf der Haut und in den Schleimhäuten.

Bei einem erneuten Kontakt heftet sich das Allergen an die IgE-Antikörper auf der Mastzelle. Dabei bildet es Brücken zwischen zwei IgE-Molekülen. Diese Brückenbildung setzt Wirkstoffe frei, insbesondere das Histamin. Die Reaktionen des Körpers auf Histamin sind vielfältig: Die Gefäße erweitern sich, Kapillaren werden durchlässiger und Eingeweidemuskeln (z. B. Bronchialmuskeln) verkürzen sich.

Viele allergische Erscheinungen manifestieren sich an der Haut. Heuschnupfen wird durch Pollen ausgelöst; Symptome sind Juckreiz in der Nase, vermehrte Sekretion der Nasenschleimhaut, Niesen, Tränenfluss und Rötung der Bindehäute. Hausstaub, Tierhaare, Federn, Pollen und Schimmelpilzsporen können Asthma auslösen. Sie führen anfallsweise zu einer Verengung der kleinen Bronchien. Die glatte Muskulatur zieht sich zusammen, die Schleimhäute schwellen an und produzieren vermehrt Sekrete. Die Atmung geht schwer. Der Patient gerät in Panik und droht zu ersticken. Lebensgefährlich ist ein anaphylaktischer Schock. Blutgefäße weiten sich so stark, dass es zu einem bedrohlichen Blutdruckabfall kommt. Durch Verengen der Bronchien entsteht Atemnot. Auslöser sind meist Allergene, die direkt in die Blutbahn gelangen, z. B. Insektengift bei einem Stich. Die allergische Reaktion kann sofort oder erst Stunden oder Tage nach Kontakt mit dem Allergen auftreten.

Allergien entwickeln sich nach wiederholtem Kontakt mit dem Allergen.

Bei vielen „Nahrungsmittelallergien“ handelt es sich um Unverträglichkeitserscheinungen ohne Beteiligung des Immunsystems.

Alle Querverweise im Überblick:

Dominante Vererbung des Rhesusfaktors: S. 180 ➤ S. 132
HI-Virus: S. 183 ➤ S. 122
Kodominanter Erbgang: S. 180 ➤ S. 83, S. 131
Lysosomen: S. 172 ➤ S. 11
MHC-Restriktion: S. 181 ➤ S. 171
Motorische Endplatte: S. 185 ➤ Steuerung und Evolution S. 16
Proteinmoleküle: S. 176 ➤ S. 50
Selektion: S. 177 ➤ Steuerung und Evolution S. 104
T-Zellen: S. 174 ➤ S. 180

Zusammenfassung

Immunbiologie

Das Immunsystem verhindert bzw. minimiert Schädigungen durch Bedrohungen der belebten Umwelt. Es entfernt in den Körper eingedrungene Krankheitserreger und fremde Substanzen, außerdem zerstört es infizierte oder entartete Zellen. Das Immunsystem ist ein komplexes Netzwerk aus Organen, Zellen und Molekülen.

Früh in der Stammesgeschichte der Lebewesen entstand die unspezifische Immunabwehr. Sie ist fast allen Tieren gemeinsam. Die Wirbeltiere entwickelten zusätzlich die spezifische Immunabwehr, die sie weit wirksamer schützt.

Die spezifische Immunabwehr zeichnet sich durch eine erstaunliche Anpassungsfähigkeit gegenüber neuen oder veränderten Erregern aus. Immunzellen erkennen spezifische Strukturen (Antigene) der Angreifer. B-Lymphozyten sind für die humorale Immunität verantwortlich, die sich gegen Eindringlinge in den Körperflüssigkeiten richten und bilden spezifische Antikörper. T-Lymphozyten tragen die zellvermittelte Immunantwort, die sich gegen infizierte und veränderte Körperzellen richtet und unterstützen die Arbeit der B-Lymphozyten. Nach überstandener Infektion bleiben Antikörper und Gedächtniszellen erhalten, um bei erneutem Kontakt mit dem Krankheitserreger eine schnellere und effektivere Abwehrreaktion zu ermöglichen. Dies macht sich die Schutzimpfung zunutze.

Der Ersatz eines zerstörten Organs durch eine Transplantation ist für manche Patienten die einzige Überlebenschance. An den von Mensch zu Mensch unterschiedlichen Gewebsantigenen unterscheidet das Abwehrsystem fremde Organe von eigenen und zerstört, was es als fremd erkennt. Die Abstoßungsreaktionen stellen nach wie vor ein ungelöstes Problem in der Transplantationsmedizin dar.

Krankheiten des Immunsystems führen zu einer zu schwachen, einer fehlenden Immunantwort oder zu einer zu starken, überschießenden Reaktion. Eine große Herausforderung ist die Immunschwächeerkrankung AIDS, deren Erreger, das HI-Virus, ausgerechnet das Immunsystem angreift. Bis heute gibt es keine Medikamente, die heilen, und es gibt keine wirksame Impfung gegen AIDS. Aufklärung und Vorsorge sind bis jetzt die einzig sicheren Maßnahmen gegen die Verbreitung von AIDS.

Das Wissen über unser Immunsystem befindet sich in ständigem Wandel: Laufend kommen neue Erkenntnisse dazu, die hergebrachte Vorstellungen erweitern oder teilweise in Frage stellen.